“十四五”职业教育国家规划教材

电子线路 CAD 与实训

（第 2 版）

王国玉　赵永杰　管　莉　主　编
冯　睿　金　杰　王质云　副主编
易法刚　主　审

U0303676

电子工业出版社

Publishing House of Electronics Industry

北京·BEIJING

内 容 简 介

本书在内容组织、结构编排及表达方式等方面都作了重大改革，以基本技能和基本知识为主线，以教育部电子线路 CAD 教学大纲和职业技能鉴定要求为导向，通过"项目教学"来学习理论，并以此来指导实训，充分体现理论和实践的结合。教材共有 11 个项目，分别是 Protel DXP 认知一——绘制单管放大电路原理图、Protel DXP 认知二——绘制三端稳压电源电路原理图、Protel DXP 认知三——绘制单片机数码显示电路原理图、绘制单片机系统层次原理图、网络表及相关文件的生成、单管放大电路 PCB 的设计、三端稳压电源 PCB 的设计、单片机显示电路 PCB 的设计、单片机系统 PCB 的设计、摩托车报警遥控器 PCB 的设计和单管放大电路的仿真。涵盖了 Protel DXP 的基本技能和基本知识，在应知应会的基础上做到"做中学"、"做中教"。

本书特点是针对性、实用性强，图文并茂，语言通俗易懂。主要作为中等职业学校电子与信息技术、电子技术应用、电子电器应用与维修等专业的教材，同时也可以作为从事电子线路印制电路板设计的技术人员短训班的教材。

为了方便教学，本书还配有电子教学参考资料包，详见前言。

图书在版编目（CIP）数据

电子线路 CAD 与实训 / 王国玉，赵永杰，管莉主编. —2 版. —北京：电子工业出版社，2018.6

ISBN 978-7-121-34660-6

Ⅰ. ①电… Ⅱ. ①王… ②赵… ③管… Ⅲ. ①电子电路—计算机辅助设计—AutoCAD 软件 Ⅳ. ①TN702.2

中国版本图书馆 CIP 数据核字（2018）第 141752 号

责任编辑：蒲　玥
印　　刷：涿州市京南印刷厂
装　　订：涿州市京南印刷厂
出版发行：电子工业出版社
　　　　　北京市海淀区万寿路 173 信箱　邮编　100036
开　　本：787×1 092　1/16　印张：15.25　字数：390.4 千字
印　　次：2011 年 10 月第 1 版
　　　　　2018 年 6 月第 2 版
印　　次：2024 年 12 月第 16 次印刷
定　　价：35.00 元

前 言

PREFACE

在中国共产党第二十次全国代表大会的报告中指出，教育、科技、人才是全面建设社会主义现代化国家的基础性、战略性支撑。我们要坚持教育优先发展、科技自立自强、人才引领驱动，加快建设教育强国、科技强国、人才强国，坚持为党育人、为国育才，全面提高人才自主培养质量，着力造就拔尖创新人才，聚天下英才而用之。

电子线路 CAD 是应用最广泛的电子线路计算机辅助设计软件，具有使用简单、易于学习、功能强大等优点，也是中等职业学校电子信息类专业的一门主干课程。其主要任务是使学生掌握电子线路 CAD 的基本知识和基本技能（基本功=基本知识+基本技能），培养学生利用电子线路 CAD 软件进行原理图绘制和 PCB 板制作的基本技能，为适应电子线路 CAD 绘图和制板工作岗位打下坚实的基础。

本书的教学目标是使学生运用所学的 Protel DXP 基本功，根据实际电路创建、绘制原理图和原理图元件；根据实际要求制作实用的 PCB 板和 PCB 元件引脚封装；根据需要进行简单的原理图仿真，使学生达到中级电子线路 CAD 绘图员的工作水平。

按照职业学校电子线路 CAD 的教学特点，本书在注重内容的先进性和科学性的基础上更加突出了项目的实用性和可操作性。本书具有如下鲜明特色。

1. 先进性和科学性。本书采用的软件版本为 Protel DXP2004 SP2，考虑到学生考证和将来学习新版本的需要，采用汉化版本，本书实例丰富而且实用，均来自各位老师近几年的教学经验、实训项目和参加全国和全省竞赛的部分项目，如单管放大电路 PCB 的设计、单片机显示电路 PCB 的设计、摩托车报警遥控器 PCB 的设计等，从而使学生在教学和实训过程中可以积累难得的实际经验，满足担任生产一线绘图和制板人员的工作需要。

2. 项目式教学和任务式驱动。本书各章节在授课内容的安排上采取项目教学方法，将各项目知识点融入具体任务中，如单面板的制作以单管放大电路 PCB 的设计和三端稳压电源 PCB 板为例，双面板的制作以单片机显示电路 PCB 的设计为例。在实训中，以任务式驱动的方法，引导学生灵活运用本章的知识点和技能，给出适当的操作步骤和提示，绘制实际的电路图和电路板，巩固所学知识和技能。

3. 紧扣教学大纲和职业技能鉴定要求。本书以教育部职业教育电子线路 CAD 教学大纲为依据，以职业技能鉴定要求为导向，确定知识点。附录部分提供职业技能鉴定要求和评分标准，便于教师和学生把握鉴定要求。

4. 内容结构、编排及表达方式等方面都作出了重大改进。本书在内容结构和编排上做到技能操作表格化和知识点图文并茂。表达方式以操作为主线，以技能为核心，以"基本功"

为基调。先进行项目实训，再学习理论，并以理论指导实训，充分体现了理论和实践的结合；强调"先练再学，边练边学"，将电子线路计算机辅助设计理论融合到具体电子线路中进行编写，同时兼顾项目前、后的相关要求和国家职业鉴定标准等内容。

5. 重点突出。本书共 11 个项目的教学内容，按照由浅入深的教学原则安排。采取循序渐进的教学方法，各项目以原理图的创建和绘制、原理图元件的制作和调用、PCB 板的制作，以及 PCB 元件引脚封装的制作和引用为教学内容重点。为了满足电子线路设计的需要，在第 11 个项目中安排了电路仿真的教学内容。

本书由河南省学术技术带头人（中职）河南信息工程学校高级工程师王国玉、南阳广播电视大学赵永杰和河南信息工程学校高级讲师管莉担任主编，由王国玉完成全书统稿；河南新乡第一职业中专冯睿、郑州市电子信息工程学校金杰和武汉东西湖职业技术学校王质云担任副主编。参编老师分工如下：河南信息工程学校的王国玉编写项目一和附录；河南新乡第一职业中专的冯睿编写项目二、项目三；河南信息工程学校的管莉编写项目四、项目六；南阳广播电视大学的赵永杰编写项目五、项目九；武汉东西湖职业技术学校王质云编写项目七、项目十；郑州市电子信息工程学校金杰编写项目八、项目十一。

全书完稿后，由武汉东西湖职业技术学校高级讲师易法刚担任主审，他对全书进行了认真、仔细审阅，提出了许多具体的宝贵意见，对确保教材质量起到了重要作用。

另附教学建议学时分配参考表如下表所示，在实施中任课教师可根据具体情况适当调整和取舍，其中标有"*"符号的内容可作为选修内容。

学时分配参考表

序　号	内　容	学　时
项目一	Protel DXP 认知一——绘制单管放大电路原理图	6
项目二	Protel DXP 认知二——绘制三端稳压电源电路原理图	6
项目三	Protel DXP 认知三——绘制单片机数码显示电路原理图	8
项目四	绘制单片机系统层次原理图	6
项目五	网络表及相关文件的生成	4
项目六	单管放大电路 PCB 的设计	8
项目七	三端稳压电源 PCB 的设计	8
项目八	单片机显示电路 PCB 的设计	8
项目九	※单片机系统 PCB 的设计	10
项目十	※摩托车报警遥控器 PCB 的设计	10
项目十一	单管放大电路的仿真	4
总学时数		78

由于编者水平有限，编写时间仓促，书中难免存在错误和不妥之处，恳请读者批评指正。

为了方便教师教学，本书配有电子教学参考资料包，请有此需要的教师登录华信教育资源网（www.hxedu.com.cn）免费注册后进行下载，如有问题可在网站留言板留言或与电子工业出版社联系（E-mail:hxedu@phei.com.cn）。

编　者
2018 年 3 月

目 录

CONTENTS

Protel DXP 认知————绘制单管 放大电路原理图

项目情景

电子信息技术的飞速发展依托于微电子技术的发展，手工设计电子产品的 PCB（Printed Circuit Board，译为印制电路板，如图 1-1 所示）已不能适应电子技术发展的需要。其中以手机的发展最具代表性，手机中的 PCB 设计越来越复杂和精密，其设计和工艺水平直接影响手机的发展。所以我们必须借助计算机来完成 PCB 的设计工作，计算机设计与制作的 PCB 如图 1-2 所示。这就为 CAD（计算机辅助设计）软件的发展提供了空间。

图 1-1　手工设计电子产品的 PCB

图 1-2　计算机设计与制作的 PCB

教学目标

项目教学目标		学时	教 学 方 式
技能目标	① 了解 Protel DXP 的主窗口的组成及作用 ② 掌握 Protel DXP 的启动、元件库的安装、删除方法 ③ 初步掌握原理图元件、节点、电源及地的置、属性的设置及连线 ④ 熟悉单管和多管放大电路原理图的绘制	4 课时	教师演示，学生上机操作 重点：原理图元件、节点、电源及地的放置、属性的设置及连线 教师指导、答疑
知识目标	① 了解电子线路 CAD 的基本概念、基本功能 ② 熟悉原理图设计的流程和基本原则	2 课时	教师讲授、自主探究
情感目标	激发学生对 CAD 的兴趣，培养信息素养、团队意识		网络查询、小组讨论、相互协作

任务分析

本项目要求利用 Protel DXP，完成图 1-3 所示单管放大电路原理图的绘制。

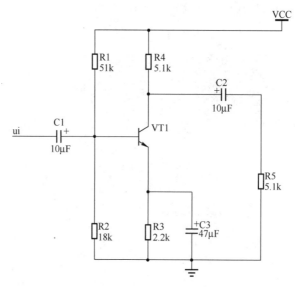

图 1-3　单管放大电路原理图

要完成该电路的绘制，需要具备以下知识和技能，并按步骤进行。

（1）启动 Protel DXP，了解 Protel DXP 的主窗口的组成及作用；

（2）掌握加载和卸载元件库的方法和步骤；

（3）掌握放置原理图元件方法和步骤；

（4）完成原理图的绘制，包括放置元件、节点、电源、接地，连线。按要求修改参数。

一、基本技能

任务一　Protel DXP 的启动和主窗口的认知

利用 Protel DXP 软件可以完成 PCB（印制电路板）的绘制等功能，但需要对该软件的基本界面和基本操作有个初步认识，为后续操作打下基础。

1. 启动 Protel DXP

Protel DXP 安装完成后，可以有三种方法启动该软件。

方法一：在桌面上选择【开始】→【DXP 2004 SP2】，启动 Protel DXP，如图 1-4 所示；

方法二：在桌面上选择【开始】→【程序】→【Altium SP2】→【DXP 2004 SP2】，如图 1-4 所示，进入 Protel DXP；

方法三：为方便操作，一般安装 Protel DXP 后会发送到"桌面"一个快捷图标，双击该图标，同样可以打开 Protel DXP。

图 1-4　Protel DXP 的启动

2. 初识 Protel DXP 主窗口

启动 Protel DXP 后，首先需要了解 Protel DXP 的主窗口界面。这里以已经建好的一个"单管放大电路"工程文件的原理图文件为例，简要介绍 Protel DXP 主窗口的基本组成。

Protel DXP 主窗口主要由菜单栏、工具栏、工作区、工作区面板、状态栏和命令行、标签栏等组成，如图 1-5 所示。

下面简要介绍一下各部分的基本功能。

1）菜单栏和工具栏

和一般的常用软件类似，Protel DXP 的菜单栏如图 1-6 所示，菜单右边括号里面的英文字母为相应的快捷键。每项菜单的功能和组成在后续内容中将陆续学习。

工具栏包括设计时常用的工具，可以执行【查看】→【工具栏】菜单命令打开和关闭工具栏。

2）工作区

工作区是设计工程文档的编辑窗体，它相当于我们手工绘图时的图纸区。各种类型文档在打开时都会有自己的设计窗口，同时菜单和工具条也会根据文档的类型做相应调整。

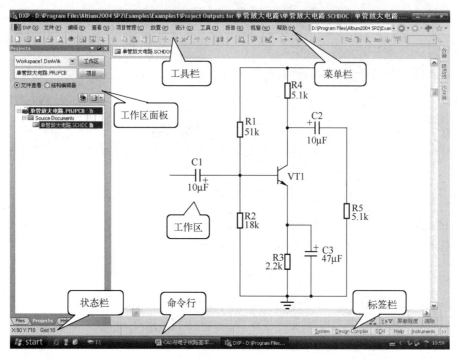

图 1-5 Protel DXP 主窗口

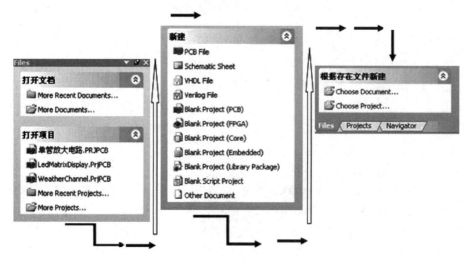

图 1-6 Protel DXP 的菜单栏

3）工作区面板

工作区面板通常位于 Protel DXP 主窗口的左边，通常包括 Files、Projects、Navigator 等面板组，如图 1-7 所示。在以后的操作中，我们会经常大量地使用工作区面板。通过它，可以方便地转换设计文件、浏览元器件、查找编辑特定对象等。

图 1-7 工作区面板

（1）工作区面板的显示和自动隐藏。

默认情况下，工作区面板一直显示在 Protel DXP 主窗口的左边。单击自动隐藏模式按钮 ，工作区面板处于自动隐藏模式，当不使用工作区面板时，它将自动隐藏起来，并在窗口的左上角出现各工作区面板的标签；当需要使用某工作区面板时，单击相应的标签，可以再次显示该面板，如图 1-8 所示。

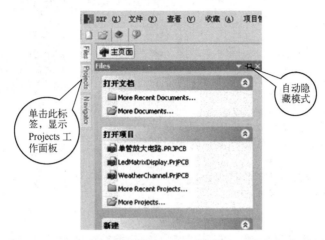

图 1-8　工作区面板的自动隐藏与转换

（2）激活工作区面板。

当工作区面板被关闭后，可以通过执行菜单命令【查看】→【工作区面板】激活相应的工作区面板。

4）标签栏、状态栏和命令行

标签栏一般位于工作区的右下方，它的各个按钮用来启动相应的工作区面板。状态栏用于显示当前的设计状态。命令行用于显示当前正在使用的命令。

任务二　加载和卸载元件库

1. 创建单管放大电路的工程文件和原理图文件

1）创建工程文件"单管放大电路"并保存

方法是：执行【文件】→【创建】→【项目】→【PCB 项目】命令（如图 1-9 所示），即在工作区面板新建了一个 PCB 项目文件，该文件以.PrjPCB 为扩展名（如图 1-10 所示）。用鼠标右键单击该项目文件，在弹出的菜单中选择【保存项目】命令，将弹出如图 1-10（a）所示的工程文件保存对话框，在对话框中确定保存路径并输入工程文件名称"单管放大电路"，单击【保存】按钮即可保存该工程文件，如图 1-10（b）所示。

2）创建原理图文件"单管放大电路"并保存

在已建立的项目中添加文件有两种常用方法。

方法一：执行【文件】→【创建】→【原理图】命令，如图 1-11 所示，即可创建原理图文件，进入原理图编辑器状态窗口。系统默认的文件名为 Sheet1.SchDoc，处于刚才创建的项目之下。

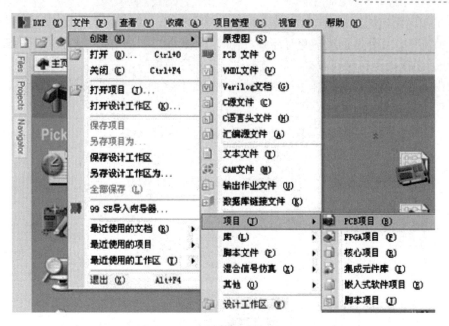

图 1-9　创建新的工程文件

（a）　　　　　　　　　　　　　　　（b）

图 1-10　工程文件的保存

图 1-11　原理图文件创建方法一

方法二：右键单击"单管放大电路"项目，在弹出的菜单里选择追加新文件到项目中，再选择原理图文件，保存原理图文件方法与保存项目文件类似，如图 1-12 所示。

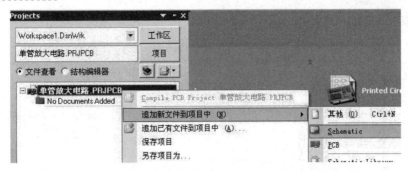

图 1-12　原理图文件创建方法二

2. 加载安装元件库

1）打开库文件面板

在工作区右侧（或标签栏）单击【元件库】按钮，即可打开库文件面板，可以在当前元件库下拉列表框中选择其他元件库，作为当前元件库，如图 1-13 所示。

图 1-13　库管理器中选择其他库为当前元件库

2）打开可用元件库对话框

单击库文件面板中的【元件库】按钮，弹出如图 1-14 所示的【可用元件库】对话框。

图 1-14　【可用元件库】对话框

3）安装元件库

在可用元件库对话框中单击下方的【安装】按钮，弹出【打开】对话框，如图 1-15 所示。

Protel DXP 的常用元件库默认保存在安装盘的"\Program Files\Altium\Library"下，选中要安装的元件库，此处设置要安装的元件库为"Program Files\Altium\Library\Texas Instruments"目录下的"TI Analog Timer Circuit.IntLib"，单击【打开】按钮，此时可以看到该库已经添加

到元件库列表栏中了。

图 1-15 【打开】对话框

4）完成

关闭可用元件库对话框，回到库文件面板中，在元件库下拉列表框中已经有了刚添加的元件库 "TI Analog Timer Circuit.IntLib"，可以使用该库中的元件。

3. 删除元件库

如果想将已经添加的元件库删除，可以在图 1-14 所示的 "可用元件库" 对话框中，选中要删除的元件库名后，单击【删除】按钮即可。

任务三 放置原理图元件

1. 原理图工作区图纸的缩放和移动

为了便于在工作区图纸上放置元件，必须将图纸适当缩放到合适大小并移动到适当位置。

图纸显示比例可以使用工具栏中的 ，也可以使用快捷键 Page Up 和 Page Down，每按一次，图纸的显示比例放大或缩小一次，可以连续使用。

图纸的移动可以通过图纸边缘的滑动块来实现，在元件放置或连线过程中，图纸会随光标的移动自动调整位置。

2. 放置元件

1）选择所需的元件库

绘制如图 1-16 所示的单管放大电路，需要的元件如表 1-1 所示，它们都位于常用元件杂项集成库 Miscellaneous Devices.IntLib 中，因此要在库文件面板中选择此库。

2）放置元件及调整位置

可以利用菜单【放置】→【元件】打开【放置元件】对话框，如图 1-17 所示。也可以在图 1-13 所示的库管理器中逐个浏览，找到自己需要的元件。为了加快寻找的速度，可以使用关键字过滤功能，在库管理器的过滤器中输入元件的名称，如 res*或*res（*为通配符，可以表示任意多个字符），即可找到所有含有字符 res 的元件。双击元件名，即可在图纸上看到光标下带有电阻原理图元件的虚影，如图 1-18 所示。此时按下空格键，可以旋转元件，把光标移动到适当位置单击鼠标左键，即可将电阻放置在图纸上。

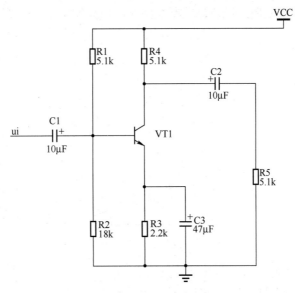

图 1-16 单管放大电路

表 1-1 单管放大电路元件表

元件类型各编号	原理图元件名称	元 件 库
电阻 R1～R5	Res2	
电解电容 C1～C3	Cap Pol1	Miscellaneous Devices.IntLib
三极管 Q1	NPN	

图 1-17 【放置元件】对话框

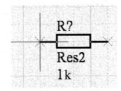

图 1-18 电阻原理图元件的虚影

3）设置元件属性

从原理图库中选择的元件还没有输入元件编号、参数等属性，在出现图 1-18 电阻元件的虚影时，按下键盘上的 Tab 键，将弹出【元件属性】对话框，如图 1-19 所示。在原理图上双击某一个元件，也可以弹出该元件的属性设置对话框。

图 1-19 【元件属性】对话框

在"元件属性"对话框中，常用设置有如下几项。

【标识符】：用于图纸中唯一代表该元件的代号，在同一工程中每个元件必须有唯一的元件编号。它由字母和数字两部分组成，字母部分通常表示元件的类别，数字部分为元件的序号。

【注释】：元件型号，如三极管的型号 9012、9013 等。

【Value】：元件参数，如电阻的阻值（以 Ω 为单位），电容的容量（以 pF 或 μF 为单位）等。

【Footprint】：元件引脚封装，关系到 PCB 的制作。

根据原理图的需要，设置电阻的【标识符】为 R1，【注释】为 Res2，【Footprint】为 AXIAL-0.4，【Value】为 51k，单击【确认】按钮完成设置。用同样的方法按图 1-16 所示放置单管放大电路所需的其他元件，如图 1-20 所示。

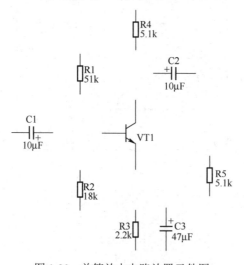

图 1-20 单管放大电路放置元件图

任务四 原理图元件的连线和完成

1．放置导线

导线是表示电路中两点之间的电气连接关系的符号，必须用具有电气特性的原理图绘制。可以利用菜单【Place】→【Wire】，或工具栏工具 ，来放置导线。

在图 1-20 所示的基础上进行绘制导线工作，从绘制 C1 的右端和 VT1 的基极之间的导线开始。

（1）确定导线起点。执行画导线命令后，光标变成"十"字形状，将其移动到 C1 的右端，同时鼠标处出现红色的"米"字形状，如图 1-21 如示，单击鼠标左键，确定导线起点。

（2）画导线。移动鼠标的位置拖动线头，在导线的末端即 VT1 的基极，单击鼠标左键，确定导线的终点。在导线的转折处也要单击鼠标左键，在拖动线头过程中按下 Shift＋Space 键可以改变导线形式。

（3）完成导线绘制。单击鼠标右键，完成导线的绘制，这时可见导线的颜色变为深色。

（4）绘制其他导线。完成一条导线的绘制后光标仍然为"十"字形，系统仍处于绘制导线命令状态，利用它可继续绘制其他导线。

（5）退出绘制导线命令。在绘制导线过程中，单击鼠标右键，绘制导线命令可解除，这时光标成为箭头形状。

2．设置导线属性

绘制导线之后，鼠标双击某一导线，可打开【导线】属性设置对话框，如图 1-22 所示，可以更改导线颜色和导线的宽度。

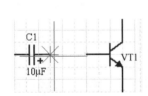

图 1-21 确定导线起点

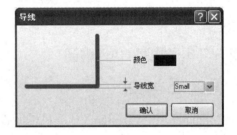

图 1-22 【导线】属性设置对话框

3．放置节点

所谓线路节点是表示两交叉导线电气上相通的符号。对于没有节点的两交叉导线，系统认为这两条导线在电气上是不相通的，放置线路节点就是将两交叉导线在电气上连在一起。对于导线端点与元件引脚的连接不需要放置节点。

使用【Place】→【Junction】命令，或工具栏工具 ，在需要的位置单击鼠标左键即可放置节点。如在图 1-16 中，在连接 R1、R2 和 C1、VT1 的两条导线之间放置节点。

4．放置电源和接地

放置电源和接地符号有以下两种方法。

1）通过电源及接地符号栏放置

首先打开电源及接地符号栏，如果电源及接地符号栏没有打开，可以执行菜单命令【View】

→【Toolbars】→【Power Object】，将打开如图 1-23 所示的电源及接地符号栏。其中前二行为电源符号，最后一行为接地符号。

利用电源及接地符号栏一次只能放置一个电源或接地符号。选取其中的一个符号后（如本例中选择接地符号），移动鼠标即可看到光标下带出一个接地符号，如图 1-24 所示，将其移动合适位置，单击鼠标左键即可将接地符号放置到图纸中。

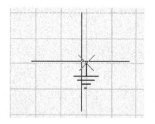

图 1-23　电源及接地符号栏　　　　　图 1-24　放置接地符号

2）通过原理图工具栏放置

在原理图工具栏中单击电源或接地符号图标，光标变成"十"字形，同时出现一个浮动电源符号。将光标移动到欲放置的电源端口的位置，光标处将出现红色的"×"形标记，单击鼠标左键即可完成一个电源端口的放置。将鼠标移动到其他位置，可继续放置另一个电源端口。采用这种方法可以连续放置，完成后单击鼠标右键或按 Esc 键结束放置状态。

这样三极管单管放大电路就绘制完毕了，如图 1-16 所示。

二、基本知识

知识点一　电子线路 CAD 概述

1. 电子线路 CAD 的版本

CAD 是 Computer Aided Design（计算机辅助设计）的简称，其特点是速度快，准确性高，并能极大地减轻工程技术人员的劳动强度。

电子线路 CAD 是 CAD 软件的一种，其基本含义是利用计算机来完成印制电路板的设计制作和电子线路的仿真设计等。其内容主要包括原理图的绘制，电路功能的设计、仿真和分析，印制电路板的设计和检测等。

Protel 是电子线路 CAD 软件中的一种,它最早的版本是 TANGO 软件包,后来发展为 Protel Dos 版、Protel Windows 版、Protel 98 版、Protel 99SE 版和 Protel DXP 版。随着版本的不断升级，Protel 的功能越来越强大，成为我们进行电路板设计的最佳助手。

2. 电子线路 CAD 的功能和优点

Protel DXP 是 Altium 公司新一代桌面版电路设计系统。它具备操作简单、功能齐全、方便易学、自动化程度高等优点。它采用优化的设计浏览器，通过设计输入仿真、PCB 绘制编辑、自动布线、信号完整性分析和设计输出等技术的完美融合，为我们提供了全新的设计解决方案，使我们可以轻松进行各种复杂的电路板设计。

（1）通过工程管理的方式，将原理图编辑、电路仿真、PCB 设计及打印这些功能有机结合在一起，提供了一个集成开发环境。

（2）提供了混合电路仿真功能，为验证原理图电路中某些功能模块的正确与否提供了方便。

（3）提供了丰富的原理图元件库和 PCB 封装库，并且为设计新的器件提供了封装向导程序，简化了封装设计过程。

（4）提供了层次原理图设计方法，支持"自上向下"的设计思想，使大型电路设计的工作组开发方式成为可能。

（5）提供了强大的查错功能。原理图中的 ERC（电气法则检查）工具和 PCB 的 DRC（设计规则检查）工具能帮助设计者更快地查出和改正错误。

（6）全面兼容 Protel 以前版本的设计文件，并提供了 OrCAD 格式文件的转换功能。

（7）提供了全新的 FPGA 等设计的功能。

3．电子线路的设计流程

1）方案分析

根据设计任务确定需要的单元电路和电路元件的具体参数，它关系到后面的原理图的绘制，电路板的规划等。

2）电路仿真

在设计电路原理图之前，有时会对某一部分电路设计并不十分确定，因此需要通过电路的仿真功能来分析和验证。还可以用于确定电路中某些重要器件参数。

3）绘制原理图

原理图是指电路中各元件的电气连接关系示意图，重在表达电路的结构和功能。利用 Protel DXP 提供的丰富的元件库或手工绘制元件库可以快速地绘制出清晰美观的电路原理图。

4）设计 PCB

PCB 将各实际元件按照原理图的连接关系固定连接起来，重在实际元件的物理连接和装配焊接。PCB 设计决定该产品的实用性能，需要考虑的因素很多，不同的电路有不同要求。

知识点二　原理图的一般设计流程和基本原则

1．原理图的一般设计流程

原理图是指电路中各元件的电气连接关系示意图，重在表达电路的结构和功能。利用 Protel DXP 提供的丰富的原理图元件库和强大的功能，可以快速绘制出清晰美观的电路原理图。原理图的一般设计流程如图 1-25 所示。

2．原理图设计的基本原则

原理图设计的主要任务是将电路中各元件的电气连接关系表达清楚，以便于电路功能和信号流程分析，与实际元件的大小、引脚粗细无关。一张好的原理图，不仅要求引脚连线正确，没有错连、漏连之外，还要求美观清晰，信号流向清楚，标注正确，可读性强。

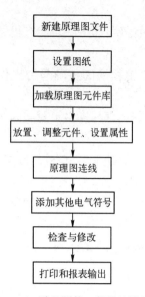

图 1-25　原理图的一般设计流程

原理图设计一般应遵循以下基本原则：

（1）以模块化和信号流向为原则摆放元件，使设计的原理图便于电路功能和原理分析。

（2）同一模块中的元件尽量靠近，不同模块中的元件稍微远离。

（3）不要有过多的交叉线，过远的平行线。充分利用总线、网络标号和电路端口等电气符号，使原理图清楚明了。

知识点三　元件库

1. 什么是元件库

PCB 图是由相应的原理图文件生成的。绘制原理图需要用到各种元器件，这些元器件被分门别类地放置到各种元件库里。因此，绘制原理图文件前首先要分析原理图中所用到的元件属于哪个元件库，然后将其添加到 Protel DXP 的当前元件库列表中。

Protel DXP 的元件库有三类：原理图元件库 SchLib、PCB 引脚封装库 PCBLib、集成元件库 IntLib。其中集成元件库指该库既包含原理图元件库，又包含 PCB 引脚封装库，并且库中原理图元件相应的引脚封装包含在 PCB 引脚封装库中。

系统默认情况下，已经载入了两个常用的元件库，常用元件杂项集成库 Miscellaneous Devices.IntLib 和常用接插件杂项集成库 Miscellaneous Connectors.IntLib。一般电阻、电容、二极管、三极管等位于 Miscellaneous Devices.IntLib 中，常用的接插件位于 Miscellaneous Connectors.IntLib 中，对这两个库中的元件应非常熟悉，如果要使用其他元件，就要载入相应的元件库。

2. 认识库管理器

单击菜单栏【设计】→【浏览元件库】或单击右边标签栏【元件库】，可以打开库管理器，如图 1-26 所示。在库选择框中可以选择当前载入的元件库，在过滤器中输入要选择的元件名特征字符串（字符不详的位置用*或？代替），可使元件浏览框中只显示当前库中带该特征字符串的元件名。元件浏览框和封装浏览框显示当前选中元件的符号和封装图形。

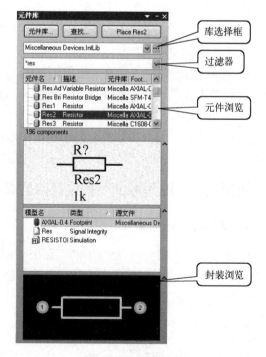

图 1-26　库管理器

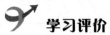 **学习评价**

一、思考题

1．什么是电子线路 CAD？列出几种你知道的电子线路 CAD 软件。

2．Protel DXP 主窗口由哪几部分组成？

3．元件属性中常用设置有哪几项？

4．元件库有几类？如何打开元件库？如何调用各类元件库？

二、技能训练

绘制如图 1-27 所示的多管放大电路原理图。

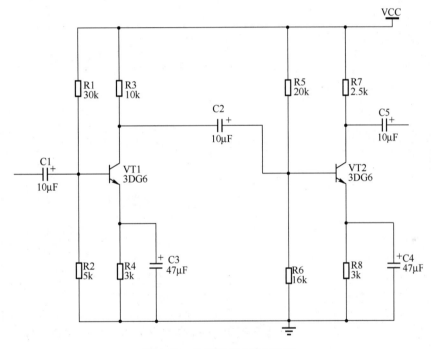

图 1-27　多管放大电路原理图

附：多管放大电路元件表

元件类型各编号	原理图元件名称	元件库
电阻 R1～R8	Res2	
电解电容 C1～C5	Cap Pol1	Miscellaneous Devices.IntLib
三极管 VT1、VT2	NPN	

三、项目评价评分表

（一）个人知识技能评价表

班级：＿＿＿＿＿＿＿＿＿　　姓名：＿＿＿＿＿＿＿＿　　成绩：＿＿＿＿＿

评价方面	项目评价内容	分值	自我评价	小组评价	教师评价	得　　分
项目知识内容	① 了解电子线路 CAD 的功能和优点	5				
	② 了解电子线路设计的基本流程	5				
	③ 理解原理图设计流程和基本原则	10				
项目技能内容	① 掌握 Protel DXP 软件的启动方法及主窗口的组成	10				
	② 掌握元件库的加载和删除方法	10				
	③ 初步掌握原理图元件、节点、电源及地的放置方法，属性设置	20				
	④ 完成单管、多管放大电路原理图的绘制	30				
	⑤ 安全用电，规范操作	5				
	⑥ 文明操作，不迟到早退，操作工位卫生良好，按时按要求完成实训任务	5				

（二）小组学习活动评价表

班级：＿＿＿＿＿＿＿　　小组编号：＿＿＿＿＿＿　　成绩：＿＿＿＿＿

评价项目	评价内容及评价分值			自评	互评	教师点评
分工协作	优秀（12～15 分）	良好（9～11 分）	继续努力（9 分以下）			
	小组成员分工明确，任务分配合理，有小组分工职责明细单	小组成员分工较明确，任务分配较合理，有小组分工职责明细单	小组成员分工不明确，任务分配不合理，无小组分工职责明细单			
信息获取	优秀（12～15 分）	良好（9～11 分）	继续努力（9 分以下）			
	能使用适当的搜索引擎从网络等多种渠道获取信息，并合理地选择信息、使用信息	能从网络获取信息，并较合理地选择信息、使用信息	能从网络或其他渠道获取信息，但信息选择不正确，信息使用不恰当			
分析讨论	优秀（16～20 分）	良好（12～15 分）	继续努力（12 分以下）			
	讨论热烈、各抒己见，概念准确、原理思路清晰、理解透彻，逻辑性强，并有自己的见解	讨论没有间断、各抒己见，分析有理有据，思路基本清晰	讨论能够展开，分析有间断，思路不清晰，理解不透彻			
实操技能	优秀（16～20 分）	良好（12～15 分）	继续努力（12 分以下）			
	能按技能目标要求规范完成每项实操任务，能独立对操作故障迅速查出原因并及时排除	能按技能目标要求规范完成每项实操任务，能在别人的帮助下对操作故障进行排除	能按技能目标要求完成每项实操任务，但规范性不够，对操作故障不理解也不能排除			
成果展示	优秀（24～30 分）	良好（18～23 分）	继续努力（18 分以下）			
	能很好地理解任务要求，成果展示逻辑性强，熟练利用信息技术（电子教室网络、互联网、大屏等）进行成果展示	能较好地理解任务要求，成果展示逻辑性较强，能较熟练利用信息技术（电子教室网络、互联网、大屏等）进行成果展示	基本理解任务要求，成果展示停留在书面和口头表达，不能熟练利用信息技术（电子教室网络、互联网、大屏等）进行成果展示			
总分						

Protel DXP 认知二——绘制三端稳压电源电路原理图

项目情景

当安装完成 Protel DXP 软件后，了解 Protel DXP 主窗口主要由菜单栏、工具栏、工作区、工作区面板、状态栏和命令行、标签栏等组成。同学们拿着如图 2-1 所示的电子产品就急切地去画电路图，结果遇到了问题……

图 2-1　某电子产品

那么，如何绘制电路图？它有哪些步骤？还有哪些基础知识？这些正是项目二要解决的问题。

教学目标

项目教学目标		学时	教学方式
技能目标	① 掌握项目工程文件、原理图文件建立、保存、打开、关闭方法 ② 掌握原理图工作环境设置的过程 ③ 掌握原理图模板的设置和调用 ④ 绘制三端稳压电源电路原理图	4 课时	教师演示，学生上机操作 教师指导、答疑
知识目标	① 理解 Protel DXP 的文件管理 ② 掌握原理图中元件的常用操作 ③ 了解原理图常用工具栏 ④ 掌握原理图元件的调整和设置 ⑤ 掌握电源符号和接地符号的放置	2 课时	教师讲授、学生练习（讲练结合）
情感目标	激发学生对 Protel DXP 进一步探究的愿望，通过对工程文件的理解，培养其专业信息素养和团队合作精神		网站查询（专题网站、试题库、BBS、百度吧等）、组内讨论、分工协作

 任务分析

本项目的任务是完成图 2-2 所示三端稳压电源电路原理图的绘制。完成此电路绘制，需要具备以下知识和技能，并按如下步骤进行。

（1）创建工程项目文件和原理图文件；

（2）设置原理图文件图纸参数；

（3）制作原理图模板；

（4）完成原理图的绘制，包括放置元件、节点、电源、接地、连线。按要求修改参数；

（5）调用模板，完成图 2-2 所示电路原理图。

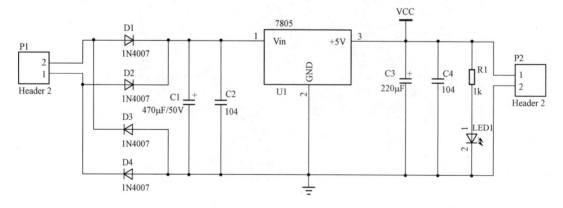

图 2-2　三端稳压电源电路

一、基本技能

任务一 工程项目的创建、保存、关闭和打开

工程项目的创建、保存、关闭和打开操作步骤，如表 2-1 所示。

表 2-1 工程项目的创建、保存、关闭和打开

步　　骤	操　作　过　程	操　作　界　面
（1）打开	打开 Protel DXP 软件，单击菜单【文件】|【创建】→【项目】→【PCB 项目】，如图 2-3 所示	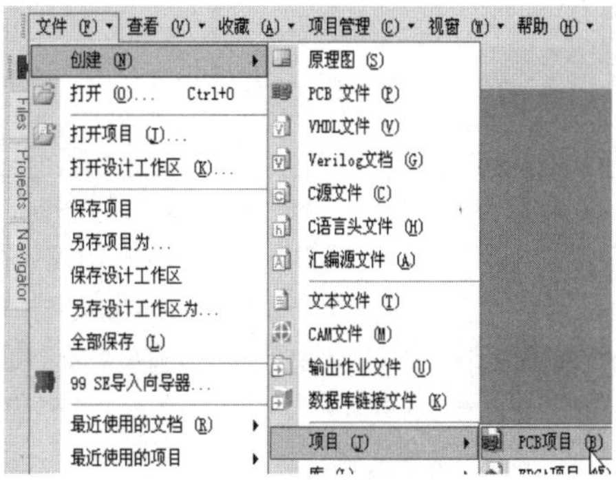 图 2-3　新建工程文件步骤
（2）新建	【Projects】面板就会出现新建的工程文件"PCB Project1.PrjPCB"，如图 2-4 所示。其中 ▓ No Documents Added 的含义是当前工程文件中没有任何文件	 图 2-4　新建的工程文件
（3）保存	单击菜单【文件】→【保存项目】，如图 2-5 所示。此时会弹出保存文件对话框，在保存路径的对话框内输入文件的路径，如 E 盘"Protel DXP 图"文件夹，在文件名栏内输入"三端稳压电源电路"，单击【保存】按钮即可保存	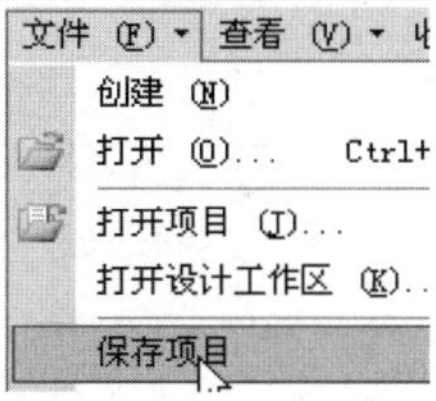 图 2-5　保存项目文件
（4）	当打开的项目文件需要关闭时，先将鼠标光标移至【Projects】，如图 2-6 所示	 图 2-6　将鼠标光标移至【Projects】

续表

步　骤	操 作 过 程	操 作 界 面
（5）关闭	在【Projects】面板中，将鼠标光标移到所要关闭的项目工程文件名上右击，在弹出的快捷菜单中用选择【Close Project】，即可关闭该工程项目，如图 2-7 所示	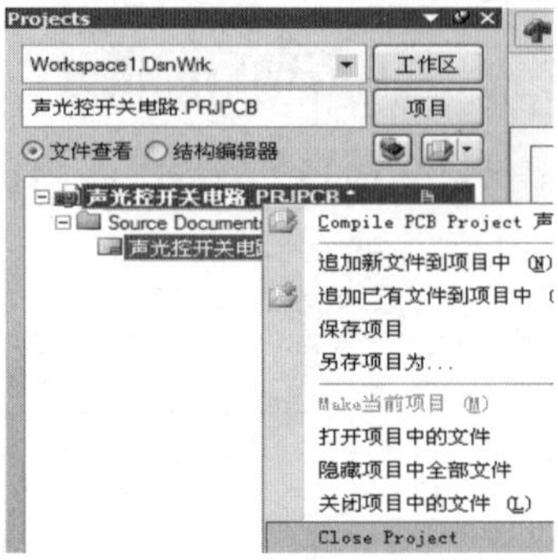 图 2-7　关闭工程项目
（6）打开工程项目	打开工程项目，可以单击菜单【文件】→【打开项目】，即可打开已有的工程项目。如图 2-8 所示，在弹出的对话框中单击所要打开的项目，单击【打开】按钮；也可以在【File】面板中选择【打开项目】，在弹出的对话框中单击所要打开的项目的选项	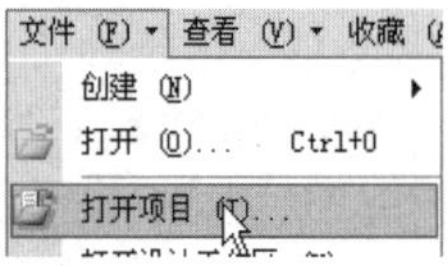 图 2-8　利用菜单打开工程项目图

任务二　原理图文件新建、保存和关闭

原理图文件新建、保存和关闭操作步骤如表 2-2 所示。

表 2-2　原理图文件新建、保存和关闭操作步骤

步　骤	操 作 说 明	操 作 界 面
（1）	执行菜单命令【文件】→【创建】→【原理图】，如图 2-9 所示	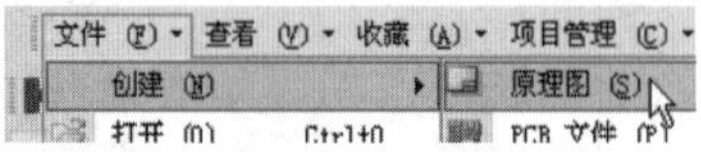 图 2-9　新建原理图文件
（2）	启动原理图编辑器，如图 2-10 所示。此原理图文件会自动加入→打开的工程项目中，并列于原理图文件夹下。此时原理图会使用系统默认的文件名"Sheet1.SchDoc"	 图 2-10　原理图编辑器
（3）	保存文件常用的方法有三种：一种是执行菜单命令【文件】→【保存】，如图 2-11 所示，另一种是鼠标单击工具栏中的保存按钮，第三种是快捷键 Ctrl＋S	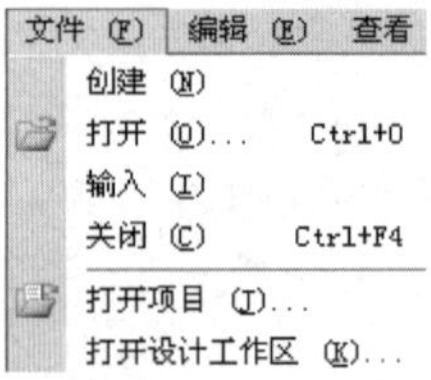 图 2-11　执行菜单保存命令

续表

步　骤	操作说明	操作界面
（4）	执行上面任何一个保存文件的命令，会弹出保存文件的对话框，在对话框内输入文件名"我的原理图"，用鼠标左键单击 保存(S) 按钮。系统会把原理图自动保存在已打开工程项目的文件夹下。保存时要注意保存类型为".SCHDOC"。保存后工程项目，如图 2-12 所示	图 2-12　保存后的原理图

任务三　设置原理图图纸参数

常用图纸参数设置过程如下。

1）执行菜单命令

【设计】→【文档选项】，如图 2-13 所示，弹出设置图纸属性的对话框，如图 2-14 所示。

图 2-13　执行菜单命令【设计】→【文档选项】

2）设置图纸尺寸

以设置 A4 图纸为例。将鼠标光标移至图 2-14 中的【标准风格】编辑框的下拉菜单 上单击鼠标左键，弹出图纸选项，如图 2-14 所示。选择 A4 单击鼠标左键确定。

3）设置图纸方向

在图 2-14 所示的【方向】中单击 Landscape 下拉菜单，会弹出图纸方向选择列表，如图 2-15 所示，选择所需要的方向单击鼠标即可。

Landscape：图纸水平方向放置。

Portrait：图纸垂直方向放置。

4）图纸边框颜色和图纸颜色的选择

将光标移至【边缘色】右边的颜色选择框上单击鼠标左键，如图 2-16 所示，弹出【选择颜色】对话框，如图 2-17 所示，选择所需要的颜色单击鼠标左键即可。

图 2-14   设置图纸尺寸

图 2-15   图纸方向选择

图 2-16   边框颜色选择

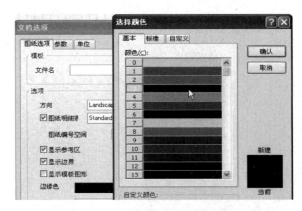

图 2-17   【选择颜色】对话框

图纸颜色的选择方法同图纸边框颜色的选择方法，选项框为【图纸颜色】。

（5）其他参数的设置简述如表 2-3 所示。

表 2-3   原理图部分参数设置方法

序号	项　目	操 作 内 容
（1）	设置图纸标题栏	单击☑**图纸明细录**下拉菜单，弹出两种标题栏：Standard 为标准型；ANSI 为美国国家标准。图纸明细表前☑为复选框，选中将在图纸中显示该项目；没选中，图纸中将不显示该项
（2）	设置参考区	☑**显示参考区**。☑为复选框，选中表示显示图纸的参考区，没选中，图纸将不显示参考区

续表

序号	项　目	操 作 内 容
（3）	设置边界	☑**显示边界**。☑为复选框，选中表示显示图纸的边界，没选中，图纸将不显示边界
（4）	显示模板图形	☑**显示模板图形**。☑为复选框，选中表示图纸显示模板，没选中，图纸将不显示模板
（5）	设置图纸网格	【网格】该项目包含两个内容： ☑**捕获**设置跳跃栅格。所谓跳跃栅格，是指放置或拖动元件时每次移动距离的单位，10 表示 10mil，即每次移动的距离为 10mil 的整数倍 ☑**可视**设置可视栅格尺寸大小。表示图纸显示栅格的间距。文本框数的数字可以直接输入。1mil＝0.0254mm
（6）	设置自动寻找电气接点	【电气网格】中☑**有效**为复选框，【网格范围】设置捕捉范围大小，4 表示以元器件的节点为圆心，以 4mil 为单位，以光标中心为圆心，向四周搜索电气节点，并自动跳动电气节点处，以方便连线。文本框中的数值可以输入
（7）	更改系统字体	单击【改变系统字体】按钮改变系统字体的参数
（8）	自定义图纸格式	【自定义风格】可以设置自定义图纸

任务四　原理图模板的制作和调用

在设计电路时所用的模板可以由系统提供，但也可以制作适合自己特点的模板。

1. 原理图模板制作

原理图模板制作步骤如下。

1）新建原理图并保存

新建原理图文件并保存文件名为"MA4.SchDot"，注意保存文件的后缀名为"*.SchDot"，表示为模板文档，要与一般原理图文档的后缀名"*.SchDoc"区分开，如图 2-18 所示。

图 2-18　保存文件

2）设置图纸参数

执行菜单命令【设计】→【文档选项】，打开【文档选项】对话框，如图 2-19 所示。将图纸尺寸大小设置为 A4，取消☑**图纸明细表**前复选框中的√，表示不选用任何模板。其他采用默认设置，如图 2-19 所示。

3）增加参数设置

单击【文档选项】对话框中【参数】选项卡切换到参数设置界面。单击【追加[A]...】按钮，打开【参数属性】对话框，如图 2-20 所示，在【名称】下面对话框内输入"School"，其他选项保持默认值，完成后单击【确认】按钮，这样就在【参数属性】选项卡内增加了一个名为"School"（学校）的变量，其他参数不变。用同样的方法可以增加其他变量，如"Class"（班级）等。

图 2-19　设置图纸参数

图 2-20　【参数属性】对话框

4）标题栏的绘制和设置

在绘图工具栏内用鼠标单击 ╱ 按钮，将绘制导线设置为黑色。根据设计需要，在原理图文档的右下角绘制标题栏，如图 2-21 所示。

在绘图工具栏内用鼠标单击【实用工具】中"A"按钮输入文本，按 Tab 键修改所需要放置的文本，如"学校"，如图 2-22 所示。然后继续修改文本，将所需要的文本放置完毕，如图 2-23 所示。

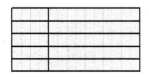

图 2-21　绘制标题栏

图 2-22　放置文本"学校"

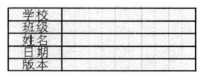

图 2-23　放置所需要的文本

文本放置完毕后，用鼠标左键单击放置文本对话框右侧的下拉菜单，在弹出的对话框内选择所需要放置的字符串，如图 2-24 所示。设置完成后，将文档模板保存，如图 2-25 所示。

<table>
<tr><td>学校</td><td>=School</td></tr>
<tr><td>班级</td><td>=Class</td></tr>
<tr><td>姓名</td><td>=DrawnBy</td></tr>
<tr><td>日期</td><td>=Date</td></tr>
<tr><td>版本</td><td>=Revision</td></tr>
</table>

图 2-24　选择需要放置的字符串　　　　　　图 2-25　设置保存后的文档模板

当所有文本和字符串放置完毕，执行菜单命令【工具】→【原理图优先设定】，打开【原理图优先设定】对话框，切换到【Graphical Editing】选项卡，勾选【转换特殊字符串】选项，如图 2-26 所示。用鼠标左键单击【确认】按钮，此时图 2-24 中凡是以"＝"开头的字符串，都变成了"*"号，如图 2-27 所示。

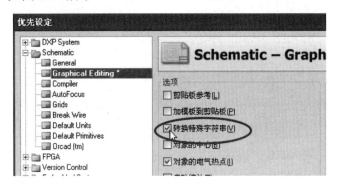

图 2-26　转换特殊字符

<table>
<tr><td>学校</td><td>*</td></tr>
<tr><td>班级</td><td>*</td></tr>
<tr><td>姓名</td><td>*</td></tr>
<tr><td>日期</td><td>*</td></tr>
<tr><td>版本</td><td>*</td></tr>
</table>

图 2-27　勾选【转化特殊字符串】选项后的标题栏

2．模板的调用

如果调用已经设定好的模板，其操作过程是：先删除原来使用的模板，再添加所要使用的模板即可，具体操作过程如下。

1）打开原理图，删除当前模板

打开原有的一个原理图文档，如无线电传声器电路.SCHDOC，如图 2-28 所示。单击菜单命令【设计】→【模板】→【删除当前模板】，如图 2-29 所示。弹出【Remove Template Graphics】对话框，该对话框共三个选项：【只是此文件】、【当前项目中的所有原理图】和【所有打开的原理图文档】。

对于本例，我们选择【只是此文件】，单击【确认】按钮，如图 2-30 所示。然后在弹出的信息确认对话框中，单击【确认】按钮，即可删除模板。

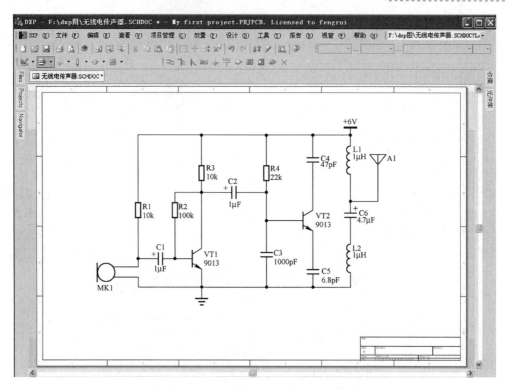

图 2-28　打开原理图文档

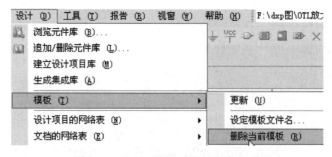

图 2-29　执行【删除当前模板】命令

图 2-30　删除模板对话框

2）添加已设计好的模板

执行菜单命令【设计】→【模板】→【设定模板文件名】，如图 2-31 所示。在弹出的【打开】对话框中找到设置好的"MA4.SchDot"文档，单击【打开】按钮，如图 2-32 所示。在弹出的对话框中选择【只是此文件】，然后单击【确认】按钮。然后在弹出的信息确认对话框中，单击【确认】按钮关闭对话框。完成对当前文档的模板设置并保存，引用自己创建的模板后的原理图文档，如图 2-33 所示。

3）修改文档属性

执行菜单命令【设计】→【文档选项】，选择【参数】选项卡，对参数进行修改。修改完毕后，原理图中的"*"将被修改的内容自动替换，如图 2-34 所示。

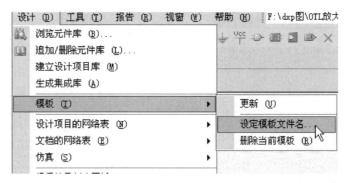

图 2-31 执行【设定模板文件名】命令

图 2-32 打开文档

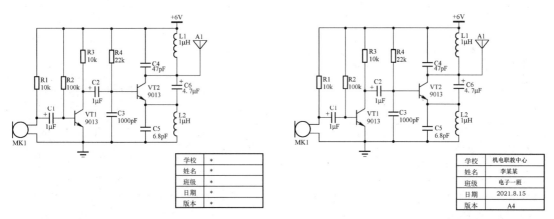

图 2-33 引用自己创建的模板后的原理图文档　　　图 2-34 修改参数后的原理图

4）对调用模板后的原理图进行保存

调用模板后的原理图如图 2-35 所示。

说明：除本例中介绍的原理图文件模板的制作方法外，也可采用比较简易的方法，即可采用【文字工具】在绘制好的模板表格中直接添加上文字，不采用这种"字符串"形式。这样调用时直接调用模板文件即可，不需要再进行字符串的转换等操作。

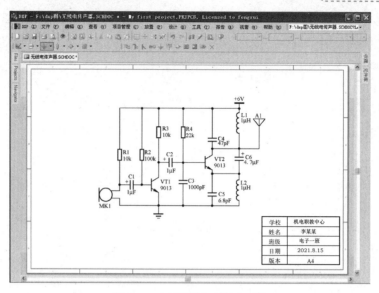

图 2-35   调用模板后的原理图

任务五   绘制三端稳压电源电路原理图的过程

要绘制一个原理图,如图 2-2 所示为三端稳压电源电路,首先要放置元件,然后修改元件的参数以符合要求。图 2-2 中所涉及的元件参数如表 2-4 所示。

表 2-4   三端稳压电源电路元件列表

元 件 标 号	元 件 名	说 明	所属元件库
VD1～VD4	1N4007	整流二极管	Miscellaneous Devices.IntLib
R1	Res2	电阻	
C1、C3	Cap Pol2	极性电容	
C2、C4	Cap	无极性电容器	
U1	7805	三端稳压集成电路	
LED1	Antenna	发光二极管	
P1、P2	Header	接插件插头	Miscellaneous Connectors.IntLib

绘制三端稳压电源电路的过程如表 2-5 所示。

表 2-5   绘制三端稳压电源电路的过程

步　骤	操 作 过 程	操 作 界 面
(1)打开	打开原理图,单击窗口工作区面板的【元件库】选项卡,如图 2-36 所示	图 2-36 元件库的调用

步　骤	操 作 过 程	操 作 界 面
（2）	在弹出的对话框中，在元件显示区域单击激活该区域，如图 2-37 所示	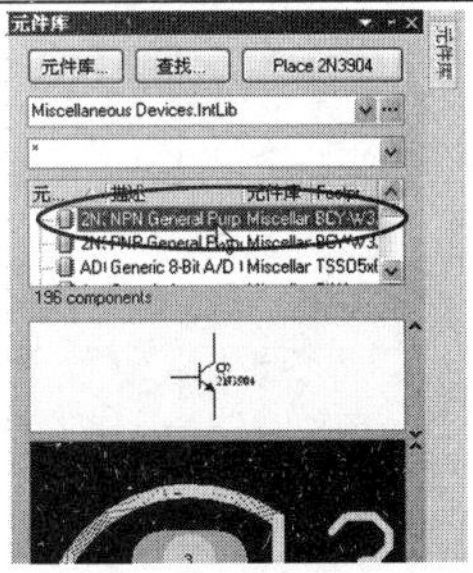 图 2-37　查找元件的方法
（3）	在键盘上用下移键【↓】或用键盘输入"DIODE"，找到所需要放置的二极管，双击该元件或单击【Place Diode 1N4007】，如图 2-38 所示，即可放置二极管	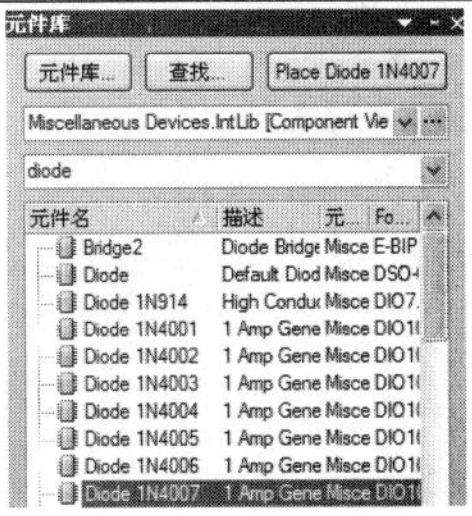 图 2-38　调用 1N4007 二极管
（4）	在原理图工作区，所放置的二极管元件处于悬浮状态，如图 2-39 所示	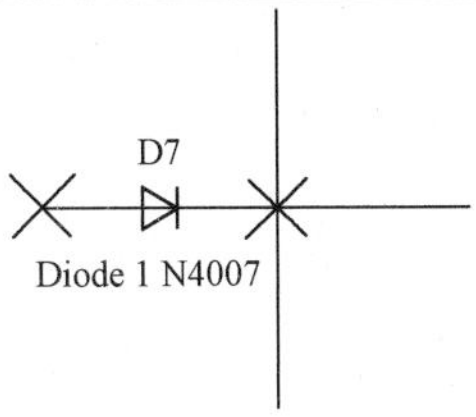 D7 Diode 1 N4007 图 2-39　处于悬浮状态的元件
（5）	按 Tab 键，弹出【元件属性】对话框，修改元件参数，如图 2-40 所示，将"标识符"文本框内的"D？"改为"D1"，其他采用默认值，单击【确认】按钮	 标识符　D?　☑可视 注释　Diode 1N4007　☑可视 图 2-40　元件参数的修改
（6）	在工作区内的合适位置单击鼠标放置二极管"VD1"，此时系统仍处于放置二极管状态，"标识符"后文本框内的"VD1"自动变为"VD2"，同理放置其他二极管，如图 2-41 所示。右击退出放置二极管状态	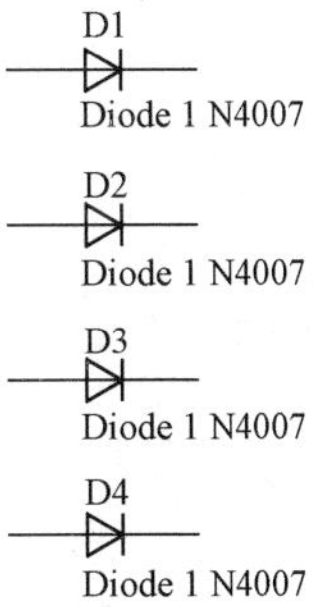 D1 Diode 1 N4007 D2 Diode 1 N4007 D3 Diode 1 N4007 D4 Diode 1 N4007 图 2-41　放置二极管

续表

步 骤	操 作 过 程	操 作 界 面
（7）	用同样的方法放置电阻元件。处于悬浮状态的电阻如图 2-42 所示	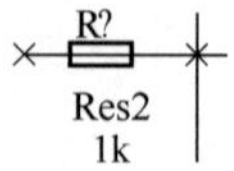 图 2-42　悬浮状态的电阻
（8）	修改元件参数，将"R?"改为"R1"，单击"注释"后面的"☑可视"，去掉"☑"（原理图中不再显示）。将电阻的阻值改为"1k"，如图 2-43 所示，单击【确认】按钮，元件参数修改完毕	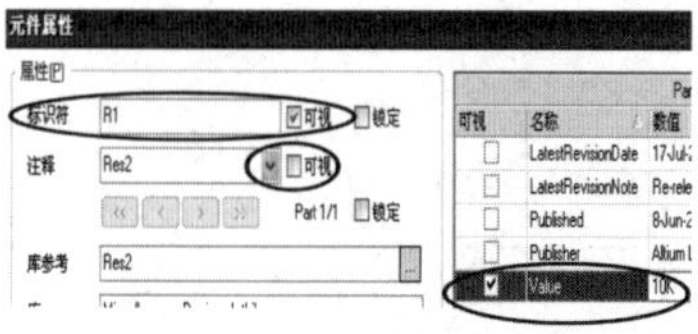 图 2-43　电阻元件的修改
（9）	修改参数后的电阻元件为水平放置状态，按 Space 键改为垂直放置状态，如图 2-44 所示	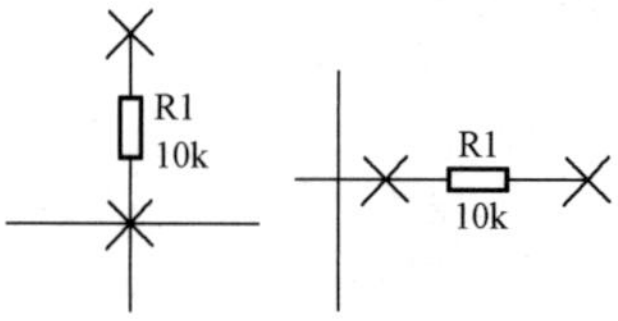 图 2-44　元件放置状态的改变
（10）	用同样的方法放置其他元件并修改元件的参数，如果元件的位置需要调整，可用鼠标直接拖动元件到合适位置即可。元件放置完毕的电路如图 2-45 所示	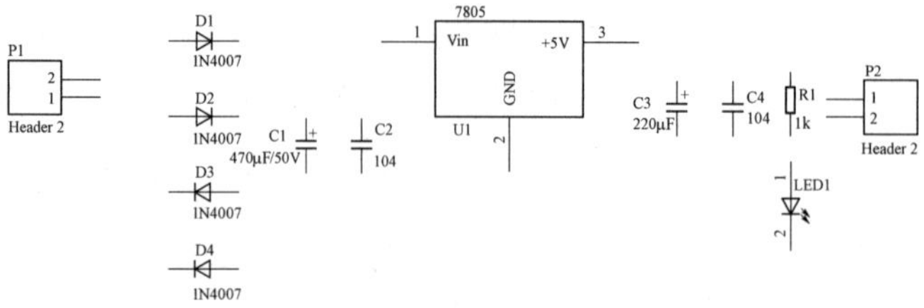 图 2-45　元件放置完毕的状态
（11）	当元件放置完毕时，需要用导线将元器件连接起来，单击配线工具栏中的放置导线工具，系统自动进入放置导线状态，如图 2-46 所示	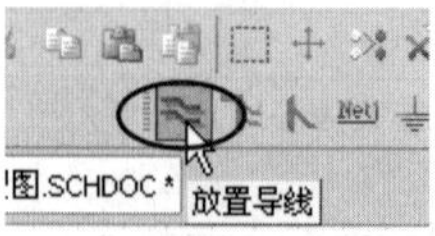 图 2-46　放置导线工具
（12）	在需要导线连接的起点和终点单击鼠标左键，即可用导线将两点连接起来，如图 2-47 所示	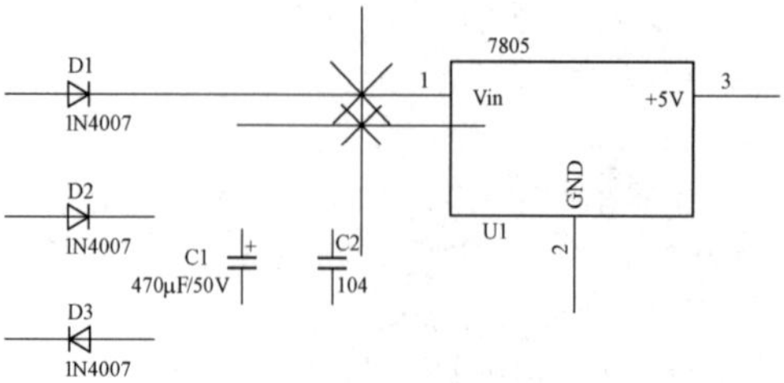 图 2-47　放置导线的方法

续表

步　骤	操作过程	操作界面
（13）	如果连接导线需要有节点，在节点处单击即可。放置导线完毕，右击退出放置导线状态。用导线连接完毕的电路图如图2-48所示	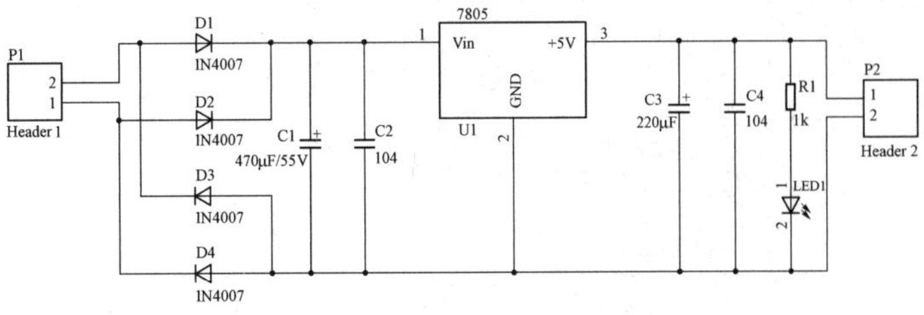 图2-48　用导线连接完毕的电路图
（14）	单击实用工具栏中"电源"的下拉菜单，在弹出的符号中单击所要选择的符号，即可在电路图中放置，如图2-49所示。如果需要修改参数，按Tab键进入修改参数状态	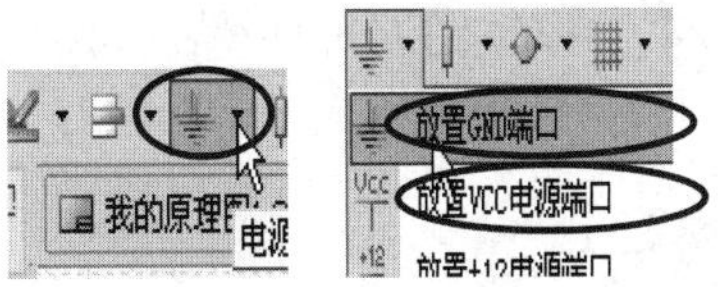 图2-49　调用电源、接地符号
（15）	当电路图放置电源、接地符号后，电路图绘图完毕。绘制完整的电路图如图2-50所示，保存文件	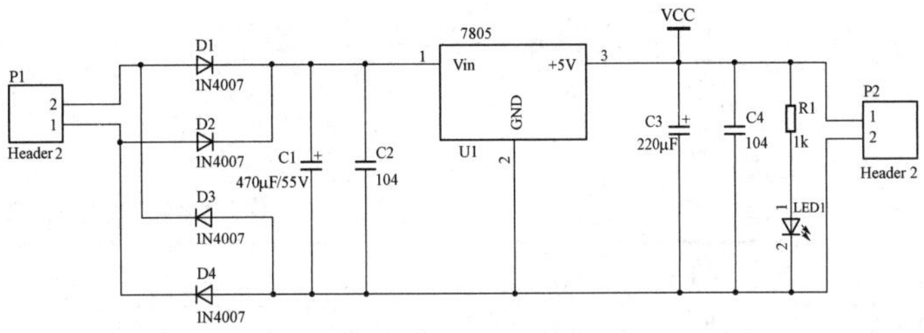 图2-50　完整的电路图

二、基 本 知 识

知识点一　Protel DXP 的文件管理

通过项目一和项目二的部分操作实践，同学们可能已经发现，为完成一张电路原理图的绘制，我们首先要建立工程项目文件，然后再建立原理图文件。

在后续的项目中，我们还要陆续学习建立其他类型的各种文件，如"原理图元件库文件"、"PCB 文件"等。在实际工作中，由于电路比较复杂庞大，一张 PCB 的绘制往往需要团队协作、多人合作完成。那么这些文件是如何实现统一管理，灵活方便运用的呢？这就需要了解一下 Protel DXP 的文件管理方式。

Protel DXP 引入了设计项目的概念，即在印制电路板的设计过程中，一般先建立一个项目工程文件，然后在该项目工程文件下新建或添加各设计文件，即使这些文件不保存在一个文件夹中，我们只要一打开项目文件，也能看到与项目相关的所有文件，方便了管理和查阅。

一般地，在 Protel DXP 中，我们为每一个工程项目独立地建一个文件夹，用来存放所有与工程项目有关的文件。

项目工程文件后缀名为 PrjPCB，在 Protel DXP 中，不同的文件类型的后缀名也是不同的，常用的文件及对应的后缀名如表 2-6 所示。

表 2-6　Protel DXP 常用文件及对应的后缀名

文 件 类 型	后 缀 名	文 件 类 型	后 缀 名
PCB 项目文件	.PrjPCB	PCB 文件	.PcbDoc
原理图文件	.SchDoc	PCB 元器件封装库文件	.PcbLib
原理图元件库文件	.SchLib	辅助制造工艺文件	.Cam

知识点二　原理图常用工具栏

在 Protel DXP 的原理图编辑环境中，提供了丰富的工具栏命令。用户可以使用工具命令快速方便地进行原理图编辑操作，下面介绍几个常用工具栏。

1. 标准工具栏

原理图标准工具栏如图 2-51 所示。执行【查看】→【工具栏】→【原理图　标准】命令，可以使该工具栏显示或隐藏。表 2-7 列出该工具栏中的常用命令。

图 2-51　标准工具栏

表 2-7　标准工具栏常用命令

按 钮	命 令	按 钮	命 令
	创建新文件		橡皮图章
	打开已存在的文件		在区域内选取对象
	保存当前文件		移动选取对象
	直接打印当前文件		取消选择全部当前文档
	生成当前文件的打印预览		清除当前过滤器
	打开器件视图页面		取消上次操作
	显示全部对象		重新上次操作
	缩放整个区域		改变设计层次
	缩放选定对象		交叉探测打开文档
	裁剪		浏览元件库
	复制		顾问式帮助
	粘贴		

2. 导航工具栏

导航工具栏如图 2-52 所示。执行【查看】→【工具栏】→【导航】命令，可以使该工具栏显示或隐藏。表 2-8 列出了该工具栏中的常用命令。

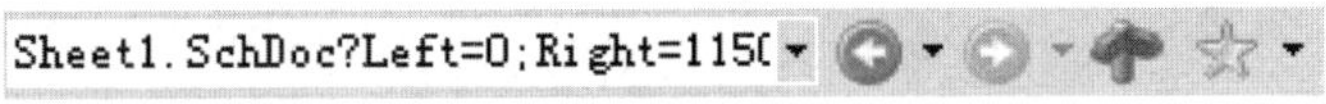

图 2-52　导航工具栏

表 2-8　导航工具栏常用命令

按　钮	命　令
Sheet1.SchDoc?Left=0;Right=1150	跳转到指定地址
	后退一步
	前进一步
	返回到主页面
	添加最常用的文件

3. 实用工具栏

实用工具栏如图 2-53 所示，执行【查看】→【工具栏】→【实用工具】命令，可以使该工具栏显示或隐藏。

图 2-53　实用工具栏

（1）【绘图工具】：Protel DXP 提供功能完备的绘制工具，如图 2-54 所示。用户可以方便地在原理图上绘制直线、弧线、曲线、矩形、椭圆等。表 2-9 列出了该工具中的常用命令。

（2）【调准工具】：Protel DXP 提供功能完备的调准工具，如图 2-55 所示。用户可以方便地将对象按要求对齐，从而进一步完善原理图的布局。表 2-10 列出了该工具中的常用命令。

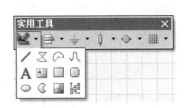

图 2-54　绘图工具

图 2-55　调准工具

表 2-9　绘图工具常用命令

按　钮	命　令	按　钮	命　令
	绘制直线		放置矩形
	绘制多变线		放置圆角矩形
	绘制椭圆弧		放置椭圆
	绘制贝塞尔曲线		放置饼形
A	放置文本字符串		放置图片
	放置文本框		陈列式粘贴

表 2-10　调准工具常用命令

按　　钮	命　　令	按　　钮	命　　令
	左对齐		底部对齐排列对象
	右对齐		垂直中心排列对象
	水平中心排列对象		垂直等距分布排列对象
	水平等距分布排列对象		排列对象到当前网格
	顶部对齐排列对象		

（3）【电源】：Protel DXP 提供功能完备的电源工具，用来放置各种电源端口（+5V、−5V、+12V、−12V）及接地端口（电源地、信号地、大地），如图 2-56 所示。

（4）【数字式设备】：Protel DXP 2004 提供功能完备的数字式设备工具，用来放置各种数字式设备，包括电阻（1k、4.7k、10k、47k、100k）、电容（0.01μF、0.1μF、1μF、2.2μF、10μF）、四二输入与非门（或非门、与门、或门、异或门）、六反相器、四总线缓冲器、双上升沿 D 型触发器、多路输出译码器、八总线收发器，如图 2-57 所示。

图 2-56　电源

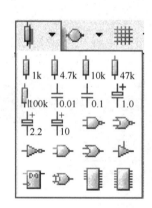

图 2-57　数字式设备

（5）【仿真电源】：Protel DXP 提供功能完备的仿真电源工具，用来放置各种仿真电源，包括电源（+5V、−5V、+12V、−12V）、正弦波频率（1k、10k、100k、1M）（赫兹）、脉冲频率（1k、10k、100k、1M）（赫兹），如图 2-58 所示。

（6）【网格】：Protel DXP 提供功能完备的网格工具，用来切换、设定网格，以满足原理图的绘制要求，如图 2-59 所示。

4. 配线工具栏

配线工具栏用于进行各种电气操作，如图 2-60 所示。执行【查看】→【工具栏】→【配线】命令，可以使该工具栏显示或隐藏。表 2-11 列出了该工具栏中的常用命令。

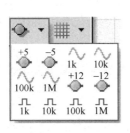

图 2-58　仿真电源

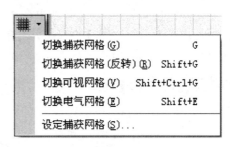

图 2-59　网格

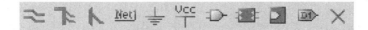

图 2-60　配线工具栏

表 2-11　配线工具栏中的常用命令

按　钮	命　令	按　钮	命　令
	放置导线		放置元件
	放置总线		放置图纸符号
	放置总线入口		放置图纸入口
	放置网络标签		放置端口
	放置 GND 端口		放置忽略 ERC 检查指示符
	放置 VCC 电源端		

知识点三　原理图中元件的常用操作

一张好的原理图应该布局均匀，连线清晰，模块分明，所以在元件的放置过程中或连线过程中不可避免的要对元件的方向、位置等进行调整。虽然我们已经能够完成简单电路原理图的绘制，但为了提高操作效率及准确度，还需要学习掌握以下相关知识。

1. 原理图元件的查找

在绘制原理图时，经常会遇到一些在杂项元件库中找不到的不太熟悉的元器件，又不知道该元件具体在哪个元件库中。DXP 提供了很好的查找功能，比如说需要放置二极管"1N4001"。如果在所装元件库中有没有该元件，这时就需要利用查找功能查找该元件，具体过程如下。

选择元件库上的【查找】命令，如图 2-61 所示，弹出【元件库查找】对话框如图 2-62 所示。在对话框的文本框中输入"1N4001"，在【范围】选项框中选择【路径中的库】，在【路径】选项框中选择合适的路径，单击【查找】按钮，如图 2-62 所示。系统开始自动查找，查找结果在【Query Results】（查询结果）中显示，如图 2-63 所示。单击放置元件按钮【Place Diode 1N4001】即可放置元件"1N4001"，如图 2-64 所示。

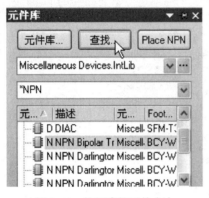

图 2-61　执行查找元件命令

图 2-62　【元件库查找】对话框

图 2-63　查找结果显示

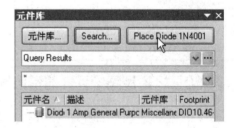

图 2-64　放置找到的元件

2. 原理图元件的调整

1）元件的选取

当要对某个或某些元器件、导线、节点进行剪切、复制等操作时，需要对它们进行选取，选中区域的方法有下面几种。

（1）选取一个对象。方法是：用鼠标左键在该对象上单击，该对象就被选中，此时该对象周围出现绿色的虚线框。如图 2-65 所示，电阻 R2 处于选中状态。

（2）框选一些对象。使用这种方法，可以一次选中制定方形区域中的所有元件。操作方法如下：在图样的合适位置按下鼠标左键不放，拖动鼠标到对角的另一个顶点，松开鼠标的左键，如图 2-66 所示，此时矩形框的所有对象全部被选中，如图 2-67 所示。

（3）依次选中多个对象。执行菜单命令【编辑】→【选择】→【切换选择】。此时光标处于"＋"状态，用光标逐个单击所要选取的元件就能使之处于被选中状态，如图 2-68 所示，如果误选了元件，可以再次单击该元件，这时该元件将回到非选中状态。选择完毕后，单击鼠标右键退出该命令状态。

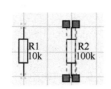

图 2-65　选取一个对象

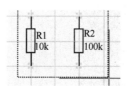

图 2-66　框选一些对象

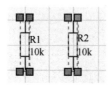

图 2-67　选中的结果

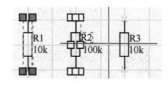

图 2-68　依次选中多个对象

取消选中的方法：

① 在空白处单击鼠标左键即可使所有选中的对象回到非选中状态；

② 用鼠标单击工具栏中的 图标；

③ 通过菜单【编辑】→【取消选择】命令。

选择元件还可以通过执行菜单命令完成。

2）元件的移动

在布置原理图元件的位置时，经常需要将元器件的位置进行移动，移动元器件位置的方法很简单，具体操作如下。

（1）移动单一元件。

将鼠标光标放在所要移动的元件上面，按住鼠标左键不放，元件处于被选中状态，拖动鼠标，此时元件处于悬浮状态跟着鼠标光标移动，将光标移动到合适位置，松开鼠标左键，元件的位置被固定，此时元件仍处于被选中状态。在空白处单击鼠标左键，取消选中状态，移动元件完成。

（2）移动多个元件。

首先选中所要移动的元件，然后将鼠标的光标移动到某个选中的元件上面按住鼠标左键不放，移动鼠标至合适位置松开鼠标左键，所要移动的元件位置即被固定，在空白处单击鼠标左键，移动多个元件结束。

移动元件还可以通过执行菜单命令完成。

3）调整元件的方向

在放置元件时，经常会遇到所放置的元件方向不适合要求，为了布线方便，经常需要将元件的方向进行调整，元件的调整常用快捷键完成。

Space 键（空格键）：每按一次，被选中的元件逆时针旋转 90°。

X键：元件左右对调；Y键：元件上下对调。

操作方法：将鼠标光标移至所要调整方向的元器件R2上，如图2-69所示，按住鼠标左键不放如图2-70所示，再按相应的快捷键（如空格键），可以实现相应的功能（逆时针旋转90°）如图2-71所示，取消元件选中状态。

图2-69　选择要调整的元件

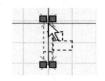

图2-70　操作鼠标

图2-71　移动结果

4）元件的对齐

在绘制原理图的过程中，放置完元器件后，还要对元器件进行对齐校正，这样既可以使所绘制的原理图美观，又便于放置导线。Protel DXP提供了用于元件对齐的命令。执行该命令的方法是【编辑】→【排列】下的各个子命令，弹出元件对齐对话框，如图2-72所示。也可以通过工具栏中的调准工具实现。

下面以元器件的纵向左对齐排列具体说明操作过程。

首先，选中所要对齐的元器件R1、R2和R3，如图2-73所示。

	排列 (A)...	
旨	左对齐排列 (L)	Shift+Ctrl+L
彐	右对齐排列 (R)	Shift+Ctrl+R
串	水平中心排列 (C)	
帅	水平分布 (D)	Shift+Ctrl+H
帀	顶部对齐排列 (T)	Shift+Ctrl+T
屾	底部对齐排列 (B)	Shift+Ctrl+B
帆	垂直中心排列 (V)	
帕	垂直分布 (I)	Shift+Ctrl+V
宜	排列到网格 (G)	Shift+Ctrl+D

图2-72　元件对齐下拉列表

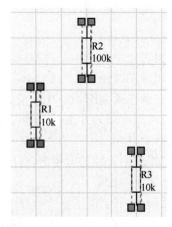

图2-73　选择要对齐的元件

执行菜单命令【编辑】→【排列】→【左对齐排列】，元件R1、R2和R3实现了以最左边的电阻R1为标准进行对齐，如图2-74所示。取消选中状态，如图2-75所示，完成操作。其他对齐方式请读者自己操作。

方法二：单击选中要删除的元件，此时元件周围会出现先被选中的标志，然后按Del键即可删除选中的元件；这种删除方法鼠标和键盘的合理配合会大大提高效率，是一种常用的删除元件的方法。

（2）元件的剪切。

首先要选中所要剪切的对象，然后选用下列方法之一可以实现剪切功能。

方法一：执行菜单【编辑】→【裁剪】。

方法二：Ctrl+X或Shift+Delete。

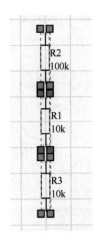

图 2-74 对齐的结果

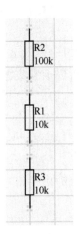

图 2-75 取消选中

方法三：执行主工具栏中的剪切按钮 ✂ 。

此时鼠标变成"+"形，单击鼠标左键或按 Enter 键，将选取的元器件直接放入剪切板中，同时电路图中选取的元件被删除。

（3）元件的复制。

首先要选中所要复制的对象，然后选用下列方法之一可以实现复制功能。

方法一：执行菜单命令【编辑】→【复制】或快捷键 E→C。

方法二：按 Ctrl+C 键或 Ctrl+Insert 键。

方法三：执行主工具栏中的剪切按钮 📋 。

此时鼠标变成"+"形，单击鼠标左键或按 Enter 键，将选取的元器件直接放入剪切板中。

（4）元件的粘贴。

执行粘贴命令以前，首先要进行所要粘贴元件的复制或已剪切过放入剪切板中的元件。粘贴操作可以由下列几种方法实现。

方法一：执行菜单【编辑】→【粘贴】命令。

方法二：按 Ctrl+V 键或 Shift+Insert 键。

方法三：执行主工具栏中的粘贴按钮 📋 。

此时界面出现悬浮的粘贴元件，如图 2-76 所示，将其移动到合适位置单击鼠标左键，即可将剪切板中的元件粘贴在当前位置上，如图 2-77 所示。

注意，粘贴完成后要注意修改元件参数。

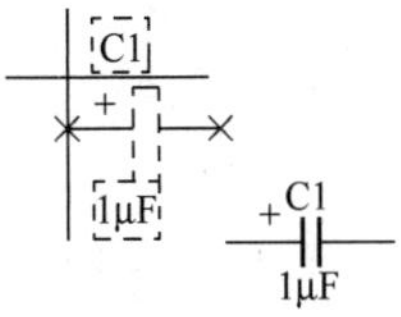

图 2-76 处于悬浮状态的粘贴元件

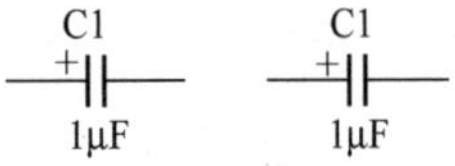

图 2-77 放置后的结果

知识点四 放置电源和接地符号

电源和接地符号有很多种，在原理图画线工具栏里面有放置电源按钮和接地按钮 ⏚ ，

Protel DXP 提供了专门的电源和接地符号工具栏，下面分别介绍这两种放置电源和接地符号的方法。

1）通过电源符号栏放置

用下列方法可以放置电源符号。

方法一：单击画线工具栏。

方法二：执行菜单命令【放置】→【电源端口】。

方法三：使用快捷键 P→O。

使用上述方法之一，原理图界面上会出现一个悬浮的电源或接地符号，如图 2-78 所示，此时按 Tab 键可以弹出【符号属性设置】对话框，如图 2-79 所示。

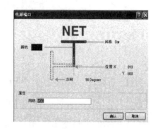

图 2-78　电源符号　　　　　　　　　图 2-79　【符号属性设置】对话框

在该对话框中可以对电源和接地符号的属性进行如下设置。

【网络】：设定该符号所具有的电气名称。如：＋12V、VCC、GND 等，根据原理图的实际意义来定。

【风格】（外形）：当光标移至【风格】右边时，会出现下拉列表指示▼，单击该按钮，可以选择其外形，外形种类如图 2-80 所示。读者可以通过实际操作观察符号的特点。

【位置】（符号位置坐标）：用于确定符号的位置坐标。

【方向】（符号的方向）：设置电源或接地符号的方向。方向的选择方法与前面的【风格】法相同，也可以用改变元器件方向的方法来具体确定。

【颜色】（符号的颜色）：单击【颜色】右边的颜色框，可以重新设置符号的颜色。

当设置好符号的属性后，单击【确认】按钮或 Enter 键，即可完成符号属性的设置。此时符号仍处于悬浮状态，拖动鼠标到适当位置，单击鼠标左键即可以放置元件。此时程序仍处于放置符号状态，如图 2-81 所示。可以继续放置符号，按 Esc 键或单击鼠标右键退出放置元件状态。

图 2-80　符号外形

图 2-81　系统处于放置符号的状态

2）通过电源工具栏放置

放置电源或接地符号还可以通过电源工具栏放置，调出电源工具栏的方法是：鼠标单击【查看】，然后把鼠标放在【工具栏】上出现各种工具栏，单击【实用工具】，如图 2-82 所示，即可调出【实用工具栏】。单击【实用工具栏】中的电源工具右面的下拉按钮，即可调出电源工具栏，如图 2-83 所示。

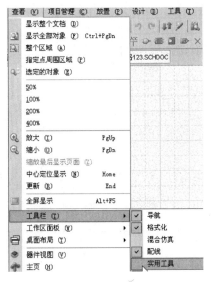

图 2-82 调出实用工具栏的过程

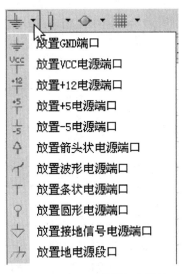

图 2-83 电源工具栏包含符号

在画原理图时，若需要放置电源或接地符号时，可以单击工具栏上所需要的符号，此时符号处于悬浮状态，如图 2-84 所示，按 Tab 键可以设置其属性。拖动鼠标到合适位置单击鼠标左键即可放置符号，如图 2-85 所示。

图 2-84 悬浮状态的符号

图 2-85 放置后的符号

注意：若已放置的符号的属性不符合要求，可以用鼠标左键双击符号进行属性设置。

 **学习评价**

一、思考题

1. 你对 Protel DXP 中的文件管理如何理解？

2. 项目文件、原理图文件的新建、保存、打开、关闭都有哪些方法？

3. 在图纸设置中，可视栅格、捕捉栅格和电气栅格各有什么作用？

4. 在制作模板时，如何使"字符串"变成"*"？在应用模板时，如何将"*"被内容替换？

5. 查找元件的过程是什么？

6. 总结一下原理图元件的删除、剪切、复制和粘贴方法。

7. 原理图文件中有哪些常用工具栏？

二、技能训练

任务一 设置原理图工作环境设置。

按下列要求创建原理图文件：

1. 创建原理图并保存，保存名称为"图1.Sch"。

2. 设置图纸为"A4"，图纸方向设置为横向。

3. 图纸边沿设置为黑色，图纸颜色设置为白色。

4. 利用直线工具和文字工具绘制如表2-13所示的标题栏。其他采用默认设置。

表2-13　标题栏

考生信息	姓名	
	考号	
	单位	
图名		
文件名		
第　　　幅		共　　　幅
考试时间		考试日期

任务二　按要求新建原理图模板。

按下列要求设计原理图模板并调用。

1. 模板图纸尺寸用"A4"纸。

2. 图纸颜色为白色，其他图纸选项采用默认。

3. 按表2-14增加标题栏参数。

表2-14　标题栏参数

学校	*
班级	*
学号	*
姓名	*
名称	*
日期	*

4. 设计完成后保存，保存名称为"我的模板1.SchDot"。

5. 将设计好的模板应用到任务三和任务四的电路中。

任务三　绘制如2-86所示的三端稳压电源电路原理图，并调用任务二的模板。三端稳压电源电路原理图元件表如表2-15所示。

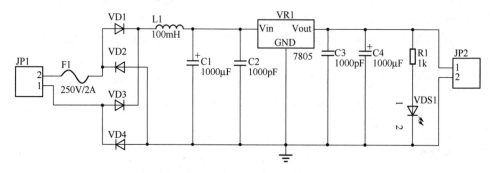

图2-86　三端稳压电源电路原理图

表 2-15　三端稳压电源电路原理图元件表

元件类型和编号	名　称	元　件　库
电源插座 JP1、JP2	Header 2H	Miscellaneous Connectors.IntLib
熔断器 F1	Fuse 2	
整流二极管 VD1～VD4	Diode	
电感 L1	Inductor	
电解电容 C1、C4	Cap Pol1	Miscellaneous Devices.IntLib
无极性电容 C2、C3	Cap	
三端稳压块 VR1	Volt Reg	
电阻 R1	Res2	
发光二极管 DS1	LED0	

*任务四　绘制如 2-87 所示的 OTL 放大电路原理图。

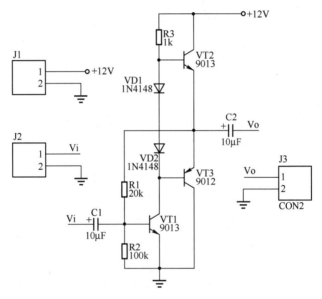

图 2-87　OTL 放大电路原理图

注意：Vi、Vo 属于网络标签，放置方法是：用鼠标单击配线工具栏中的 <u>Net</u>，修改属性的方法和修改其他元件的属性相同，按 Tab 键即可修改，网络标签的含义还将在后续课中详细讲述。

三、项目评价评分表

（一）个人知识技能评价表

班级：＿＿＿＿＿＿＿　　　姓名：＿＿＿＿＿＿＿　　　成绩：＿＿＿＿＿＿＿

评价方面	评价内容及要求	分值	自我评价	小组评价	教师评价	得分
项目知识内容	① 理解 Protel DXP 的文件管理	5				
	② 熟练掌握原理图中元件的常用操作	15				
	③ 了解原理图常用工具栏，掌握常用命令和使用	5				

续表

评价方面	评价内容及要求	分值	自我评价	小组评价	教师评价	得分
项目技能内容	① 熟练掌握项目工程文件、原理图文件建立、保存、打开、关闭方法	5				
	② 掌握原理图工作环境设置的过程	10				
	③ 掌握原理图模板的设计和调用	10				
	④ 完成多个元件移动、调整和对齐	15				
	⑤ 完成三端稳压电源电路原理图绘制	15				
	*⑥ 基本完成 OTL 放大电路原理图	10				
	⑦ 安全用电，规范操作	5				
	⑧文明操作，不迟到早退，操作工位卫生良好，按时按要求完成实训任务	5				

（二）小组学习活动评价表

（同项目一，略）

Protel DXP 认知三——绘制单片机
数码显示电路原理图

项目情景

同学们已经学会了绘制简单的电路原理图，便迫不及待地想制作单片机显示电路，它的实物图如图 3-1 所示，电路原理图如图 3-2 所示。可是电路图这么复杂，而且其中有一个元件在元件库中怎么也找不到，这可怎么办呢？

图 3-1　单片机显示电路实物图

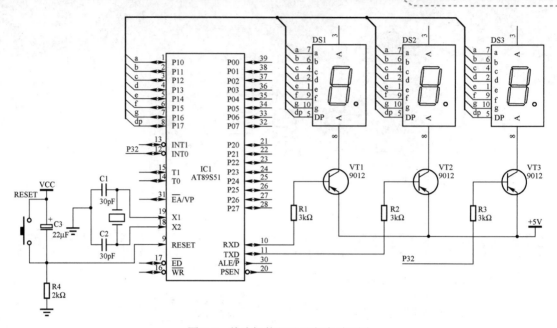

图 3-2　单片机数码显示电路原理图

 教学目标

项目教学目标	学　时	教　学　方　式
技能目标　① 掌握原理图元件的自制方法和步骤，并能放置到原理图中使用 ② 掌握总线的绘制和网络标号的放置方法 ③ 绘制单片机显示电路、声光控开关电路、AM 收音机电路等电路的原理图	4 课时	教师演示，学生上机操作；教师指导、答疑
知识目标　① 熟悉【实用工具栏】中【绘图工具】的使用方法 ② 掌握原理图中元件引脚的修改方法 ③ 掌握含有子件的原理图元件的绘制方法	4 课时	教师讲授、学生练习（讲练结合）
情感目标　随着课程的深入，内容增多，难度增大，加强激励策略，注重培养学生的学习习惯和坚持精神		采用单项技能竞赛、知识抢答等活动和手段

 任务分析

　　完成图 3-2 所示电路原理图的绘制，基本步骤同学们已经基本掌握了，但完成这张原理图还需要具备以下基本技能：

　　（1）自制原理图元件；

　　（2）将原理图元件放置在原理图中；

　　（3）会绘制总线和放置网络标号。

一、基本技能

任务一　自制原理图元件

以图 3-2 所示电路原理图中的三极管 VT1 为例，绘制原理图元件方法有两种：第一种方法是全部由自己绘制而成，第二种方法是调用、复制库中相似的元件进行修改绘制。下面分别介绍。

1．方法一：新建原理图库文件

步骤如下。

1) 创建原理图库文件

创建原理图元件首先要建立原理图库文件，新建原理图库文件的方法如表 3-1 所示。

2) 绘制元件

绘制三极管 VT1 的基本步骤如表 3-2 所示。绘制中有关画图形工具的使用请参考后面相关知识点的详细介绍。

表 3-1　新建原理图库文件的方法

步　骤	操　作　说　明	操　作　界　面
（1）	执行菜单命令【文件】→【创建】→【库】→【原理图库】，如图 3-3 所示，新建一个原理图库文件 说明：该文件建立在"工程项目文件"之后，即先创建一个新的工程项目文件再进行该文件创建	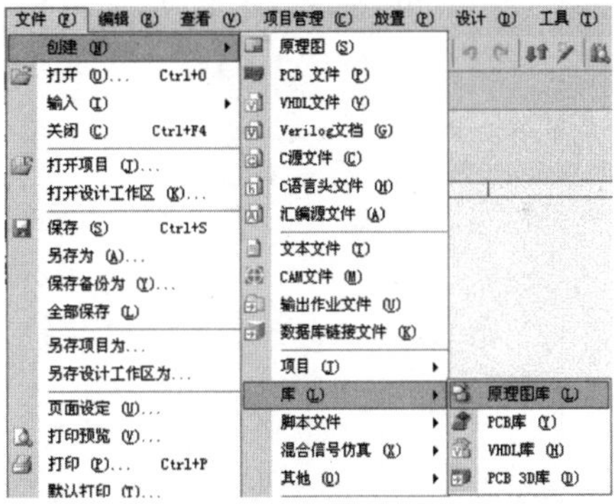 图 3-3　新建原理图库文件
（2）	系统默认文件名为 Schlib1.SchLib，并启动元件库编辑器，如图 3-4 所示。可按前面讲过的方法进行保存和改名	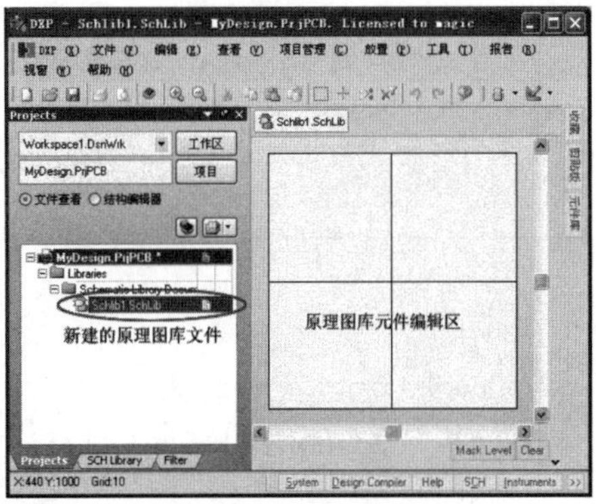 图 3-4　元件库编辑器界面

表 3-2   绘制三极管 VT1 的基本步骤

步　骤	操　作　说　明	操　作　界　面
（1）	执行菜单命令【查看】→【工作区面板】→【SCH】→【SCH Library】，或者单击下面的【SCH Library】选项，即可进入元件库编辑器的界面，如图 3-5 所示	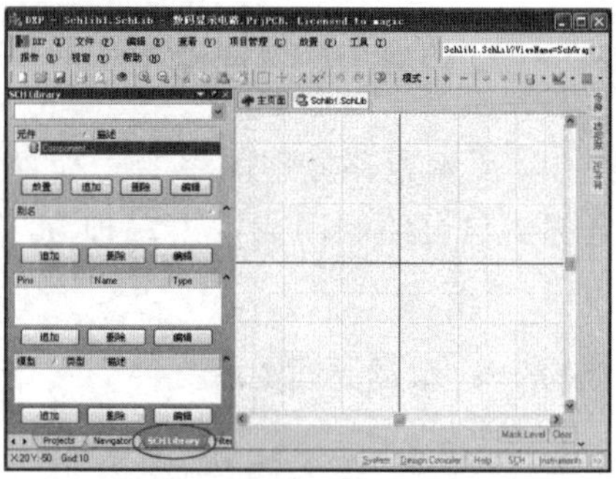 图 3-5　元件库编辑器界面
（2）	使用放置椭圆工具绘制一个圆形，如图 3-6 所示	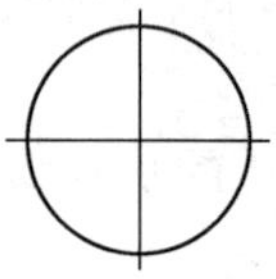 图 3-6　绘制圆形
（3）	使用放置矩形工具绘制一个矩形，如图 3-7 所示	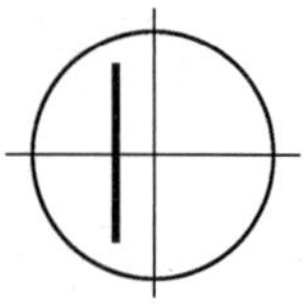 图 3-7　绘制矩形
（4）	使用放置直线工具绘制三条线段，如图 3-8 所示	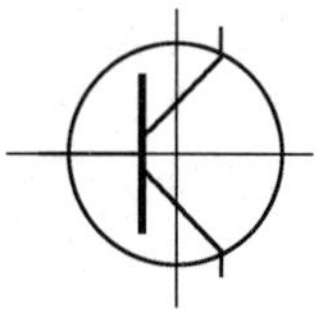 图 3-8　绘制线段
（5）	使用放置多边形工具绘制一个三角形箭头，如图 3-9 所示	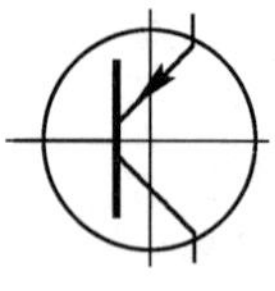 图 3-9　绘制三角形箭头
（6）	使用放置引脚工具放置三个引脚。注意放置引脚时一定要使引脚的电气热点始终位于原理图符号的远端，这样便于从引脚上引出导线，如图 3-10 所示	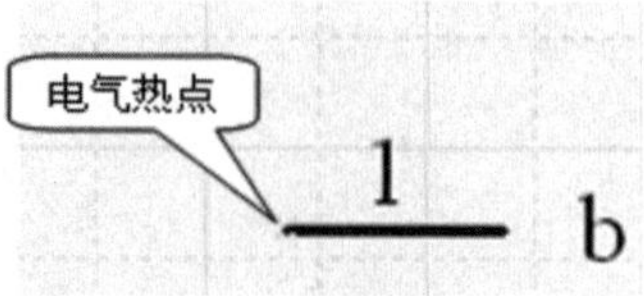 图 3-10　放置引脚

续表

步　骤	操 作 说 明	操 作 界 面
（7）	在放置引脚状态时按 Tab 键，或双击已放置的脚，弹出如图 3-11 所示【引脚属性】对话框，如果将其中的显示名称和标志符均改为 1，在连续放置引脚时名称和标志符会自动递增	图 3-11　【引脚属性】对话框
（8）	绘制完成的三极管元件如图 3-12 所示	图 3-12　三极管完成图

注意： 绘制的元件的外形只是代表该元件的图形符号，在原理图中真正起作用的是引脚及其标识符。

2．方法二：复制、编辑原理图元件

一般地，形状简单的新元件采用方法一来绘制生成。对于引脚较多的元件就需要花费一定的时间，可以采用在元件库中找出和实际新元件类似，但存在一定差异的元件进行修改。VT1 就是这样的情况，如图 3-13 所示，操作步骤如下。

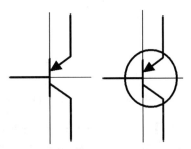

（a）原三极管符号　　（b）需要的三极管符号

图 3-13　原元件与需要的元件符号对比

注意： 如果直接在原库中编辑修改，可能破坏原元件库，同时下次可能又要使用该元件未编辑前的原理图符号，所以最好先将原元件复制，再进行编辑修改，这样既不破坏原元件库，又保存了原元件。

1）创建工程文件和原理图库文件"自制元件库"

创建方法同方法一的步骤 1，如图 3-14 所示。

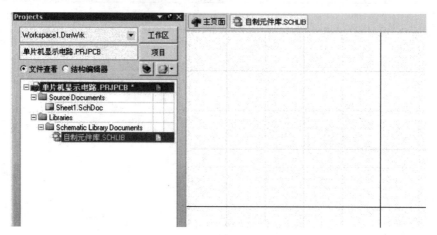

图 3-14　创建的自制元件库文件

2）打开原元件库复制原元件

（1）按以下路径打开原元件库，如图 3-15 所示。

*:\Program Files\Altium\Library\Miscellaneous Devices.IntLib

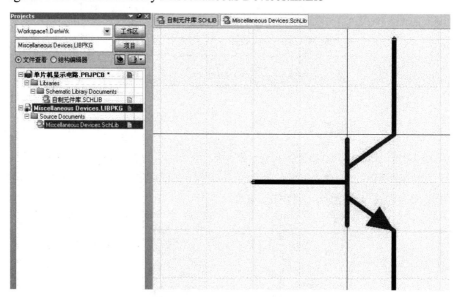

图 3-15　打开 Miscellaneous Devices.IntLib 集成库

（2）转到库编辑面板，在【元件】栏中选择 PNP 三极管原理图符号，如图 3-16 所示。

（3）选取该三极管原理图符号，并按 Ctrl＋C 组合键将其复制到剪贴板。

3）在自制元件库粘贴原元件

（1）在自制元件库中，单击新建元件按钮，弹出输入新元件名对话框，如图 3-17 所示，输入新元件名称"ZZPNP"，表示自制的 PNP 型三极管。

（2）粘贴原元件。进入原理图元件编辑器，在图纸中心按 Ctrl＋V 组合键粘贴复制的三极管元件，如图 3-18 所示。

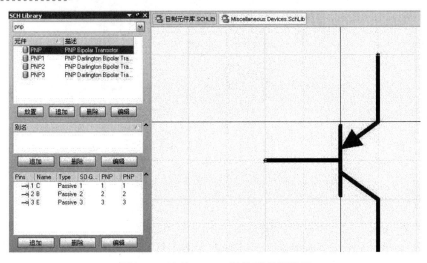

图 3-16　选择 PNP 三极管原理图符号

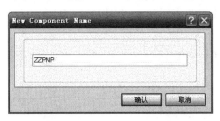

图 3-17　输入新元件名称

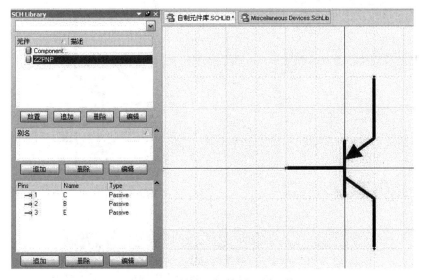

图 3-18　粘贴三极管原理图元件

4）编辑原元件

（1）设置椭圆属性。

选择绘图工具中的绘制椭圆工具，按 Tab 键弹出如图 3-19 所示的【椭圆属性】对话框，因为圆内部不需要填充，所以不选中【画实心】复选框，并将【边缘宽】设置为 Small，单击【确认】按钮完成设置。

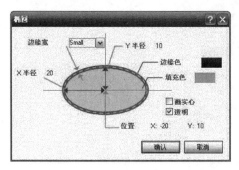

图 3-19 【椭圆属性】对话框

（2）绘制椭圆。

在三极管原理图符号上绘制出外围圆圈，如图 3-20 所示。

注意：完成原元件的复制和粘贴后，最好及时将打开的原元件库关闭，如果关闭时出现是否保存修改对话框，注意在原元件库 Miscellaneous Devices.IntLib 后选【不保存】项，不要保存对原元件库的修改，以免破坏原元件库，如图 3-21 所示。

快速操作提示：

本部分操作中需要来回切换工作区面板，可借助工作区面板下方的标签进行快速转换，如图 3-22 所示。

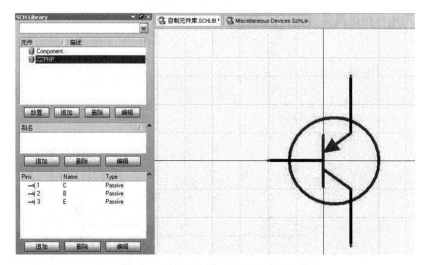

图 3-20 修改好的三极管原理图元件

图 3-21 不保存对原元件库的修改

图 3-22　工作区面板的快速转换

任务二　自制元件的放置方法

（1）方法一：打开原理图（或新建原理图）打开元件库面板，选择在前文中所创建的元件库"自制元件库.SCHLIB"，在该库中选择自制的元件"ZZPNP"，单击【Place ZZPNP】按钮，就可以将自制的元件放入原理图中，如图 3-23 所示。

（2）方法二：完成元件制作后，直接在元件库编辑器界面下，单击【放置】按钮，自制元件将自动被放置到原理图文件中，如图 3-24 所示。

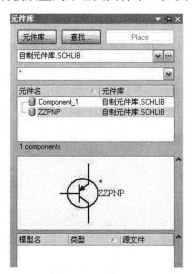

图 3-23　原理图中由元件库放置自制元件

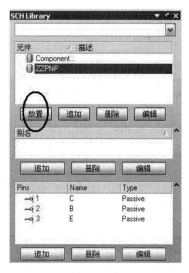

图 3-24　由库面板放置自制元件

任务三　绘制总线、添加网络标号

总线是由多条性质相同的导线组成的集合。在原理图绘制中，用一条粗线来表示总线，总线是为了使原理图简洁明了，本身并不具有电气特性。

网络标号则具有实际的电气连接特性，在原理图上具有相同网络标号的电气连接点是连在一起的。所以总线必须配以网络标号才能将相应的连接点连接在一起。

1．绘制总线

绘制总线的步骤如表 3-3 所示。

2．绘制总线分支

绘制总线分支的步骤如表 3-4 所示。

3．添加网络标签

添加网络标签的步骤如表 3-5 所示。

表 3-3　绘制总线的步骤

步　　骤	操 作 说 明	操 作 界 面
（1）	执行菜单命令【放置】→【总线】，或者在【配线】工具栏上单击放置总线图标，光标指针变成"十"字形，如图 3-25 所示	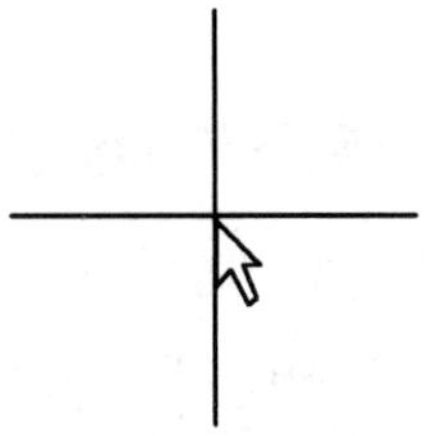 图 3-25　放置总线状态
（2）	单击鼠标左键确定起点，再分别单击鼠标左键确定多个固定点和终点，如图 3-26 所示	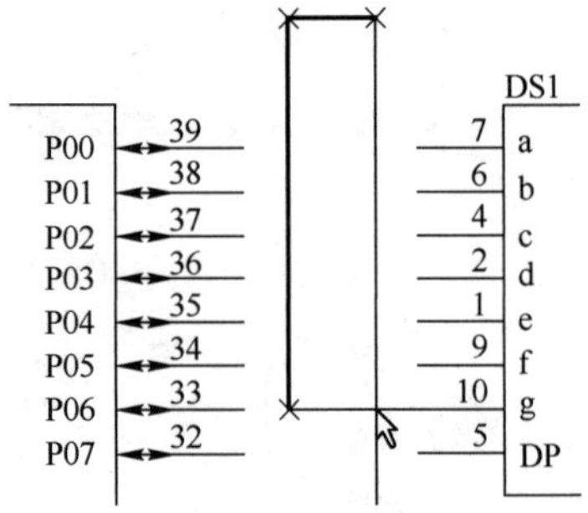 图 3-26　绘制总线
（3）	单击鼠标右键结束当前总线的绘制，再次单击鼠标右键或者按 Esc 键退出总线放置	
（4）	在放置总线状态下按 Tab 键，或在已放置的总线上双击，打开【总线属性】对话框，可设置总线的宽度、颜色等属性，如图 3-27 所示	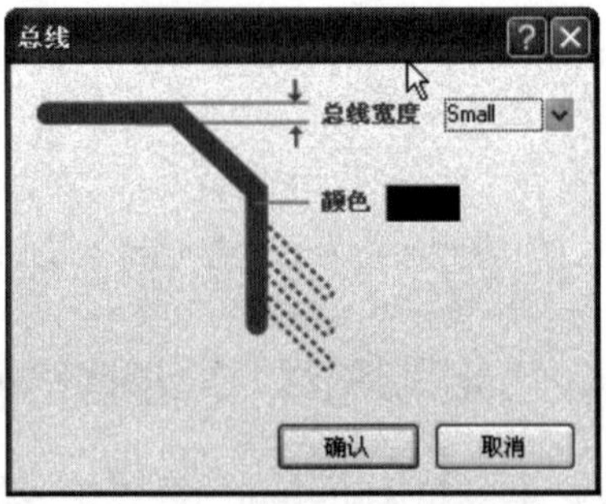 图 3-27　【总线属性】对话框

表 3-4 绘制总线分支的步骤

步　　骤	操 作 说 明	操 作 界 面
（1）	执行菜单命令【放置】→【总线入口】，或者在【配线】工具栏上单击放置总线入口图标 ↖，光标指针变成"十"字形并浮动一个总线分支图形，如图 3-28 所示	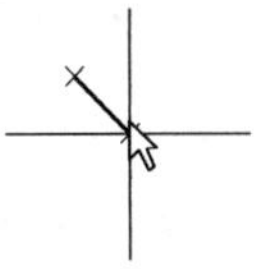 图 3-28　放置总线分支状态
（2）	将光标移动到所要放置总线分支的位置，光标处将出现红色的"*"形标记，单击鼠标即可放置一个总线分支，并且光标仍处于放置总线分支的状态，如图 3-29 所示	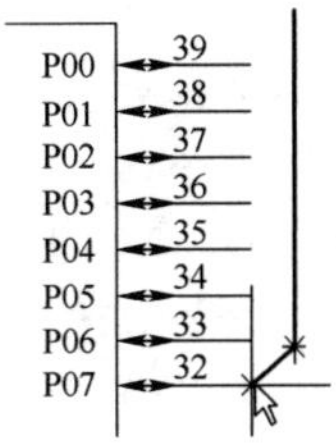 图 3-29　放置总线分支
（3）	移动光标到另一位置，重复上述操作直到完成所有需要放置的总线分支，如图 3-30 所示	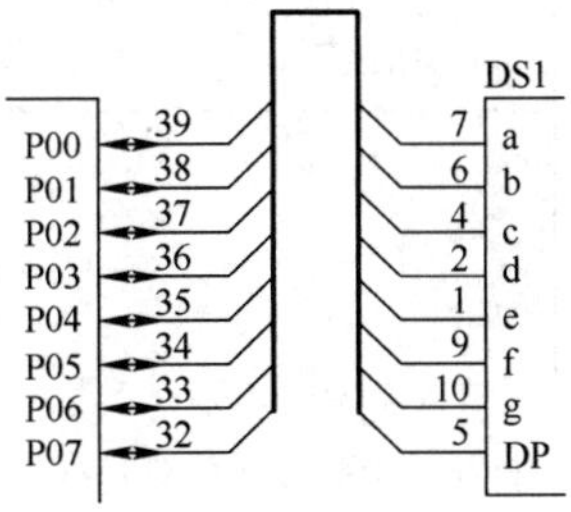 图 3-30　完成放置总线分支
（4）	单击鼠标右键或者按 Esc 键，退出放置总线分支状态	
（5）	在放置总线分支状态下按 Tab 键，或在已放置的总线分支上双击，打开【总线分支属性】对话框，可设置总线分支的颜色、线宽等属性，如图 3-31 所示	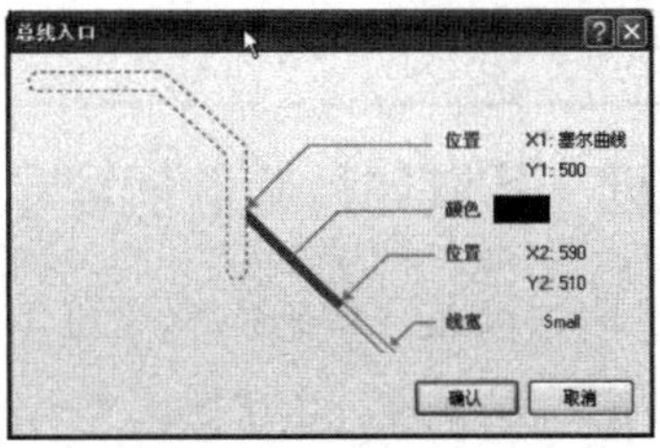 图 3-31　【总线分支属性】对话框

表 3-5 添加网络标签的步骤

步　　骤	操 作 说 明	操 作 界 面
（1）	执行菜单命令【放置】→【网络标签】，或者在【配线】工具栏上单击放置网络标签图标，光标指针变成"十"字形并浮动一个标签，如图 3-32 所示	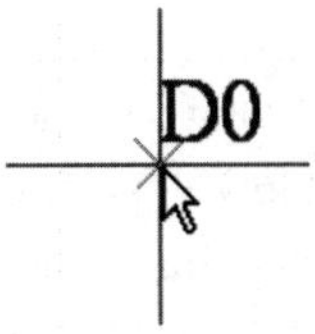 图 3-32　放置网络标签状态

续表

步骤	操作说明	操作界面
（2）	移动光标到所要放置网络标签的元件引脚端点或者导线上，此时光标将显示红色的"*"形，提示用户光标已到达电气连接点。单击鼠标左键，即可完成一个网络标签的放置，并且光标仍处于放置网络标签的状态，如图 3-33 所示	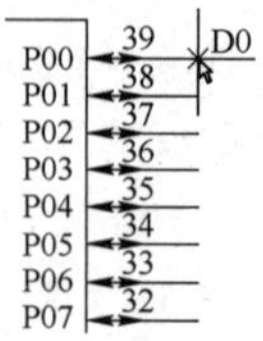 图 3-33　放置网络标签
（3）	移动光标到另一位置，重复上述操作为其他网络放置网络标签，如图 3-34 所示。系统提供了网络标签自动加 1 功能，当网络标签的最后一个字符为数字时，在放置网络标签的过程中，每放置一个网络标签后面的数字就会自动加 1	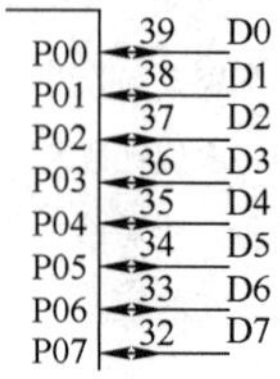 图 3-34　完成放置网络标签
（4）	右键单击或者按 Esc 键，退出网络标签放置状态	
（5）	在放置网络标签状态下按 Tab 键，或在已放置的网络标签上双击，打开【网络标签属性】对话框，可设置网络标签的网络、颜色等属性，如图 3-35 所示	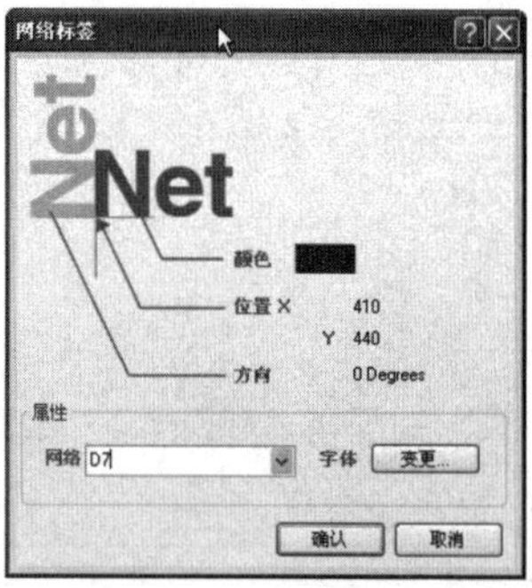 图 3-35　【网络标签属性】对话框

任务四　绘制单片机数码显示电路原理图

图 3-2 所示的单片机数码显示电路原理图绘制步骤如下。

1）创建工程项目、原理图文件及原理图库文件

创建工程项目、原理图文件及原理图库文件的步骤如表 3-6 所示。

表 3-6　创建工程项目、原理图文件及原理图库文件的步骤

步骤	操作过程	操作界面
（1）	在 DXP 软件中，执行菜单命令【文件】→【创建】→【项目】→【PCB 项目】后，如图 3-36 所示。【Projects】面板就会出现新建的项目文件 "PCB Project1.PrjPCB"	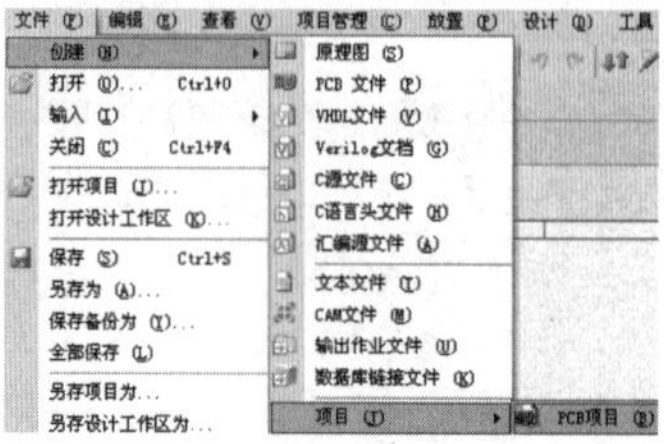 图 3-36　创建项目文件

步　骤	操 作 过 程	操 作 界 面
（2）	执行菜单命令【文件】→【创建】→【原理图】，如图 3-37 所示。【Projects】面板中新建的项目文件下就新建了一个名为"Sheet1.SchDoc"的原理图文件	 图 3-37　创建原理图文件
（3）	执行菜单命令【文件】→【创建】→【库】→【原理图库】，如图 3-38 所示。【Projects】面板中新建的项目文件下就新建了一个名为"Sheet1.SchLib"的原理图库文件	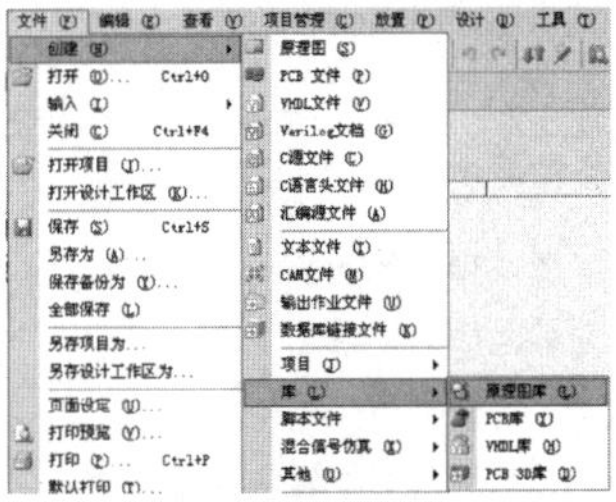 图 3-38　创建原理图库文件
（4）	鼠标右键单击【Projects】面板中的项目文件"PCB Project1.PrjPCB"，在弹出的快捷菜单中选择【另存项目为...】，如图 3-39 所示，在弹出的对话框中选择路径并输入文件名"单片机显示电路.PrjPCB"，保存项目文件。同样的方法保存原理图为"单片机显示电路.SchDoc"，保存原理图库为"单片机显示电路.SchLib"	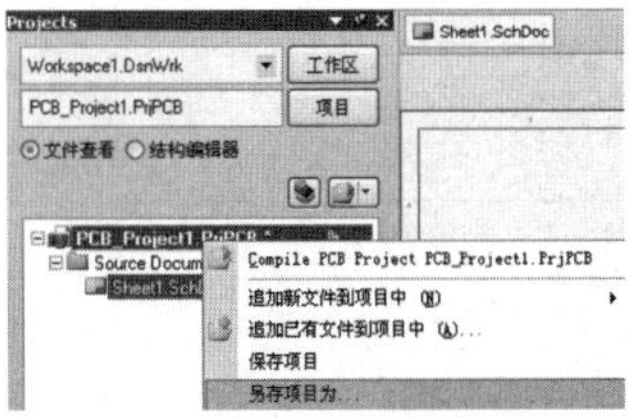 图 3-39　保存项目文件

2）放置元件并设置属性

放置元件并设置属性的方法如表 3-7 所示。

表 3-7　放置元件并设置属性的方法

步　骤	操 作 过 程	操 作 界 面
（1）	选择元件库编辑管理器面板中的"AT89S51"元件，单击【放置】按钮，即可将此元件放置在建立的原理图中，如图 3-40 所示	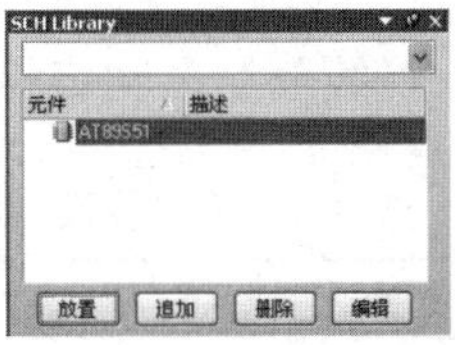 图 3-40　放置库元件
（2）	在原理图编辑窗口，单击系统右侧的元件库标签，弹出如图 3-41 所示的元件库面板	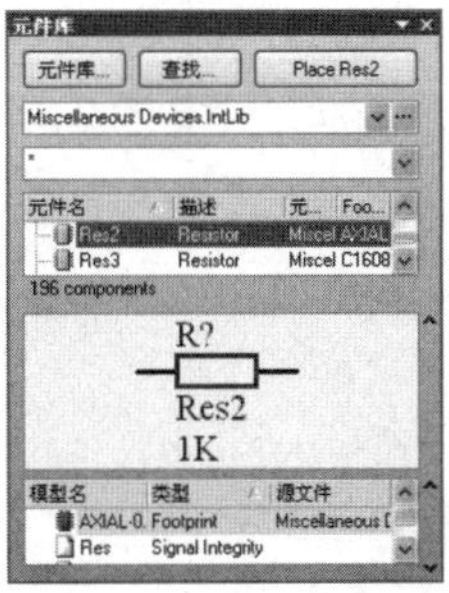 图 3-41　元件库面板

步　骤	操　作　过　程	操　作　界　面
（3）	选中所要放置的元件，如 Res2，单击【Place Res2】按钮，光标指针变成"十"字形并浮动一个要放置的元件，如图 3-42 所示。在原理图的适当位置单击左键，放置该元件	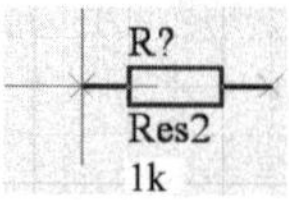 图 3-42　放置元件状态
（4）	按照第（3）步的方法依次放置所有元件，如图 3-43 所示。 说明：原理图中的元件如果元件库中没有，可采用基本技能中介绍的方法制作生成，然后在原理图中调用，或采用知识点介绍的方法直接在原理图中修改生成	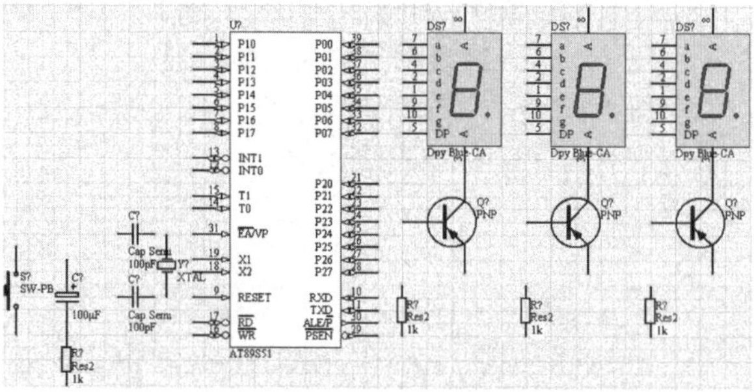 图 3-43　放置所有元件
（5）	依次双击每个元件，在属性对话框中设置元件属性，设置结果如图 3-44 所示。可以使用【工具】→【注释】菜单命令为元件自动编号	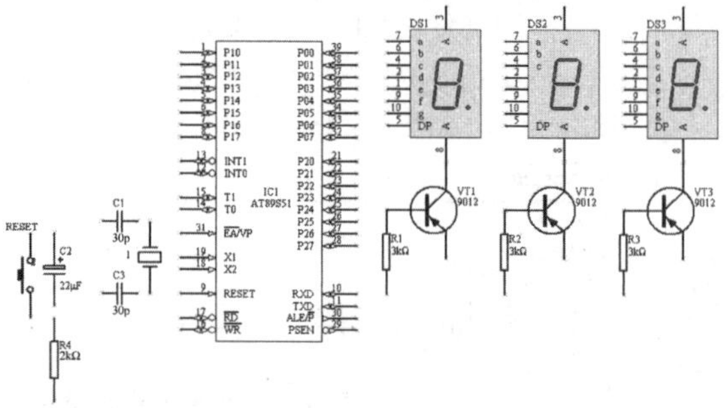 图 3-44　设置元件属性的结果

3）绘制导线、总线、总线分支及网络标签

绘制导线、总线、总线分支及网络标签的步骤如表 3-8 所示。

表 3-8　绘制导线、总线、总线分支及网络标签的步骤

步　骤	操　作　过　程	操　作　界　面
（1）	绘制导线，放置电源和接地端子，如图 3-45 所示	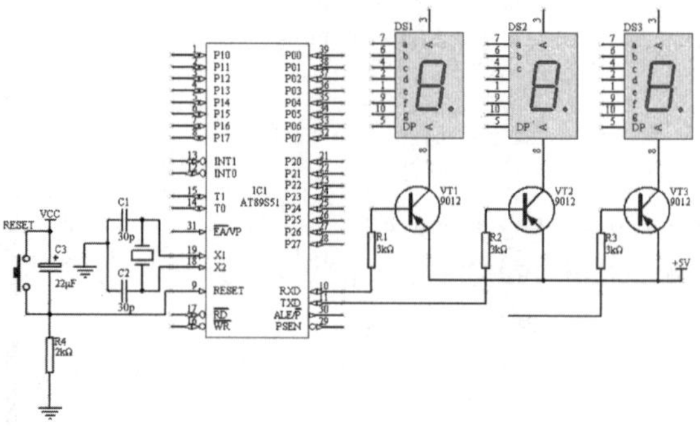 图 3-45　绘制导线、电源及接地端子

续表

步骤	操作过程	操作界面
（2）	绘制总线、总线分支及网络标签，如图 3-46 所示	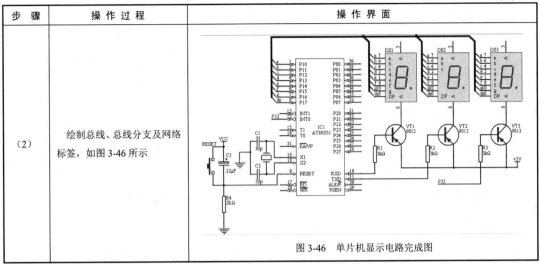 图 3-46 单片机显示电路完成图

二、基 本 知 识

知识点一　画几何图形

1. 认识画图形工具栏

画图形工具栏主要是用来修饰和说明原理图及原理图元件的，除引脚外，其他的图形和文字都不具备电气意义，这一点有别于放置工具栏。单击实用工具栏上的图标 ，弹出如图 3-47 所示的画图形工具，或者执行【放置】命令，弹出如图 3-48 所示的菜单，都可以打开系统所提供的各种画图形工具。

2. 绘制直线

1）绘制直线

绘制直线的步骤，如表 3-9 所示。

图 3-47　画图形工具栏

图 3-48　画图工具菜单

表 3-9 绘制直线的步骤

步骤	操 作 说 明	操 作 界 面
(1)	执行菜单命令【放置】→【直线】，或者在画图形工具栏上单击放置直线图标 ✏️，光标指针变成 "十" 字形，如图 3-49 所示	图 3-49 放置直线状态
(2)	移动鼠标到适当的位置单击鼠标左键，确定直线的起点，继续移动鼠标到另一处需要的位置，再次单击鼠标确定直线的终点，即可绘制好一条直线，如图 3-50 所示	图 3-50 绘制的直线
(3)	如要绘制折线，只需当鼠标移动到转折点时单击左键就可以定位一个拐角，继续移动鼠标到直线终点单击，如图 3-51 所示	图 3-51 绘制的折线
(4)	绘制完毕，单击两次右键或按 Esc 键退出画线状态	
(5)	在绘制直线的过程中，通过按 Space 键可以依次切换直线的拐角模式。系统提供的拐角模式如图 3-52 所示	45°拐角 90°拐角 任意方向 图 3-52 系统提供的几种拐角模式

2）编辑直线属性

双击已绘制好的直线或在绘制过程中按 Tab 键，弹出如图 3-53 所示的【折线属性】对话框。可对直线的线宽、颜色、风格等属性进行设置。

3）编辑直线

单击已绘制好的直线，在直线的两端或折线拐角处各自会出现一个方形控制点，如图 3-54 所示，拖动控制点可改变直线的长短，拖动直线本身可改变直线的位置。

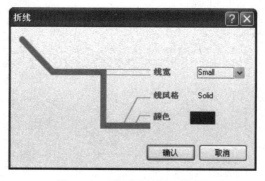

图 3-53 【折线属性】对话框

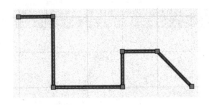

图 3-54　编辑直线

3．绘制多边形

1）绘制多边形

绘制多边形的步骤如表 3-10 所示。

表 3-10　绘制多边形的步骤

步　骤	操 作 说 明	操 作 界 面
（1）	执行菜单命令【放置】→【多边形】，或者在画图形工具栏上单击放置多边形图标，光标指针变成"十"字形，如图 3-55 所示	图 3-55　放置多边形状态
（2）	移动鼠标到适当的位置单击鼠标左键，确定多边形的第 1 个顶点，然后移动鼠标到另一处需要的位置，单击鼠标确定第 2 个顶点，如图 3-56 所示	图 3-56　确定多边形第 1 个和第 2 个顶点
（3）	此时拖动鼠标，就会有多边形出现了。再次单击鼠标左键，确定多边形的第 3 个顶点，如图 3-57 所示	图 3-57　确定多边形第 3 个顶点
（4）	继续移动鼠标，依次在多边形其余顶点单击左键。确定最后一个顶点后，即可完成多边形的绘制，如图 3-58 所示	图 3-58　绘制的多边形
（5）	右键单击或按 Esc 键，当前多边形绘制完成	

2）编辑多边形的属性

双击已绘制好的多边形或在绘制过程中按 Tab 键，弹出如图 3-59 所示的【多边形属性】对话框。可对多边形的边缘宽、填充色、边缘色、是否实心及是否透明等属性进行设置。

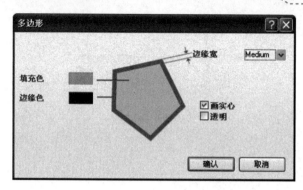

图 3-59 【多边形属性】对话框

4．绘制椭圆形和圆形及椭圆弧和圆弧

1) 绘制椭圆形和圆形

绘制椭圆形和圆形的步骤，如表 3-11 所示。

表 3-11 绘制椭圆形和圆形的步骤

步 骤	操 作 说 明	操 作 界 面
(1)	执行菜单命令【放置】→【椭圆】，或者在画图形工具栏上单击放置椭圆图标，光标指针变成"十"字形并浮动一个椭圆形状，如图 3-60 所示	图 3-60 放置椭圆状态
(2)	移动鼠标到适当的位置单击鼠标左键，确定椭圆的圆心，同时光标自动跳到横向的圆周顶点，如图 3-61 所示	图 3-61 确定椭圆圆心
(3)	左右移动光标，在适当的位置单击鼠标左键，确定 X 轴半径长度，同时光标自动跳到纵向的圆周顶点，如图 3-62 所示	图 3-62 确定椭圆的 X 轴半径
(4)	上下移动光标，在适当的位置单击鼠标左键，确定 Y 轴半径长度，完成椭圆的绘制，如图 3-63 所示。此时仍为绘制椭圆状态，光标移到另一位置，再按上述步骤继续绘制下一个椭圆	图 3-63 完成椭圆的绘制
(5)	完成椭圆绘制后，右键单击或按 Esc 键退出绘制状态	

步　骤	操 作 说 明	操 作 界 面
（6）	当把 X 轴半径与 Y 轴半径设置成相等，则可以绘制圆形，如图 3-64 所示	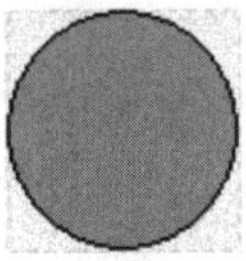 图 3-64　绘制的圆形

2）绘制椭圆弧和圆弧

绘制椭圆弧和圆弧的步骤如表 3-12 所示。

表 3-12　绘制椭圆弧和圆弧的步骤

步　骤	操 作 说 明	操 作 界 面
（1）	执行菜单命令【放置】→【椭圆弧】，或者在画图形工具栏上单击放置椭圆弧图标 ⌒，光标指针变成"十"字形并浮动一个椭圆弧形状，如图 3-65 所示	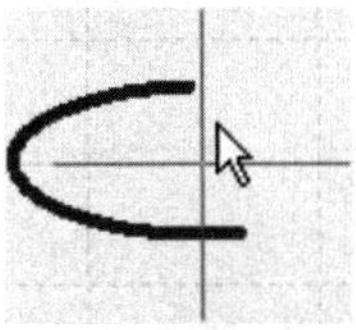 图 3-65　放置椭圆弧状态
（2）	移动鼠标到适当的位置单击鼠标左键，确定椭圆的圆心，光标自动跳到横向的圆周顶点，如图 3-66 所示	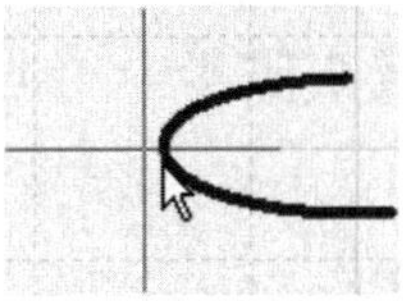 图 3-66　确定椭圆弧的圆心
（3）	左右移动光标，在适当的位置单击鼠标左键，确定 X 轴半径长度，光标自动跳到纵向的圆周顶点，如图 3-67 所示	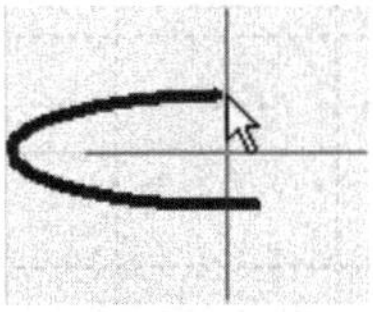 图 3-67　确定椭圆弧的 X 轴半径
（4）	上下移动光标，在适当的位置单击鼠标左键，确定 Y 轴半径长度，光标自动跳到椭圆弧线的一端，如图 3-68 所示	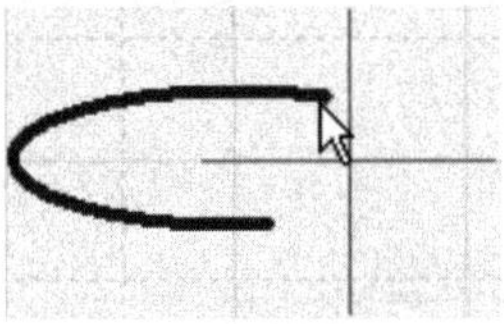 图 3-68　确定椭圆弧的 Y 轴半径
（5）	移动光标到适当位置，单击鼠标左键，确定椭圆弧线的起点，光标自动跳到椭圆弧线的另一端，如图 3-69 所示	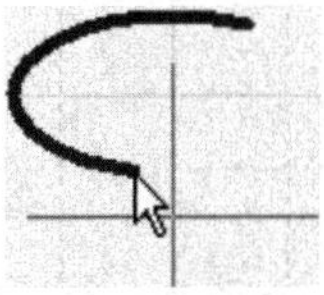 图 3-69　确定椭圆弧的起点

续表

步 骤	操 作 说 明	操 作 界 面
(6)	移动光标到适当位置，单击鼠标左键，确定椭圆弧线的终点，完成椭圆弧线的绘制，如图 3-70 所示。此时仍为绘制椭圆弧状态，光标移到另一位置，再按上述步骤继续绘制下一个椭圆弧	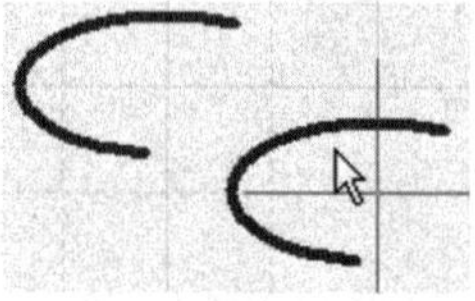 图 3-70　完成椭圆弧的绘制
(7)	完成椭圆弧绘制后，右键单击或按 Esc 键退出绘制状态	
(8)	当把 X 轴半径与 Y 轴半径设置成相等，则可以绘制圆弧线，如图 3-71 所示。Protel DXP 2004 还提供了专门绘制圆弧的命令	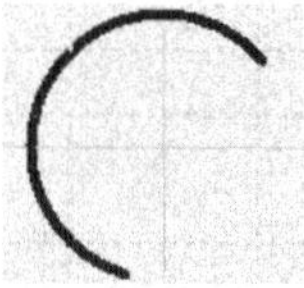 图 3-71　绘制的圆弧线

3）编辑椭圆形和圆形及椭圆弧和圆弧的属性

双击已绘制好的图形或在绘制过程中按 Tab 键，弹出其对应的属性对话框，可对其位置、线宽、X 轴半径、Y 轴半径、颜色等属性进行设置。

5. 绘制贝塞尔曲线

贝塞尔曲线是由两段或两段以上相连的折线所确定的曲线。利用该工具可以绘制出正弦线、抛物线等曲线。

绘制贝塞尔曲线的步骤如表 3-13 所示。

表 3-13　绘制贝塞尔曲线的步骤

步 骤	操 作 说 明	操 作 界 面
(1)	执行菜单命令【放置】→【贝塞尔曲线】，或者在画图形工具栏上单击放置贝塞尔曲线图标 ∿，光标指针变成"十"字形，如图 3-72 所示	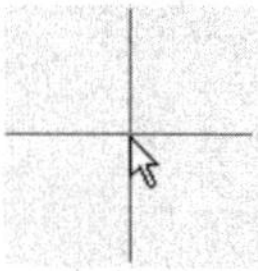 图 3-72　放置贝塞尔曲线状态
(2)	将十字光标移动到所需绘制曲线的起点，单击确定第 1 个点	
(3)	移动光标拉出一条直线，单击确定第 2 个点，如图 3-73 所示	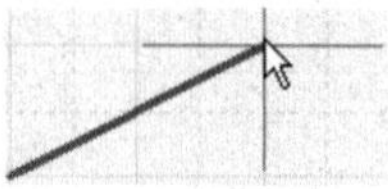 图 3-73　确定贝塞尔曲线的第 2 个点
(4)	移动光标到适当位置，变为曲线，单击确定第 3 个点，如图 3-74 所示	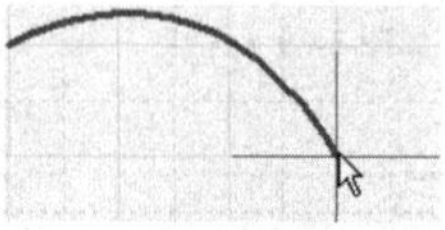 图 3-74　确定贝塞尔曲线的第 3 个点

续表

步 骤	操作说明	操作界面
（5）	移动光标到适当位置，单击确定最后一个点，完成一段贝塞尔曲线的绘制，如图 3-75 所示	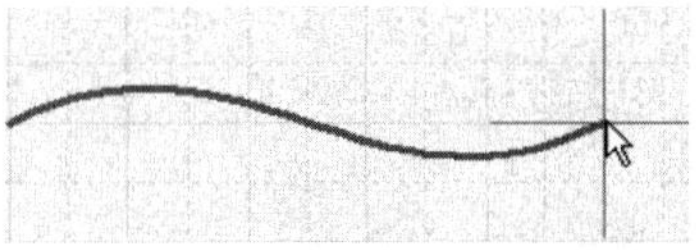 图 3-75　绘制的贝塞尔曲线
（6）	完成绘制后，右键单击或按 Esc 键退出绘制状态	
（7）	选中绘制的贝塞尔曲线，在 4 个点之间会有 3 条虚线，所绘制的贝塞尔曲线随着 3 条虚线的转折光滑过渡，如图 3-76 所示，利用这一特点，可以画出各种任意弯曲的曲线	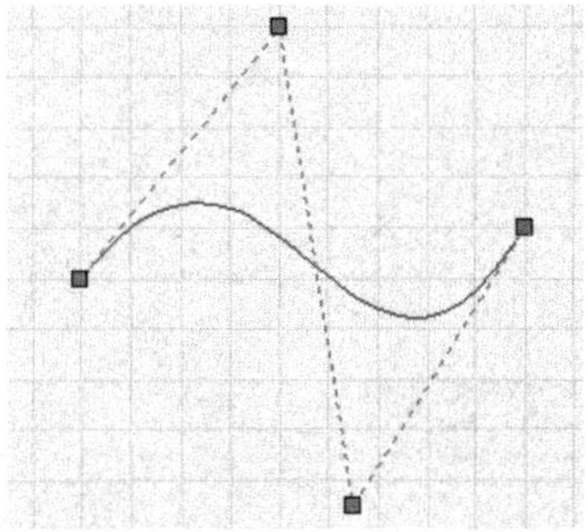 图 3-76　贝塞尔曲线的 4 个编辑点

知识点二　在原理图中直接修改元件引脚

有两种情况需要在原理图中直接修改元件引脚，一种情况是对于需要自制的元件，如果库中有相似的原理图元件，并且该元件已经放置到原理图中，修改量很小，如只有个别引脚需要修改，此时就不用采取前面介绍的自制元件方法，而可以直接在原理图中对原理图元件进行修改。另一种情况是因为，在绘制的元件中，元件引脚是反映元件之间电气连接的连接点。有时元件封装与实际元件引脚的对应关系不正确，或者需要调整元件的引脚位置以减少图纸上导线连接的复杂性，这时就要对元件引脚进行修改。

1．实例一

有时候元件的封装和实际元器件引脚的对应关系不正确，如图 3-77 所示的三极管元件和与之对应的元器件封装。从图中可以看出，根据原理图中引脚的定义，则焊盘从左向右依次为基极→发射极→集电极，而三极管实物将平面对自己，从左向右的顺序依次是发射极→基极→集电极。这样元件的封装和实际元件引脚没有正确对应，必须至少修改其中一个，要么改变原理图元件中的引脚序号，要么改变元器件封装中的焊盘序号，否则会导致电路板的电气连接不正确。

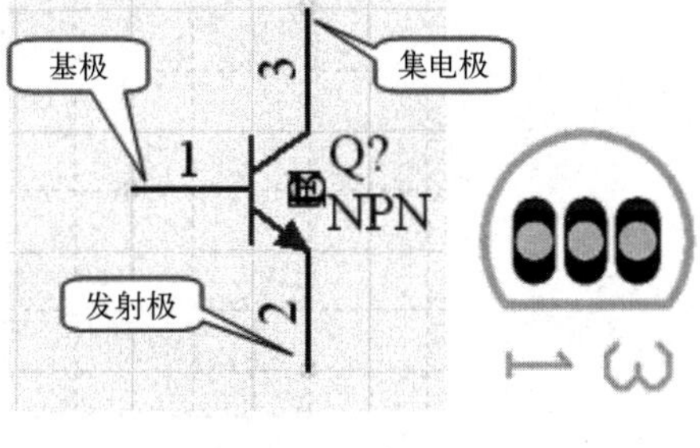

图 3-77　三极管的原理图元件与元器件封装

1）取消元件引脚的锁定状态

在如图 3-78 所示的【库元件属性】对话框的
左下角，取消【锁定引脚】复选项，如图 3-79 所示，然后单击【确定】按钮，可取消元件引脚的锁定状态。这样在绘制原理图时就可以通过拖拽元件的引脚来改变引脚的位置，以方便导线的连接。

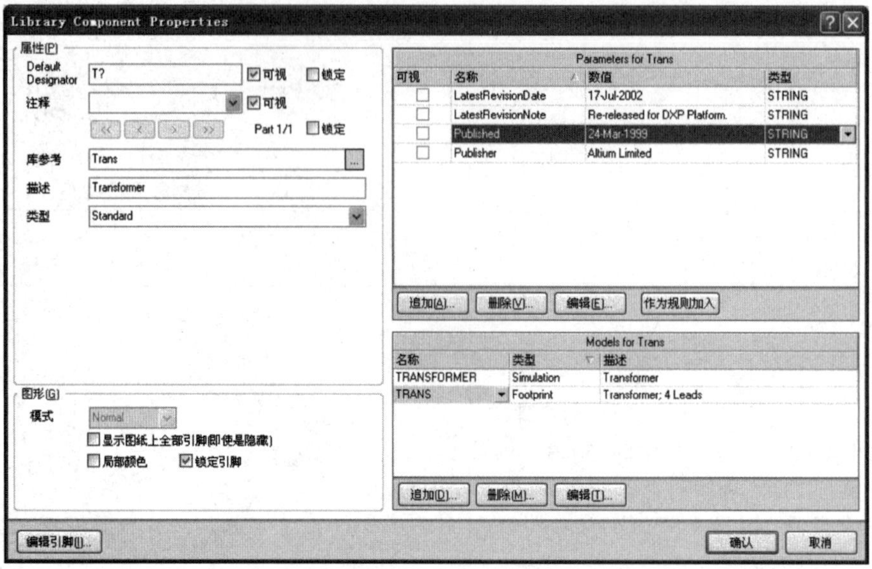

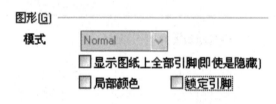

图 3-78 【库元件属性】对话框

图 3-79 取消【锁定引脚】

注意：取消【锁定引脚】也可以在绘制原理图时直接双击图纸上的元件进行该项操作。

2）修改元件引脚

在如图 3-78 所示的库元件属性对话框的左下角，单击【编辑引脚】按钮，弹出如图 3-80 所示的【元件引脚编辑器】对话框，可方便对元件引脚的标识符和名称等进行修改。

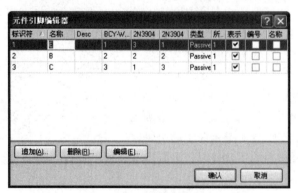

图 3-80 【元件引脚编辑器】对话框

2. 实例二

如图 3-81（a）所示是原原理图元件 ROM 存储器 M27C64A20F1，而图 3-81（b）是需要的 RAM 存储器 6164。

分析：它们之间唯一的区别在于第 1 引脚的名称，ROM 存储器 M27C64A20F1 第 1 引脚为编程引脚"VPP"，而 RAM 存储器 6164 第 1 引脚为写引脚"WR"，所以只要将第 1 引脚名称由"VPP"修改为"WR"即可。问题是怎样实现引脚名称的上横线。

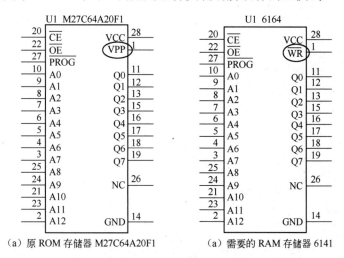

(a) 原 ROM 存储器 M27C64A20F1   (a) 需要的 RAM 存储器 6141

图 3-81   ROM 和 RAM 存储器引脚图

1）修改原理图编辑器的工作环境

执行【Tools】—→【Preferences】菜单命令，在【Graphical Editing】图形编辑标签栏中，选中【Single '\' Negation】复选框，才能在引脚前使用"\"号，达到在引脚名称上添加上横线的效果，如图 3-82 所示。

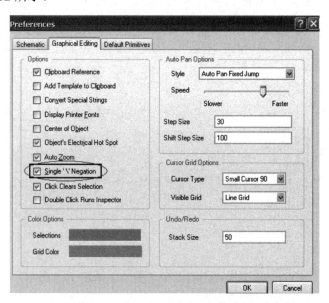

图 3-82   选中【Single '\' Negation】复选框

2）取消元件的引脚锁定状态

双击 ROM 存储器 M27C64A20F1，在弹出的属性对话框中取消【Lock Pins】复选框的选中状态，如图 3-83 所示，这样就可以修改该元件的引脚了。

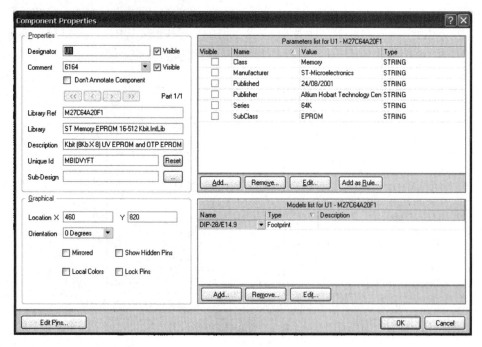

图 3-83　取消【Lock Pins】复选框的选中状态

3）修改元件引脚属性

双击图中 ROM 存储器 M27C64A20F1 第 1 引脚，弹出如图 3-84 所示的引脚属性对话框，将【Display Name】修改为"\WR"即可，"\"就是引脚名称"WR"的上横线。

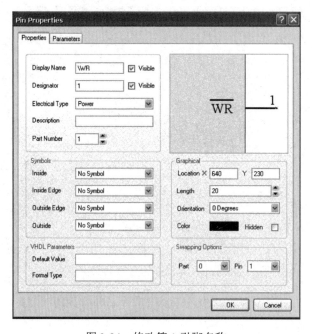

图 3-84　修改第 1 引脚名称

知识点三 制作含有子件的原理图元件

1. 子件概念

74LS00 内部电路图如图 3-85 所示，它是由四个二输入与非门构成。我们把这种内部含有多个完全相同的逻辑组件的元件称为含有子件的原理图元件，其中每个逻辑组件称为该元件的子件。

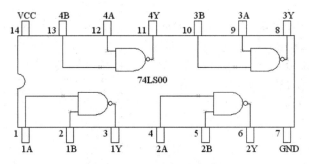

图 3-85 74LS00 内部电路图

2. 绘制子件

绘制含有子件的原理图元件的步骤如表 3-14 所示。

表 3-14 绘制含有子件的原理图元件的步骤

步 骤	操 作 说 明	操 作 界 面
（1）	打开元件库编辑管理器，单击其中的【追加】按钮，或者执行菜单命令【工具】→【新元件】，创建一个名称 74LS00 的元件，如图 3-86 所示	图 3-86 创建新元件
（2）	利用椭圆弧工具和直线工具绘制元件图形，单击放置引脚工具 ，依次放置三个引脚，如图 3-87 所示	图 3-87 绘制元件图形
（3）	执行菜单命令【工具】→【创建元件】，此时所绘制的元件被自动作为元件的第 1 个子件（即 Part A），新增加的作为元件的第 2 个子件，依次再增加两个子件作为第 3 个子件和第 4 个子件。完成后库编辑面板中元件列表区如图 3-88 所示。由于四个子件形状完全相同，只是引脚标识符不同，可采用"复制"和"粘贴"的方法绘制其他三个子件，再把引脚参数依次修改	图 3-88 创建元件子件

续表

步　骤	操 作 说 明	操 作 界 面
（4）	绘制接地引脚： 单击放置引脚工具 ![引脚工具]，按 Tab 键，打开【引脚属性】对话框，设置以下属性：显示名称为"GND"、标识符为"7"、勾选【隐藏】复选框并在【连接到】后面的文本中输入"GND"、【零件编号】设为"0"，如图 3-89 所示	图 3-89　设置【引脚属性】对话框
（5）	绘制电源引脚的方法同上，属性设置如下：显示名称为"Vcc"、标识符为"14"、勾选【隐藏】复选框并在【连接到】后面的文本中输入"Vcc"、零件编号设为"0"	
（6）	设置完成后，保存原理图库文件	

注意：零件编号0是一个特殊的子件，用来表示对所有子件都通用的引脚。当任何一个子件被放置到原理图上时，零件编号为0的引脚都会一同放置在原理图中，并默认连接到指定的网络，如"GND"或"Vcc"。

学习评价

一、思考题

1．自制一个库中没有的新元件有哪几种方法，分别在什么情况下采用？
2．简述利用库编辑器绘制原理图库元件的基本步骤。
3．哪些情况需要在原理图中直接修改元件引脚？
4．简述总线、网络分支和网络标号的功能作用。

二、技能训练

任务一　在自己建的原理图库文件中绘制如图 3-90 所示的热敏电阻 RT、继电器 K 元件符号。

任务二　在自己建的原理图库文件中绘制含有子件的原理图元件：四运放集成电路 LM324，其引脚图如图 3-91 所示。

任务三　绘制声光控开关电路原理图。

绘制如图 3-92 所示的声光控开关电路原理图。

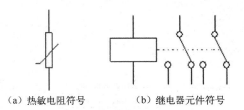

（a）热敏电阻符号　　　　（b）继电器元件符号

图 3-90　元件符号的绘制

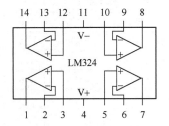

图 3-91　LM324 引脚图

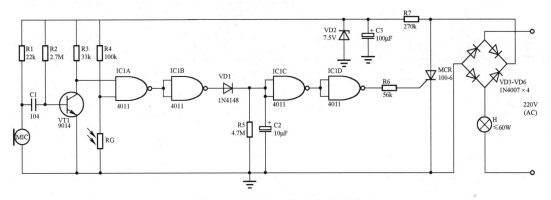

图 3-92　声光控开关电路原理图

任务四　绘制 AM 收音机电路原理图。

绘制如图 3-93 所示的 AM 收音机电路原理图。

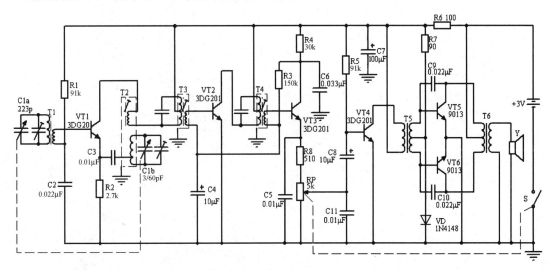

图 3-93　AM 收音机电路原理图

三、项目评价评分表

（一）个人知识技能评价表

班级：＿＿＿＿＿＿＿＿＿　　姓名：＿＿＿＿＿＿＿＿　　成绩：＿＿＿＿＿＿＿

评价方面	评价内容及要求	分值	自我评价	小组评价	教师评价	得分
项目 知识 内容	① 熟悉"实用工具栏"中"绘图工具"的使用方法	10				
	② 掌握原理图中元件引脚的修改方法	10				
	③ 掌握含有子件的原理图元件的绘制方法	10				
项目 技能 内容	① 掌握原理图元件的自制方法和步骤，并在原理图中调用	20				
	② 掌握总线的绘制和网络标号的放置方法	10				
	③ 完成单片机显示电路原理图的绘制	10				
	④ 完成声光控开关电路原理图的绘制	10				
	⑤ 完成 AM 收音机电路原理图的绘制	10				
	⑥ 安全用电，规范操作	5				
	⑦ 文明操作，不迟到早退，操作工位卫生良好，按时按要求完成实训任务	5				

（二）小组学习活动评价表

（同项目一，略）

绘制单片机系统层次原理图

项目情景

　　同学们已经学习 Protel DXP 一个多月了，对原理图的绘制已经比较熟悉。当同学们拿到如图 4-1 所示的单片机上限、下限温度控制原理图，不禁傻眼了，这可怎么办呢？

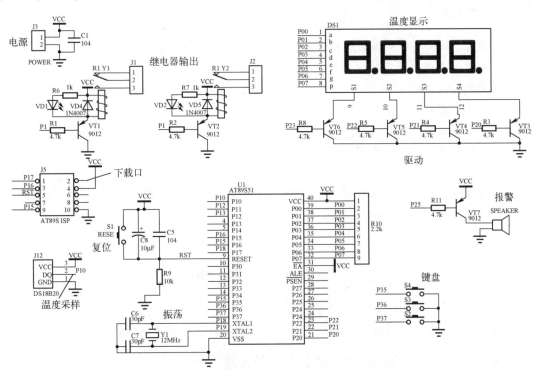

图 4-1　单片机上限、下限温度控制原理图

对于一个较大的设计项目，通常是有一个开发小组设计若干张图纸完成的。因此，常将这种电路的设计划分成为很多模块，再分别进行独立的模块设计，可以由不同人来完成，最后再将电路设计组合起来实现总的功能，这就是层次电路图的设计。

通过项目四的基本技能和知识点的学习，将使同学们理解和完成层次电路图的设计。

教学目标

	项目教学目标	学 时	教 学 方 式
技能目标	① 掌握方块电路图的绘制 ② 掌握电路进出点和端口放置方法 ③ 掌握方块图到子原理图、子原理图到方块图的转换 ④ 绘制单片机系统层次原理图	4 课时	教师演示，学生上机操作； 教师指导、答疑
知识目标	① 理解层次性原理图的基本概念 ② 掌握方块电路图与子原理图的关联关系 ③ 理解掌握电路进出点和端口的区别 ④ 理解层次原理图的自上而下和自下而上的设计方法	2 课时	教师讲授重点、难点，学生 自主探究及练习 （讲练结合）
情感目标	通过对层次原理图的概念理解和技能训练，能更进一步激发学生对 Protel DXP 的学习兴趣，进一步加强其专业信息素养和团队合作精神		网站查询（专题网站、试题库、BBS、百度吧等）、组内讨论、分工协作

任务分析

完成图 4-2 所示的单片机系统原理图，同学们需要掌握如下技能：

（1）创建一个新的项目和主原理图文件；

（2）绘制方块电路；

（3）确定放置电路进出点；

（4）连线并添加网络标签；

（5）绘制电源模块子原理图；

（6）绘制 CPU 模块子原理图；

（7）绘制存储器模块子原理图；

（8）绘制 CPU 时钟模块子原理图。

一、基本技能

图 4-2 所示是单片机系统原理图，我们按层次设计方法将原理图绘制出来，其步骤如下。

任务一 创建一个新的项目和主原理图文件

创建新项目和主原理图文件步骤如表 4-1 所示。

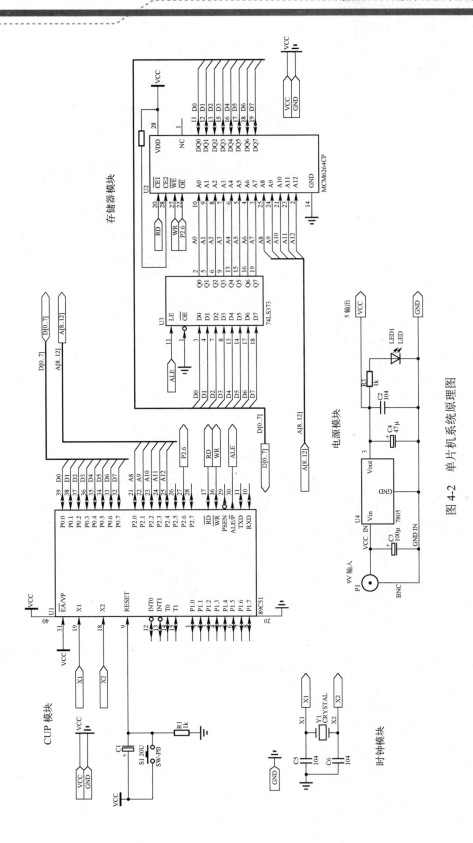

图 4-2 单片机系统原理图

表 4-1　创建新项目和主原理图文件步骤

步　骤	操 作 说 明	操 作 界 面
（1）	单击设计管理器窗口底部的【File】按钮，在弹出的窗口中选择【新建】→【Blank Project（PCB）】，如图 4-3 所示。或者单击菜单栏【文件】→【创建】→【项目】→【PCB 项目】，如图 4-4 所示	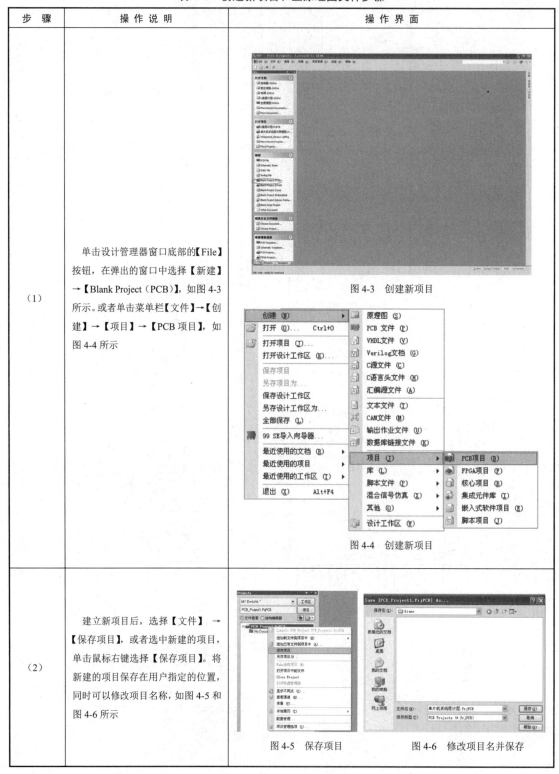图 4-3　创建新项目 图 4-4　创建新项目
（2）	建立新项目后，选择【文件】→【保存项目】，或者选中新建的项目，单击鼠标右键选择【保存项目】。将新建的项目保存在用户指定的位置，同时可以修改项目名称，如图 4-5 和图 4-6 所示	图 4-5　保存项目　　　图 4-6　修改项目名并保存

续表

步　骤	操 作 说 明	操 作 界 面
（3）	选中新建且保存好的项目，单击右键添加一个原理图文件，并命名保存为"主原理图.SchDoc"，如图 4-7 和图 4-8 所示	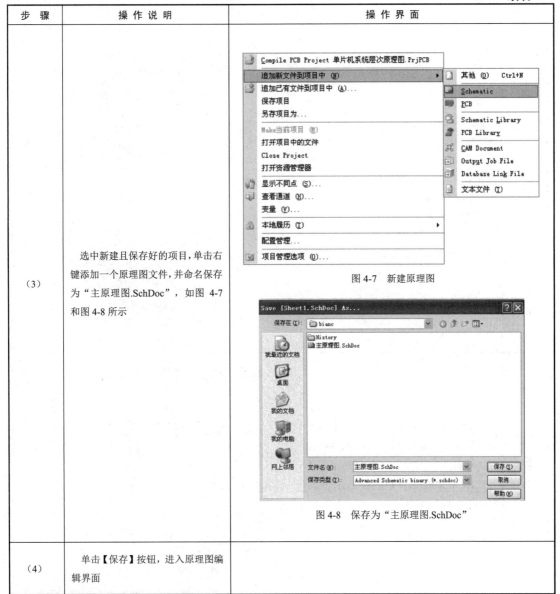图 4-7　新建原理图 图 4-8　保存为"主原理图.SchDoc"
（4）	单击【保存】按钮，进入原理图编辑界面	

任务二　绘制方块电路

绘制方块电路的步骤，如表 4-2 所示。

表 4-2　绘制方块电路的步骤

步　骤	操 作 说 明	操 作 界 面
（1）	选择菜单命令【放置】→【图纸符号】，或者单击绘图工具栏的　　图标，进入绘制方块电路状态，如图 4-9 所示	图 4-9　放置方块电路图标

步 骤	操 作 说 明	操 作 界 面
（2）	进入绘制状态后，光标变为"十"字状态，在电路图的适当位置单击鼠标左键，再移动鼠标可以展开为一个绿色的矩形，再次单击鼠标左键就可以确定矩形区域的大小，如图 4-10 所示。也可以用鼠标单击拖动来改变其所在的位置，或者在选中状态下，通过矩形周边上的选择点来改变方块的大小，如图 4-11 所示	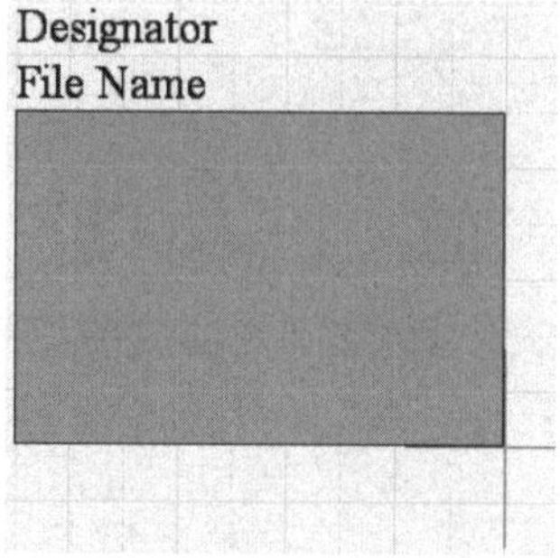 图 4-10　放置方块电路 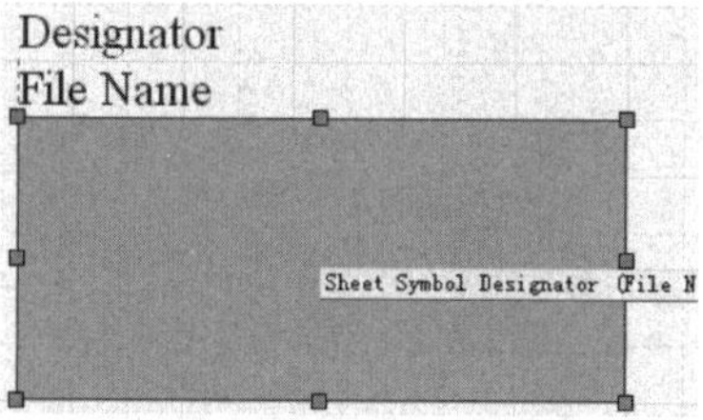 图 4-11　放置方块电路
（3）	在放置方块电路的状态下，按 Tab 键，或者放置好方块电路后双击，将弹出【图纸符号属性】设置对话框，如图 4-12 所示。在属性设置对话框中，设置【属性】选项卡中的【标识符】和【文件名】	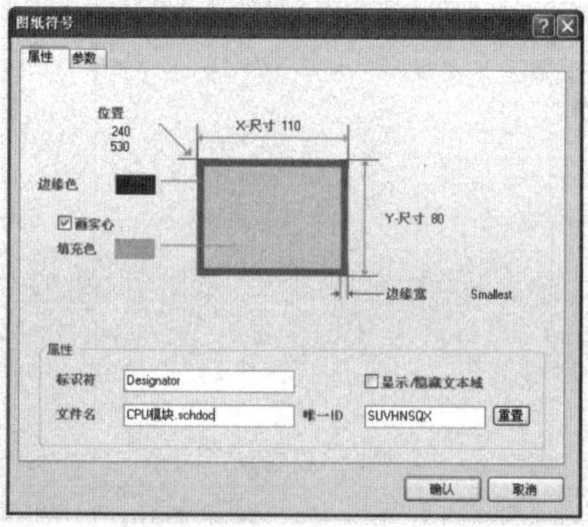 图 4-12　【图纸符号属性】设置对话框
（4）	在主原理图中绘制电源模块、时钟模块、CPU 模块和存储器模块方块电路，如图 4-13 所示	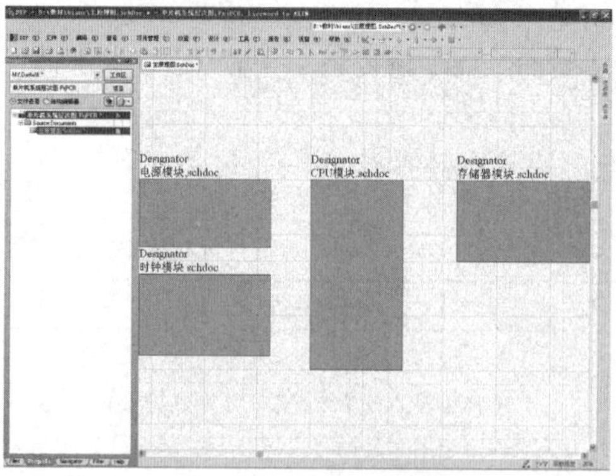 图 4-13　放置好的方块电路

任务三　确定放置电路进出点

绘制电源模块子原理图的步骤，如表 4-3 所示。

表 4-3　绘制电源模块子原理图的步骤

步　骤	操 作 说 明	操 作 界 面
（1）	单击绘图工具栏中的图标，如图 4-14 所示，可以进入放置方块电路进出点工具的状态	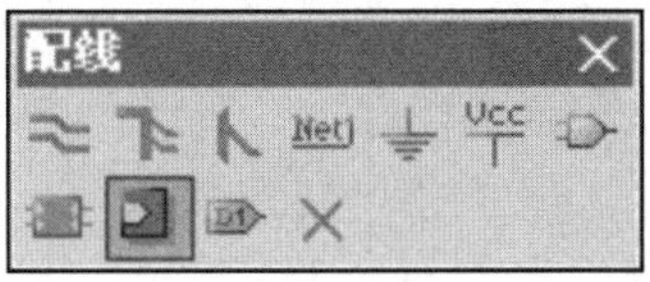 图 4-14　放置方块电路进出点
（2）	确定好放置位置后单击鼠标，即可在方块电路内部放置电路进出点，如图 4-15 所示	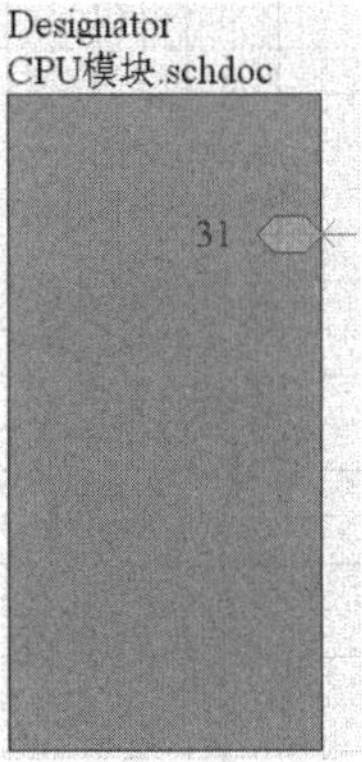 图 4-15　放置进出点
（3）	在放置方块电路进出点工具的状态下，按 Tab 键，或者放置好方块电路进出点后双击方块电路进出点图标，将弹出【方块电路进出点属性】对话框，如图 4-16 所示。将【名称】设置为 VCC，【I/O 类型】设置为 Input，【边】设置为 Right	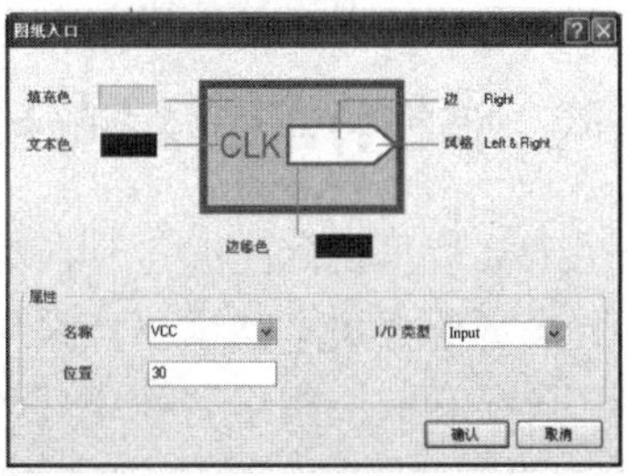 图 4-16　【方块电路进出点属性】设置对话框
（4）	使用相同的步骤，按照表 4-4 的属性设置完成主原理图中所有方块电路进出点的绘制。所有的方块电路进出点都绘制完成后如图 4-17 所示	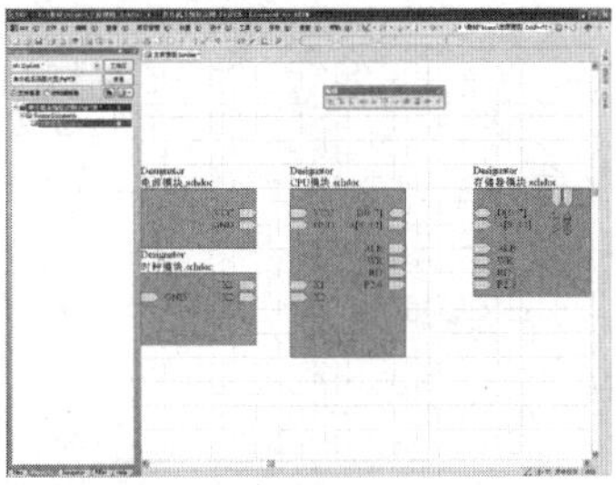 图 4-17　电源模块子原理图

表 4-4   各电路进出点的属性设置

模 块	名 称	边	I/O 类型
电源模块	VCC	Right	Output
	GND	Right	Output
时钟模块	X1	Right	Output
	X2	Right	Output
	GND	Left	Input
存储器模块	D[0..7]	Left	Bidirectional
	A[8..12]	Left	Input
	WR	Left	Input
	RD	Left	Input
	ALE	Left	Input
	P2.6	Left	Input
	VCC	Top	Input
	GND	Top	Input
CPU 模块	D[0..7]	Right	Bidirectional
	A[8..12]	Right	Output
	VCC	Left	Input
	GND	Left	Input
	X1	Left	Input
	X2	Left	Input
	ALE	Right	Output
	WR	Right	Output
	RD	Right	Output
	P2.6	Right	Output

任务四   连线并添加网络标号

在绘图工具栏里找到配线工具，对于一位线宽的方块电路进出点采用导线连接，对于两位或两位以上线宽的方块电路进出点采用总线连接，如图 4-18 所示。在主原理图中的每一个电路进出点，只要它们的网络名称相同，则表示它们在电气上是相连接的。

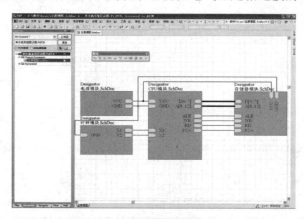

图 4-18   连接好线后的主原理图

任务五 绘制电源模块子原理图

绘制电源模块子原理图的步骤，如表 4-5 所示。

表 4-5 绘制电源模块子原理图的步骤

步 骤	操 作 说 明	操 作 界 面
（1）	选择主菜单命令【设计】→【根据符号创建图纸】，如图 4-19 所示	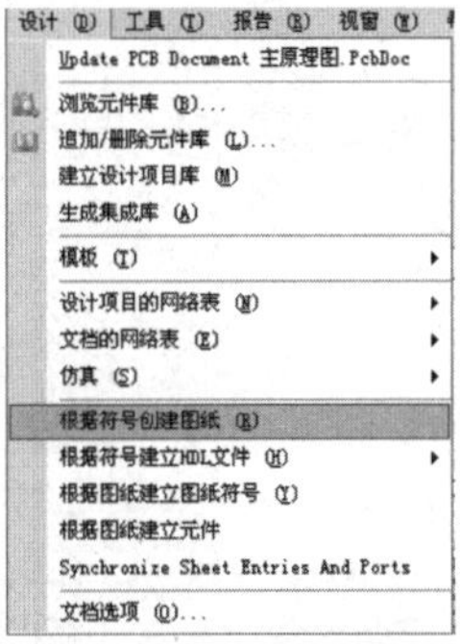 图 4-19 根据符号创建图纸
（2）	执行该命令后，鼠标将变成"十"字光标形状，然后将光标移到主原理图中的"电源模块"方块电路上，单击鼠标，系统弹出一个对话框，询问是否将电路的输入输出电气特性反向，此时单击【No】按钮，表示不改变单路的进出点电气特性，如图 4-20 所示	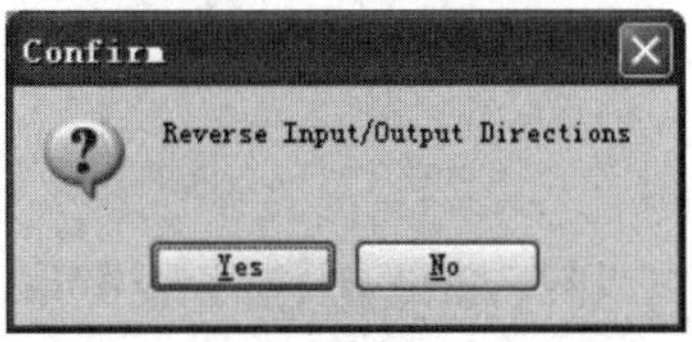 图 4-20 【输入输出特性反向】对话框
（3）	系统将自动生成与定义的方块图相对应的子电路原理图，其生成的子电路原理图名称与上层方块电路的名称相同，都为"电源模块.SchDoc"，由于在上层方块电路"电源模块"中有两个进出点，在子原理图中也自动生成两个端口，且名称相同，如图 4-21 所示	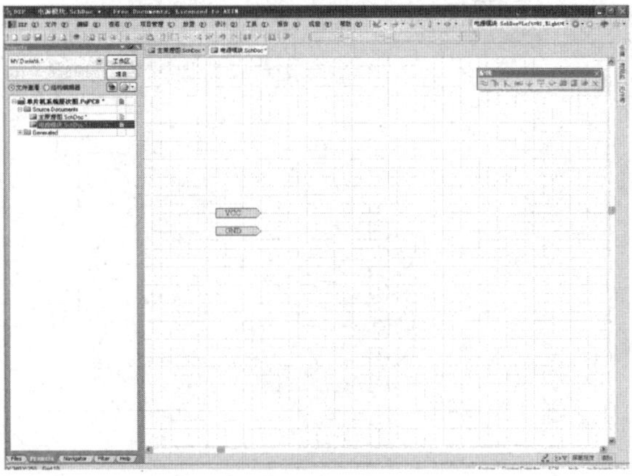 图 4-21 由方块电路生成的子原理图
（4）	在由方块电路生成的图纸中，绘制如图 4-22 所示的电源模块子原理图	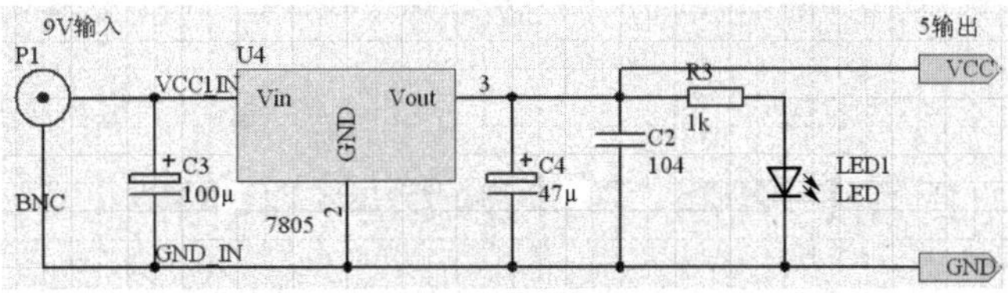 图 4-22 电源模块子原理图

任务六 绘制 CPU 模块子原理图

按照任务五的方法，绘制如图 4-23 所示的 CPU 模块子原理图。

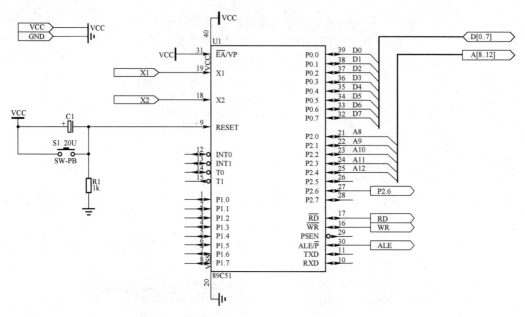

图 4-23 CPU 模块子原理图

任务七 绘制存储器模块子原理图

按照任务五的方法，绘制如图 4-24 所示的存储器模块子原理图。

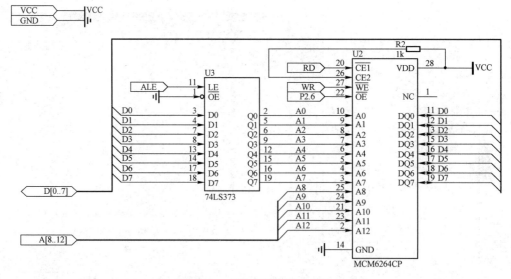

图 4-24 存储器模块子原理图

任务八 绘制 CPU 时钟模块子原理图

按照任务五的方法，绘制如图 4-25 所示的时钟模块子原理图。

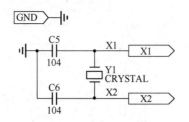

图 4-25 时钟模块子原理图

二、基 本 知 识

知识点一 层次原理图的基本概念

在电路设计中,对于一个较大的设计项目,通常是由一个开发小组设计若干张图纸完成的。因此,常将这种电路的设计划分成为很多的模块,分别进行独立的模块设计,可以由不同人来完成,最后再将电路设计组合起来实现总的功能,这就是层次电路图的设计。

层次电路图设计的思想就是将电路模块化,也就是将电路上联系紧密的部分或者功能相近的部分划分为一个模块,从而将一个大的项目划分为多个层次或者多个模块,允许使用并行设计,这样使得开发时间大大减少,提高设计效率。

图 4-26 表明了层次性原理图图纸之间的层次结构。它主要由主原理图和各子原理图组成,主原理图主要规定各子原理图之间的连接关系,而子原理图则集中体现各模块内部具体的电路结构。

图 4-26 层次原理图的层次结构

1. 方块电路

在主电路图中为了表示各子原理图之间的连接关系,需要有代表各子原理图的符号图形,这就是方块电路。一个方块电路代表一张子原理图,表示一个功能模块。

图 4-27 就是一个具有方块电路、输入输出点和总线的层次图实例,包括电源模块、时钟模块、CPU 模块和存储器模块。

2. 方块电路进出点和端口

层次图的关键是要正确地处理好层次间的信号传递,完成层次之间的功能调用和电路连接。为了表示各子原理图之间的电气连接关系,各方块电路之间需要有相互连接的信号传递出入口和电气端口。通过方块电路进出点和端口,可以清楚地表达和实现各子原理图之间的电气连接关系。

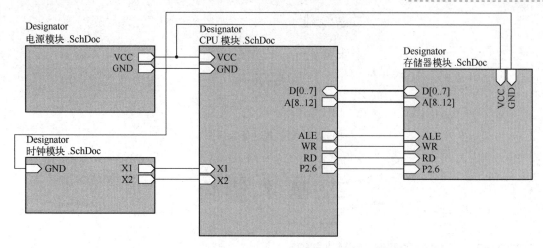

图 4-27   层次原理图实例示意图

方块电路进出点用做方块图之间的信号传递出入口，它代表方块电路所代表的下层子原理图与其他电路连接端口。通常情况下与和它同名的下层子原理图的端口相连。

端口和网络标签类似，一般位于子原理图，它在不同层次的电路图中起着电气连接的作用，用作子原理图之间信号传递出入口。

3. 方块电路与子原理图的对应关系

图中的每一个方块电路，就对应一个具体的实际电路原理图。对于方块电路中的每一个电路输入输出点，只要它们的网络名相同，就表示电气上是连接的。如图 4-27 所示的层次原理图实例，方块电路 CPU 模块对应下一层的 CPU 模块.SchDoc 子原理图。

知识点二   从上向下的层次绘制原理图

根据原理图的层次结构，层次性原理图的设计方法分为两种。一种为从上向下设计的方法，即先绘制主原理图中的方块电路，然后由方块电路产生各自的子原理图，然后分别绘制各子原理图的具体电路。另一种方法的绘制顺序刚好相反，为由下往上设计的方法，即先设计好各子原理图，然后由各子原理图产生主原理图中的方块电路。

本项目的基本技能部分绘制单片机系统层次原理图就采用了这种自上而下的设计方法，其基本步骤如下。

1. 新建项目和主原理图文件

首先进入 Protel DXP 设计系统，单击桌面的开始菜单，选择 Protel DXP 启动程序，启动 Protel DXP 设计系统界面。

电路设计主要包括原理图设计和 PCB 设计。首先必须创建一个新项目，然后在项目中添加原理图文件和 PCB 文件。

2. 绘制方块电路与端口

1）绘制方块电路进出点
放置方块电路进出点有两种方法。

（1）单击绘图工具栏中的图标，如图 4-28 所示，可以进入放置方块电路进出点工具的状态。

（2）选择主菜单栏命令【放置】→【加图纸入口】，也可以进入放置方块电路进出点工具的状态。

确定好放置位置后单击鼠标，即可在方块电路内部放置电路进出点，如图 4-29 所示。

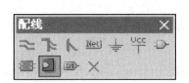

图 4-28　放置进出点图标　　　　图 4-29　放置进出点

在放置方块电路进出点工具的状态下，按 Tab 键，或者放置好方块电路进出点后双击方块电路进出点图标，将弹出【方块电路进出点属性】对话框，如图 4-30 所示。

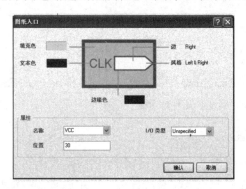

图 4-30　【方块电路进出点属性】设置对话框

属性设置对话框中主要设置的项目如下。

【边】：设置当前进出点放在哪条边上。

【名称】：设置当前进出点的名称。

【I/O 类型】：在下拉菜单中选中进出点的电气特性，有 Unspecified（未定义）、Output（输出）、Input（输入）、Bidrectional（双向特性）。

2）绘制端口

放置端口有两种方法。

（1）单击绘图工具栏中的图标，如图 4-31 所示，可以进入放置端口工具的状态。

（2）选择主菜单栏命令【放置】→【端口】，也可以进入放置端口工具的状态。

确定好放置位置后单击鼠标，然后拖动鼠标可以改变端口的长度，再次单击鼠标，即可放置一个端口，如图 4-32 所示。

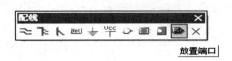

放置端口

图 4-31　放置端口图标

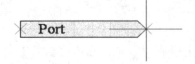

图 4-32　放置端口

在放置端口工具的状态下，按 Tab 键，或者放置好端口后双击端口图标，将弹出【端口属性】对话框，如图 4-33 所示。

端口属性设置对话框中主要设置的项目如下。

【名称】：设置当前进出点的名字。

【I/O 类型】：在下拉菜单中选择端口的电气特性，有 Unspecified（未定义）、Output（输出）、Input（输入）、Bidrectional（双向特性）。

将【名称】设置为 A[0..7]，【I/O 类型】设置为 Bidrectional，单击【确认】按钮后效果如图 4-34 所示。

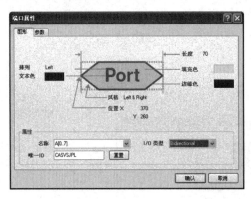

图 4-33　【端口属性】设置对话框

图 4-34　端口名为 A[0..7]

3．连线并添加网络标签

在绘图工具栏里找到配线工具，对于一位线宽的方块电路进出点采用导线连接，对于两位或两位以上线宽的方块电路进出点采用总线连接，在主原理图中的每一个电路进出点，只要它们的网络名称相同，则表示它们在电气上是相连接的。

知识点三　从下向上的层次绘制原理图

采用自上而下的层次图设计方法绘制层次原理图是先设计主控电路，然后绘制方块电路，再设计具体的子电路实现，是由抽象到具体。

而自下而上的层次图设计方法则相反，设计中先创建子电路原理图，再由子电路原理图生成方块电路图，然后在顶层将方块电路图连接起来完成整体设计，是由具体到抽象，因此称为自下而上的层次图设计方法。

这里同样以单片机系统层次图为例说明自下而上的层次图设计方法。

1．绘制子原理图

先新建"单片机系统层次原理图"项目，在项目中添加四张空白原理图纸，分别命名为"电源模块子原理图"、"CPU 模块子原理图"、"存储器模块子原理图"、"时钟模块子原理图", 如图 4-35 所示。

按图 4-22 所示绘制电源模块子原理图。

按图 4-23 所示绘制 CPU 模块子原理图。

按图 4-24 所示绘制存储器模块子原理图。

按图 4-25 所示绘制时钟模块子原理图。

图 4-35　创建空白原理图

2. 新建主原理图并生成各子原理图的方块电路符号

由原理图生成子原理图的方块电路符号，操作步骤如表 4-6 所示。

表 4-6　由原理图生成子原理图的方块电路符号操作步骤

步　骤	操　作　说　明	操　作　界　面
（1）	在"单片机系统层次原理图"项目中添加一张新原理图纸，命名为【主原理图.SchDoc】，单击进入主原理图编辑界面	
（2）	选择主菜单栏命令【设计】→【根据图纸建立图纸符号】，如图 4-36 所示。在弹出的对话框中选择"电源模块子原理图.SchDoc"，如图 4-37 所示，然后单击【确认】按钮	图 4-36　根据原理图创建方块电路 图 4-37　选择要生成方块电路的子原理图

续表

步　骤	操 作 说 明	操 作 界 面
（3）	系统弹出对话框如图 4-38 所示，询问是否将所有电路进出点反向，单击【No】按钮，表示不改变电路进出点的特性	图 4-38　【是否反向】对话框
（4）	主原理图编辑界面进入放置方块电路状态，此时光标变成"十"字形状，并带有一个电路方块图，然后拖动鼠标到适当位置，单击鼠标左键，完成方块电路放置，如图 4-39 所示。单击鼠标左键，选中方块电路，通过四边的选择点改变矩形区域的大小；单击选中方块电路进出点，可以拖动调整其在矩形区域四边的位置	图 4-39　放置方块电路
（5）	在已经完成的方块电路图上双击，或者在放置方块电路状态下按 Tab 键，系统弹出如图 4-40 所示的【电源模块子原理图属性】设置对话框。其属性设置与前述相同，这里需要注意的是，生成的方块电路文件名称与其对应的子电路原理图文件名称相同，否则无法将方块电路图与子电路原理图关联起来	图 4-40　【电源模块子原理图属性】设置对话框
（6）	采取同样的方法，可以在主原理图中生成"CPU 模块子原理图"方块电路、"存储器模块子原理图"方块电路、"时钟模块子原理图"方块电路，如图 4-41 所示	图 4-41　由四个子原理图生成的四个方块电路图

3. 连线

　　采用前述方法连接线，对于一位线宽的方块电路进出点采用导线连接，对于两位或两位以上线宽的方块电路进出点采用总线连接。连接线后如图 4-42 所示。

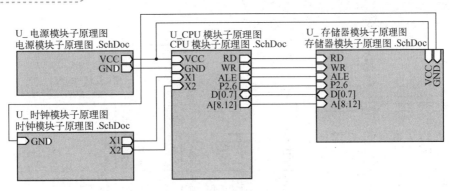

图 4-42　连接线后的方块电路图

学习评价

一、思考题

1. 什么叫层次原理图？其结构包括哪些部分？
2. 电路进出点与端口有什么区别？
3. 层次电路图有哪几种设计方法？

二、技能训练

任务一　绘制单片机系统层次原理图（要求采用由下而上的设计方法）。

试将如图 4-43 所示的单片机系统原理图按层次设计方法绘制出来。

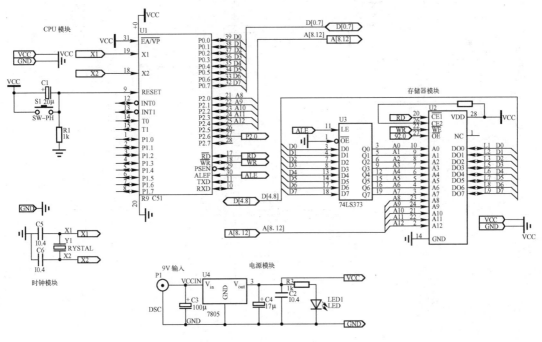

图 4-43　单片机系统原理图

任务二　绘制 U 盘层次原理图。

试将如图 4-44 所示的 U 盘原理图按层次（按 W1、W2、W3、W4、W5）设计方法绘制出来。

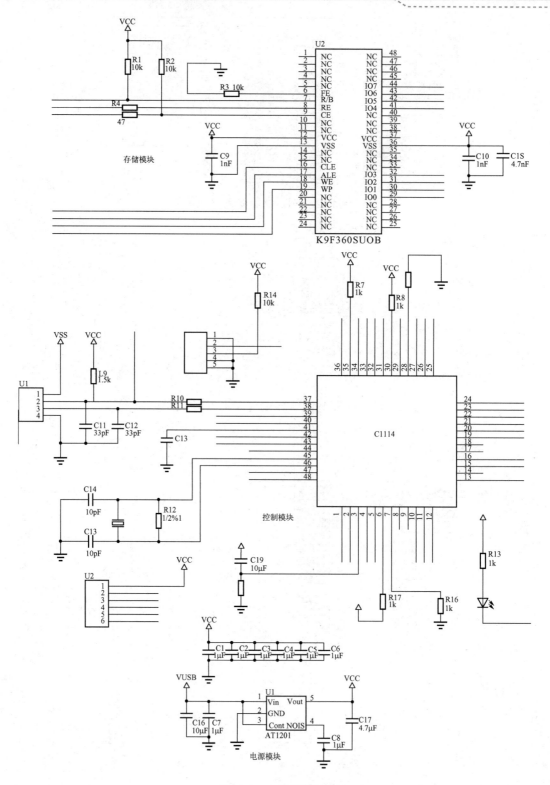

图 4-44 U 盘原理图

三、项目评价评分表

(一) 个人知识技能评价表

班级: _____　姓名: _____　成绩: _____

评价方面	评价内容及要求	分值	自我评价	小组评价	教师评价	得分
项目知识内容	① 理解层次性原理图的基本概念	5				
	② 掌握方块电路图与子原理图的关联关系	5				
	③ 理解掌握电路进出点和端口的区别	5				
	④ 理解层次原理图的自上而下和自下而上的设计方法	5				
项目技能内容	① 掌握方块电路图的绘制	10				
	② 掌握电路进出点和端口放置方法	10				
	③ 掌握方块图到子原理图、子原理图到方块图的转换	10				
	④ 采用两种设计方法完成单片机系统层次原理图的绘制	30				
	⑤ 完成 U 盘电路原理图的绘制	10				
	⑥ 安全用电，规范操作	5				
	⑦ 文明操作，不迟到早退，操作工位卫生良好，按时按要求完成实训任务	5				

(二) 小组学习活动评价表

(同项目一，略)

项目五

网络表及相关文件的生成

项目情景

通过前四个项目的学习，我们已经掌握了原理图的绘制。可是见到如图 5-1 的元件表格清单，同学们就不知道如何处理了。通过本项目的学习，将解决这些问题。

图 5-1　Excel 格式的报表

教学目标

	项目教学目标	学时	教 学 方 式
技能目标	① 绘制放大电路原理图并生成相关文件 ② PIC 显示电路层次原理图及相关文件生成	2 课时	学生上机操作； 教师指导、答疑
知识目标	① 掌握如何对原理图进行电气规则检查 ② 了解网络表的构成，掌握如何生成网络表 ③ 了解各种报表的生成方法 ④ 了解打印输出原理图	2 课时	教师讲授 重点：电气规则检查、网络表的生成

续表

	项目教学目标	学时	教学方式
情感目标	通过对层次原理图的概念理解和技能训练，能更进一步激发学生对 Protel DXP 的学习兴趣，进一步加强其专业信息素养和团队合作精神		组内讨论、分工协作

 任务分析

一个设计项目还需要哪些相关文件？它们如何生成？原理图如何打印输出？如何查找原理图的错误？原理图和 PCB 之间有什么联系？

一、基本技能

在项目四中我们绘制了单片机系统层次原理图，在原理图的基础上可以进行其他操作。

任务一　电气规则检查

电气规则检查，操作步骤如表 5-1 所示。

表 5-1　电气规则检查步骤

步　骤	操 作 说 明	操 作 界 面
（1）	选择菜单命令【项目管理】→【Compile PCB Project 单片机系统.PRJPCB】，如图 5-2 所示，即可对项目进行编译	项目管理 (C)　放置 (P)　设计 (D)　工具 (T) 　Compile Document 单片机系统.SCHDOC 　Compile PCB Project 单片机系统.PRJPCB 　设计工作区　　　　　▶ 图 5-2　编译菜单
（2）	选择右下角标签栏【System】→【Messages】可以看到错误信息报告，如图 5-3 所示	[Warning] 单片机系统... Compiler Nets Bus Slice A[0..-1] h... 17:12:13 2008-11-8 16 [Warning] 单片机系统... Compiler Nets Bus Slice P0[0..-1] ... 17:12:13 2008-11-8 17 [Warning] shizhong.sch... Compiler Net X2 has no driving so... 17:12:13 2008-11-8 18 [Warning] shizhong.sch... Compiler Net X1 has no driving so... 17:12:13 2008-11-8 19 [Warning] shizhong.sch... Compiler Net RESET has no drivi... 17:12:13 2008-11-8 20 [Warning] shizhong.sch... Compiler Net GND has no driving ... 17:12:13 2008-11-8 21 [Error] 单片机系统... Compiler Duplicate Net Names W... 17:12:13 2008-11-8 22 [Error] 单片机系统... Compiler Duplicate Net Names W... 17:12:13 2008-11-8 23 [Error] 单片机系统... Compiler Duplicate Net Names W... 17:12:13 2008-11-8 24 [Error] 单片机系统... Compiler Duplicate Net Names W... 17:12:13 2008-11-8 25 [Error] 单片机系统... Compiler Duplicate Net Names W... 17:12:13 2008-11-8 26 [Error] 单片机系统... Compiler Duplicate Net Names W... 17:12:13 2008-11-8 27 [Error] 单片机系统... Compiler Duplicate Net Names W... 17:12:13 2008-11-8 28 [Error] 单片机系统... Compiler Duplicate Net Names W... 17:12:13 2008-11-8 29 图 5-3　错误信息报告

任务二　生成网络表

网络表的生成，操作步骤如表 5-2 所示。

表 5-2　网络表的生成步骤

步　骤	操 作 说 明	操 作 界 面
（1）	选择【设计】→【设计项目的网络表】→【Protel】命令，如图 5-4 所示，即可启动生成网络表命令	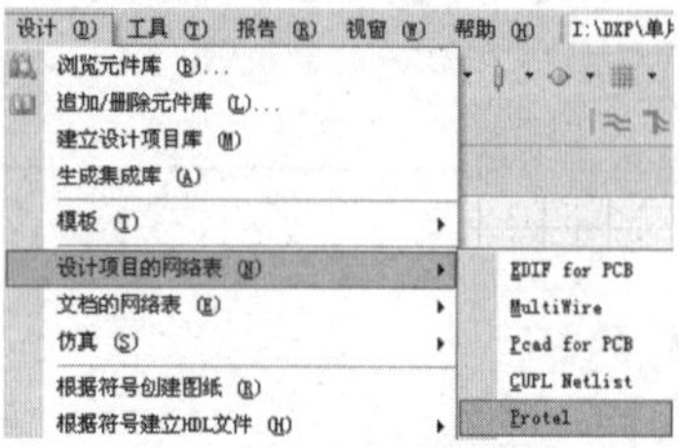 图 5-4　生成网络表菜单
（2）	系统自动在当前工程文件下添加一个与工程文件同名的网络表文件（*.NET），如图 5-5 所示	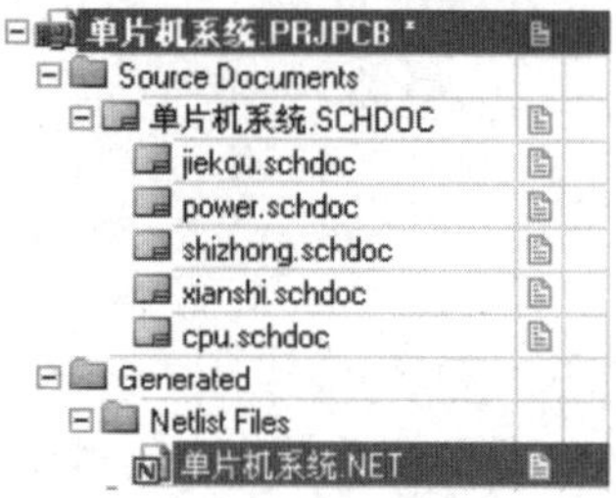 图 5-5　生成网络表文件

任务三　生成元件报表清单

元件报表清单的生成步骤如表 5-3 所示。

表 5-3　元件报表清单的生成步骤

步骤	操 作 说 明	操 作 界 面
（1）	选择【报告】→【Bill of Materials】命令，弹出【Bill of Materials For Project（单片机系统.PRJPCB）】对话框，单击不同表格标题，可以使表格内容按该标题次序排列，如图 5-6 所示	 图 5-6　元件报表清单
（2）	在图 5-6 所示的工程元件报表对话框中，单击【报告】按钮，生成元件报告，如图 5-7 所示	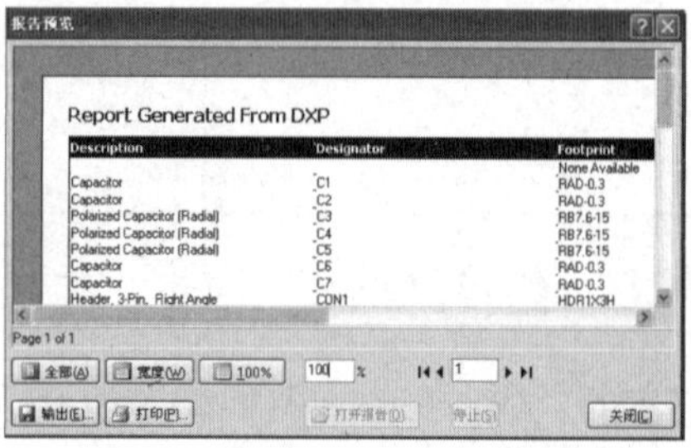 图 5-7　元件报告

续表

<table>
<tr><th>步骤</th><th>操 作 说 明</th><th>操 作 界 面</th></tr>
<tr><td>（3）</td><td>单击【输出】按钮，将弹出文件保存对话框，在该对话框的【文件名】中输入保存的文件名，在【保存类型】下拉列表中，有多种文件类型可供选择（这里保存为 Excel 格式），选择保存的文件类型为 Microsoft Excel Worksheet（*.xls），确定后即可保存元件报表文件，如图 5-8 所示</td><td>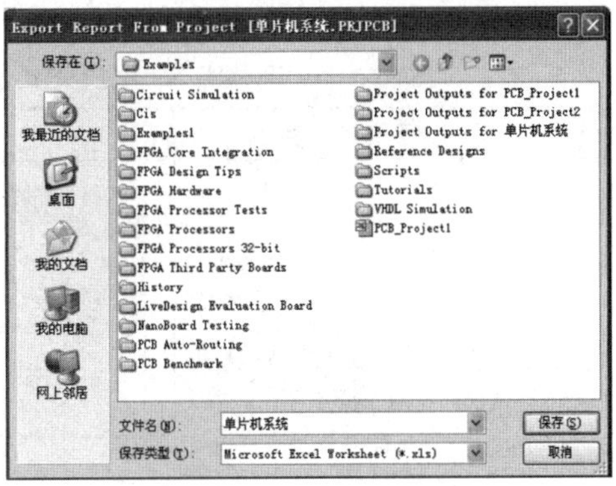

图 5-8　保存元件报表文件</td></tr>
<tr><td>（4）</td><td>此时单击图 5-7 中【打开报告】按钮，显示出 Excel 格式的输出报表，如图 5-9 所示</td><td>
<table>
<tr><td colspan="3">Report Generated From DXP</td></tr>
<tr><th>Description</th><th>Designator</th><th>Footprint</th></tr>
<tr><td>Polarized Capacitor (Radial)</td><td>C4</td><td>RB7.6-15</td></tr>
<tr><td>Polarized Capacitor (Radial)</td><td>C5</td><td>RB7.6-15</td></tr>
<tr><td>Capacitor</td><td>C6</td><td>RAD-0.3</td></tr>
<tr><td>Capacitor</td><td>C7</td><td>RAD-0.3</td></tr>
<tr><td>Header, 3-Pin, Right Angle</td><td>CON1</td><td>HDR1X3H</td></tr>
<tr><td>Default Diode</td><td>D1</td><td>DSO-C2/X3.3</td></tr>
<tr><td>Default Diode</td><td>D2</td><td>DSO-C2/X3.3</td></tr>
<tr><td>Default Diode</td><td>D3</td><td>DSO-C2/X3.3</td></tr>
<tr><td>Default Diode</td><td>D4</td><td>DSO-C2/X3.3</td></tr>
<tr><td>Typical INFRARED GaAs LED</td><td>LED1</td><td>LED-0</td></tr>
<tr><td>Resistor</td><td>R7</td><td>AXIAL-0.3</td></tr>
<tr><td></td><td>U2</td><td>None Available</td></tr>
<tr><td>十一月 8, 2008　6:48:27 PM</td><td></td><td></td></tr>
</table>
图 5-9　输出报表</td></tr>
</table>

任务四　生成项目层次列表文件

生成项目层次列表文件操作步骤如表 5-4 所示。

表 5-4　生成项目层次列表文件操作步骤

<table>
<tr><th>步　骤</th><th>操 作 说 明</th><th>操 作 界 面</th></tr>
<tr><td></td><td>选择【报告】→【Report Project Hierarchy】命令，系统自动生成和项目名同名的报告文件（单片机系统.REP），其内容如图 5-10 所示</td><td>
<pre>

Design Hierarchy Report for 单片机系统.PRJPCB
-- 2008-11-10
-- 9:34:32

单片机系统   SCH   (单片机系统.SCHDOC)
    cpu   SCH   (cpu.schdoc)
    jiekou   SCH   (jiekou.schdoc)
    key   SCH   (key.schdoc)
    power   SCH   (power.schdoc)
    shizhong   SCH   (shizhong.schdoc)
    xianshi   SCH   (xianshi.schdoc)
</pre>
图 5-10　项目层次列表文件</td></tr>
</table>

任务五　生成交叉参考元件列表

生成交叉参考元件列表操作步骤如表 5-5 所示。

表 5-5　生成交叉参考元件列表操作步骤

步　骤	操 作 说 明	操 作 界 面
	选择【报告】→【Component Cross Reference】命令，系统弹出【交叉参考元件列表】对话框，如图 5-11 所示	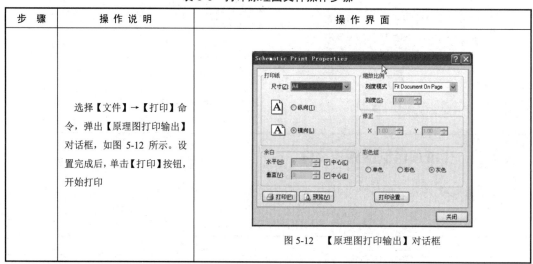 图 5-11　【交叉参考元件列表】对话框

任务六　打印原理图文件

打印原理图文件操作步骤如表 5-6 所示。

表 5-6　打印原理图文件操作步骤

步　骤	操 作 说 明	操 作 界 面
	选择【文件】→【打印】命令，弹出【原理图打印输出】对话框，如图 5-12 所示。设置完成后，单击【打印】按钮，开始打印	图 5-12　【原理图打印输出】对话框

二、基 本 知 识

知识点一　原理图的电气规则检查

电气规则检查主要是在电路原理图设计完成之后，网络表文件生成之前，由设计者对电路原理图中的电气规则进行的测试，通常按照用户指定的逻辑特性进行。其任务是利用软件测试用户设计的电路，以便找出人为的疏忽。测试完成之后系统还将自动完成各种有可能出现错误的报告，同时在电路原理图的相应位置做上标记。电气规则检查对大型设计尤为重要。

1．设置项目管理选项

在编译工程之前，用户需要对工程选项进行设置，以确定在编译时系统所做的工作和编译后系统生成的各种报告类型。

选择【项目管理】→【项目管理选项】命令，弹出【PCB 工程管理选项】对话框，如图 5-13 所示，该对话框主要设置检查的项目和范围，设定电路检查连接的规则，包括以下内容。

（1）【Error Reporting】标签：用于设置错误报告的类型。用户可以设置所有可能出现的错误报告类型。报告类型有【Error】（错误）、【Warning】（警告）、【Fatal Error】（致命错误）和【No Report】（不报告），如图 5-14 所示。

（2）【Connection Matrix】标签：用于设置电路的电气连接属性。如果要设置当无源器件的引脚连接时系统产生警告信息，可以在矩阵右侧找到【Passive Pin】（无源器件引脚）这一行，然后再在矩阵上部找到【未连接】（Unconnected）这一列，改变由这个行和列决定的矩阵中的方框的颜色，即可改变电气连接检查后错误报告的类型。其中，绿色代表【No Report】，黄色代表【Warning】，橙色代表【Error】，红色代表【Fatal Error】。当鼠标移动到矩形上时，鼠标光标将变成小手形状，连续单击鼠标左键，该点处的颜色就会按绿→黄→橙→红→绿的顺序循环变化。若此时无源器件的引脚没连接，系统就会产生警告信息，即在图中小手所指的矩形设置为黄色，如图 5-14 所示。

（3）【Comparator】标签：用于设置比较器的相关属性。如果用户希望当改变元件封装后，系统在编译时给予一定的信息，则可以在对话框中，找到【Different Footprints】（元件封装变化）项，单击其右侧，在出现的下拉列表中选择【查找差异】，如果用户对这类改变不关心，可以选择【忽略差异】项，如图 5-15 所示。

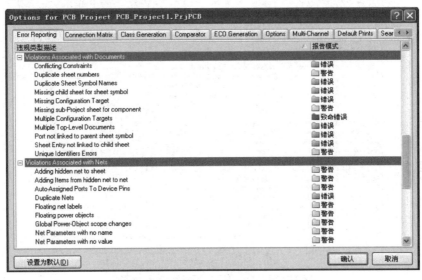

图 5-13　【PCB 工程管理选项】对话框

2．编译工程及查看系统信息

在设置完工程选项后，即可对工程进行编译，以项目四绘制的单片机层次原理图为例，打开该工程及所有原理图文件。可选择【项目管理】→【Compile PCB Project 单片机系统.PRJPCB】命令，对工程进行编译并生成系统信息报告，选择右下角【System】→【Messages】标签可以看到错误信息报告，如图 5-16 所示。

在图 5-16 中双击某项提示信息，可以查看详细信息，如图 5-17 所示。

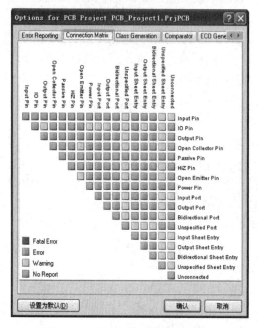

图 5-14　电气连接属性设置标签

图 5-15　比较器属性设置过程

图 5-16　错误信息报告

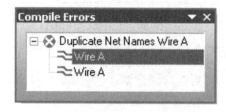

图 5-17　错误信息详细报告

可以根据错误信息报告找到错误并加以改正，直到没有错误为止。

知识点二　网络表

网络表是含有电路原理图或 PCB 中元件之间连接关系信息的文本文件，它是电路板自动布线的核心，是原理图编辑器和 PCB 编辑器之间的信息接口。网络表可以直接从原理图转换中获得，也可以在印制电路设计中从已布线的电路中获得。网络表主要有以下两个作用。

（1）网络表文件可支持 PCB 软件的自动布线及电路模拟程序。

（2）可以将从原理图中获得的网络表与从 PCB 图中获得的网络表文件比较，核对差错。

1. 网络表的生成

当我们绘制好电路图，且通过了电气规则检查后，就可以生成网络表。

选择【设计】→【设计项目的网络表】→【Protel】命令，即可启动生成网络表命令，系统自动在当前工程文件下添加一个与工程文件同名的网络表文件（*.NET），局部内容如图 5-18 所示。

2. 网络表的格式

双击生成的网络表文件，即可把工作窗口切换到显示网络表的状态，网络表中包括两个部分，即元件定义部分和网络定义部分，如图 5-18 所示。

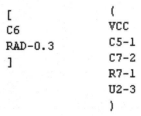

图 5-18　网络表局部内容

（1）元件定义部分。从图 5-18 的网络表可以看出，每一个元件的声明部分都是以"["开始，以"]"结束的。"["下面的第一行就是元件标识符，显示的是元件属性中的标识符；元件标识符下面一行是元件的封装，用户在进行 PCB 设计时需要加载网络表，其中元件封装信息就是从这一行得来的；再下一行就是注释，取自原理图中元件属性框中的注释栏，若没有为空；最后是"]"符号。

（2）网络定义部分。每一个网络定义都是以"（"开始，以"）"结束的。其中"（"下面第一行是一个网络节点的名称或编号，这部分取自电路图中某个网络的名称或者是某个输入输出点的名称；下面每一行代表当前网络连接的一个引脚，一直到全部列出为止；最后一行是一个"）"符号。

知识点三　生成相关报表

当一个项目设计完成后，紧接着就要进行元件的采购。对于比较大的设计项目，元件种类很多，数目庞大，同种元件封装形式可能还有所不同，单靠人工很难将设计项目所用到的元件信息统计准确，为此，需要生成元件报表清单。对于非层次结构的原理图，该报表能非常清楚地显示工程中的各种需求，但是对于一个较大的工程时，电路的设计往往不是一张原理图所能完成的，往往会用到层次设计，要看懂一个设计文件的电气原理图，必须搞清楚设计文件中所包含的各原理图的所属关系和元件位于哪张子图中，Protel DXP 还提供了项目层次组织列表和项目交叉参考元件列表等。

1. 元件报表清单

元件报表清单生成过程的操作步骤如下。

（1）选择【报告】→【Bill of Materials】命令，弹出【Bill of Materials For Project（单片机系统.PRJPCB）】对话框，单击不同表格标题，可以使表格内容按该标题次序排列，如图 5-19 所示。

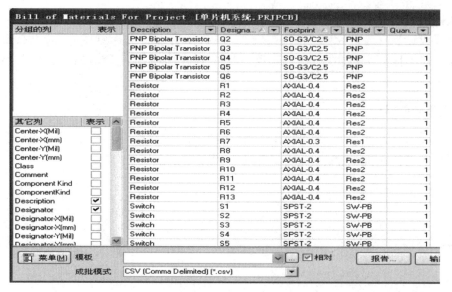

图 5-19　工程元件报表

（2）在图 5-19 所示的工程元件报表对话框中，单击【报告】按钮，生成元件报告，如图 5-20 所示。在该报告中，有 3 个预览按钮，分别为【全部】、【宽度】和【100%】。另外还有一个可供输入显示比例的文本框，在该框中可以输入合适的显示比例，然后按 Enter 键即可。

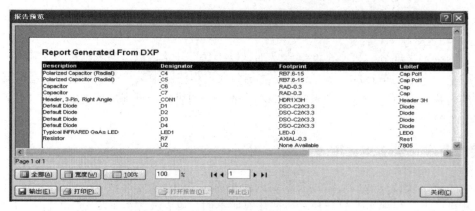

图 5-20　元件报告

（3）单击【输出】按钮，将弹出【文件保存】对话框，在该对话框的【文件名】中输入保存的文件名，在【保存类型】下拉列表中，有多种文件类型可供选择（这里保存为 Excel 格式），选择保存的文件类型为 Microsoft Excel Worksheet（*.xls），确定后即可保存元件报表文件。

（4）报表文件输出后，在图 5-19 中，选中【打开输出】可选项，单击【Excel】按钮，显示出 Excel 格式的输出报表，如图 5-21 所示。

Report Generated From DXP

Description	Designator	Footprint	LibRef	Quantity
Polarized Capacitor (Radial)	C4	RB7.6-15	Cap Pol1	1
Polarized Capacitor (Radial)	C5	RB7.6-15	Cap Pol1	1
Capacitor	C6	RAD-0.3	Cap	1
Capacitor	C7	RAD-0.3	Cap	1
Header, 3-Pin, Right Angle	CON1	HDR1X3H	Header 3H	1
Default Diode	D1	DSO-C2/X3.3	Diode	1
Default Diode	D2	DSO-C2/X3.3	Diode	1
Default Diode	D3	DSO-C2/X3.3	Diode	1
Default Diode	D4	DSO-C2/X3.3	Diode	1
Typical INFRARED GaAs LED	LED1	LED-0	LED0	1
Resistor	R7	AXIAL-0.3	Res1	1
	U2	None Available	7805	1

十一月 8, 2008　6:46:27 PM　　　　　　　　　　　　　　Page 1 of 1

图 5-21　Excel 格式的报表

2．项目层次组织列表

项目层次组织列表主要用于描述项目文件中所包含的各原理图文件的文件名和相互的项目层次组织列表关系。

选择【报告】→【Report Project Hierarchy】，执行该命令后系统自动生成和项目名同名的报告文件（单片机系统.REP），其内容如图 5-22 所示，在项目层次组织列表中，文件名越靠左，说明文件层次越高。

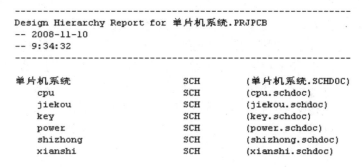

```
----------------------------------------------------
Design Hierarchy Report for 单片机系统.PRJPCB
-- 2008-11-10
-- 9:34:32
----------------------------------------------------

单片机系统              SCH        (单片机系统.SCHDOC)
    cpu               SCH        (cpu.schdoc)
    jiekou            SCH        (jiekou.schdoc)
    key               SCH        (key.schdoc)
    power             SCH        (power.schdoc)
    shizhong          SCH        (shizhong.schdoc)
    xianshi           SCH        (xianshi.schdoc)
```

图 5-22　项目层次组织列表

3．元件交叉参考列表

元件交叉参考列表主要用于列出元件的编号、名称（规格）及所在的原理图文件。

选择【报告】→【Component Cross Reference】命令，系统弹出【交叉参考元件列表】对话框，如图 5-23 所示。

在上面列表的内容中，可以非常方便地查找项目文件中各元件的标号、名称，以及元件所在原理图文件名。

图 5-23　【交叉参考元件列表】对话框

知识点四　原理图文件的打印输出

原理图绘制结束后，往往要通过打印机或绘图仪输出，以供设计人员参考、交流、存档。在连有打印机的环境下，可以将原理图打印输出。选择【文件】→【打印】命令，弹出【原理图打印输出】对话框，如图 5-24 所示。

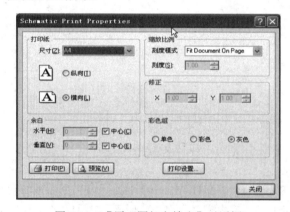

图 5-24　【原理图打印输出】对话框

原理图打印输出对话框各选项介绍如下。

【打印纸】（纸张设置）：包括【纵向】、【横向】及【尺寸】（纸张大小）。

【缩放比例】（打印时缩放比例设置）：包括【刻度模式】，选项包括 Fit Document On Page（原理图整体打印）、Scaled Print（按设定的缩放率分割打印）；【刻度】（设置缩放率）。

【余白】（原理图边框和纸边沿的距离）：包括【水平】、【垂直】、【中心】（居中）。

【彩色组】（打印色彩设置）包括【单色】、【彩色】、【灰色】。

设置完成后，可以保存设置以备下次打印。单击【打印】按钮，进入打印机的设置操作，操作完成后单击【确认】按钮，开始打印。

　学习评价

一、练习题

1. 为什么要进行电气规则检查？

2．简述网络表的作用。

3．简述网络表的格式。

4．原理图设计完成以后，可以生成哪几种常用的报表？

二、技能训练

任务一 绘制放大电路原理图并生成相关文件。

将图 5-25 所示放大电路绘制成原理图，并进行电气规则检查，生成网络表、元件报表清单等。

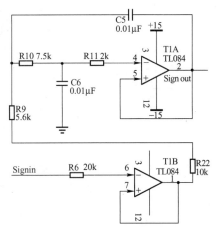

图 5-25 放大电路

任务二 PIC 显示电路层次原理图及相关文件生成。

将图 5-26 所示电路按虚线所示绘制成层次原理图，并进行电气规则检查，生成网络表、元件报表清单、项目层次组织列表、交叉参考元件列表等。

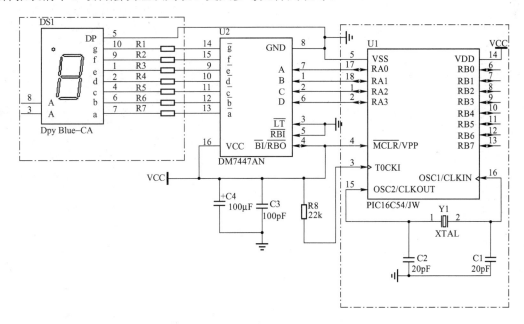

图 5-26 PIC 显示电路

三、技能评价评分表

（一）个人知识技能评价表

班级：_____ 姓名：_____ 成绩：_____

评价方面	评价内容及要求	分值	自我评价	小组评价	教师评价	得分
项目知识内容	① 电气规则检查	10				
	② 网络表	10				
	③ 相关报表	10				
	④ 打印输出原理图	10				
实操技能	① 绘制原理图	10				
	② 电气规则检查	10				
	③ 生成网络表	10				
	④ 生成元件报表清单	10				
	⑤ 生成项目层次组织列表	5				
	⑥ 生成交叉参考元件列表	5				
学习态度	① 出勤情况	3				
	② 课堂纪律	4				
	③ 按时完成作业	3				

（二）小组学习活动评价表

（同项目一，略）

项目六

单管放大电路 PCB 的设计

项目情景

　　PCB 是英文 Printed Circuit Board 的缩写，译为印制电路板，即我们通常说的电路板。印制电路板，就是用来固定和连接各种元件的、具有电气特性的一块板子，如图 6-1 所示。每一个电子产品都必须包含至少一个印制电路板，用来固定和连接各种元件，并提供安装、调试和维修的一些数据，因此，制作正确、可靠、美观的印制电路板是电路设计的最终目的。通过本项目的学习，我们将初步掌握 PCB 设计的基本技能和知识。

图 6-1　元器件安装好的印制电路板

教学目标

	项目教学目标	学时	教 学 方 式
技能目标	① 熟悉多管放大电路 PCB 设计 ② 熟悉门铃电路 PCB 设计	4 课时	学生上机操作； 教师指导、答疑
知识目标	① 了解印制电路板的种类和结构，了解印制电路板的整体制作过程 ② 理解 Protel DXP 编辑器中层面的概念 ③ 掌握用 PCB 向导生成 PCB 文件 ④ 掌握添加和卸载 PCB 元件库 ⑤ 掌握载入元件和网络信息的方法 ⑥ 掌握自动布局、自动布线	4 课时	教师讲授 重点：用 PCB 向导生成 PCB 文件和载入元件封装及网络的方法
情感目标	PCB 设计，既是重点，又是难点，是电子技术中非常实用的技术。加强引导作用，注重培养学生的学习习惯和坚持精神		采用上网查找各种各样的电子产品实物图等活动和手段

任务分析

要完成图 6-2 所示单管放大电路的 PCB，需要读者掌握以下知识和技能：创建工程项目及原理图文件、绘制原理图、利用 PCB 向导创建 PCB、载入元件及封装、元件布局、自动布线和 PCB 进一步编辑和完善。

一、基本技能

图 6-2 是单管放大电路的 PCB，我们如何来完成这个 PCB 的绘图呢？

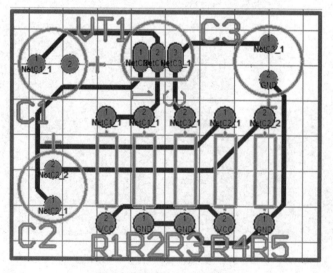

图 6-2 单管放大电路 PCB

任务一 创建工程项目及原理图文件

创建工程项目及原理图文件步骤如表 6-1 所示。

表 6-1 创建工程项目及原理图步骤

步　骤	操 作 过 程	操 作 界 面
（1）	在 DXP 软件中，执行菜单命令【文件】→【创建】→【项目】→【PCB 项目】后，如图 6-3 所示。【Projects】面板就会出现新建的工程文件"PCB Project1.PrjPCB"	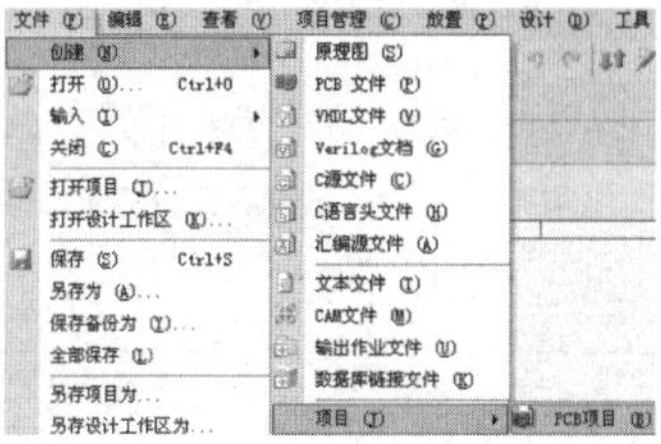 图 6-3　创建工程项目
（2）	执行菜单命令【文件】→【创建】→【原理图】，如图 6-4 所示。【Projects】面板中新建的工程文件下就新建了一个名为"Sheet1.SchDoc"的原理图文件	 图 6-4　创建原理图
（3）	鼠标右键单击【Projects】面板中的工程文件"PCB Project1.PrjPCB"，在弹出的快捷菜单中选择【另存项目为】，如图 6-5 所示，在弹出的对话框中选择路径并输入文件名"单管放大电路.PrjPCB"，保存工程文件。同样的方法保存原理图为"单管放大电路.SchDoc"	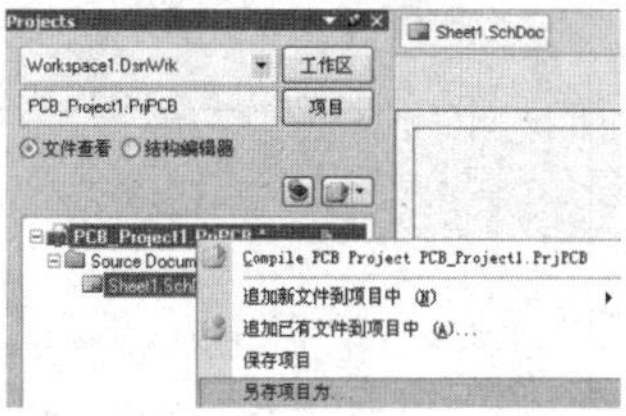 图 6-5　保存工程文件

任务二 绘制原理图

绘制原理图操作步骤如表 6-2 所示。

表 6-2 绘制原理图操作步骤

步　骤	操 作 过 程	操 作 界 面
	绘制如图 6-6 所示的单管放大电路原理图，其方法参考项目一	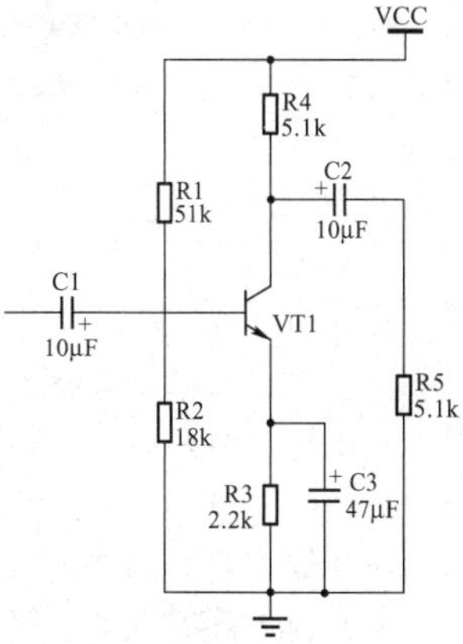 图 6-6　单管放大电路原理图

任务三 利用 PCB 板向导创建 PCB 板

利用 PCB 板向导创建 PCB 板的操作步骤如表 6-3 所示。

表 6-3 利用 PCB 板向导创建 PCB 板的操作步骤

步　骤	操　作　过　程	操　作　界　面
（1）	单击底部工作区面板中的【Files】标签，如图 6-7 所示，弹出 Files 控制面板	 图 6-7 【Files】标签
（2）	在 Files 控制面板底部的【根据模板新建】选项组内单击【PCB Board Wizard...】选项，如图 6-8 所示，启动 PCB 板向导界面	 图 6-8 启动 PCB 板向导
（3）	在如图 6-9 所示【PCB 板向导】对话框中，单击【下一步】按钮，弹出【度量单位设置】对话框	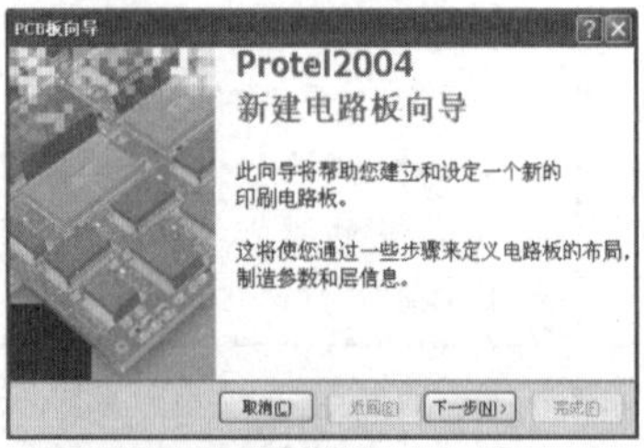 图 6-9 【PCB 板向导】对话框
（4）	在如图 6-10 所示【度量单位设置】对话框中，有英制（mil）和公制（mm）两种选择。二者之间的换算关系：1inch＝25.4mm，1000mil＝1inch。本例选择英制单位 mil，单击【下一步】按钮，弹出【PCB 板类型选择】对话框	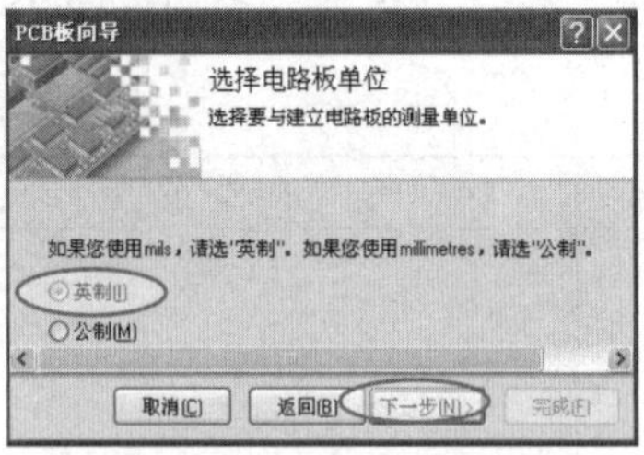 图 6-10 【度量单位设置】对话框
（5）	在如图 6-11 所示【PCB 板类型选择】对话框中，给出了多种工业标准板的轮廓或尺寸，根据设计的需要选择。由于本例元件较少，采用 Custom（用户定义）类型，自己定义电路板的轮廓和尺寸，单击【下一步】按钮，进入【选择电路板详情】对话框	 图 6-11 【PCB 板类型选择】对话框

续表

步　骤	操 作 过 程	操 作 界 面
(6)	在如图 6-12 所示【选择电路板详情】对话框中，【轮廓形状】栏，用来确定 PCB 的形状，其中包括矩形、圆形和自定义 3 种；【电路板尺寸】栏，用来确定 PCB 板的大小，在【宽】和【高】文本框中输入尺寸即可；其他使用默认项。本例中 PCB 为矩形，1000mil×800mil 的尺寸，单击【下一步】按钮，进入【电路板层】对话框	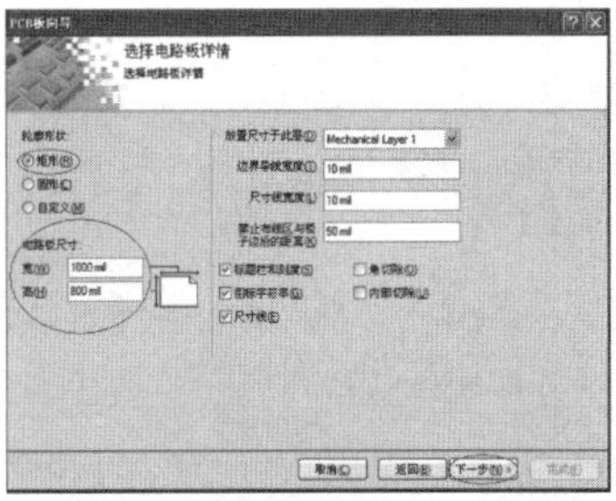 图 6-12　【选择电路板详情】对话框
(7)	在如图 6-13 所示【电路板层】对话框中，可以设置信号层数和内部电源层数。其中信号层默认为 2 层，如果设计单面板，信号层设置为 1 层，本例较简单，不需要内电源层，将其改为 0，单击【下一步】按钮，进入【过孔风格】对话框	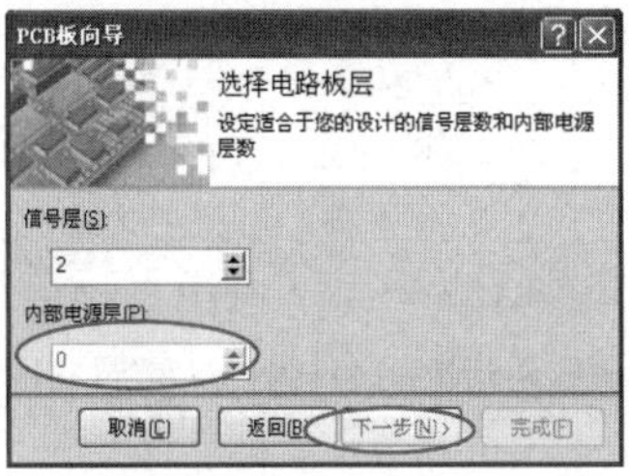 图 6-13　【电路板层】对话框
(8)	在如图 6-14 所示【过孔风格】对话框中，显示过孔风格，有两种类型选择，即【只显示通孔】和【只显示盲孔和埋孔】。如果是双面板则选择【只显示通孔】，单击【下一步】按钮，进入【元件和布线逻辑】对话框	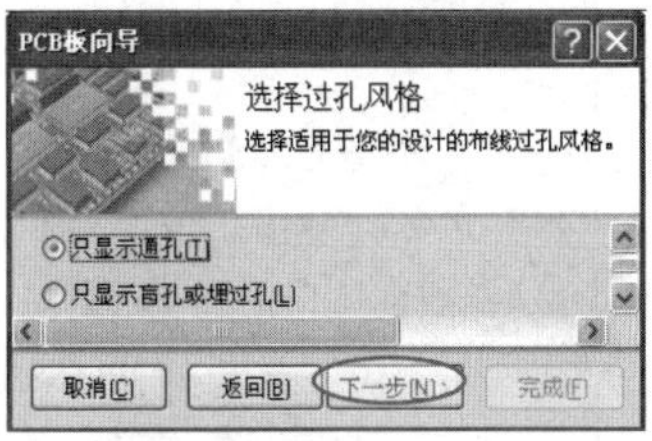 图 6-14　【过孔风格】对话框
(9)	在如图 6-15 所示【元件和布线逻辑】对话框中，包括两项设置：电路板中使用的元件和邻近焊盘间的导线数。本例选择【通孔元件】单选钮，相邻焊盘之间的导线数设为【一条导线】，单击【下一步】按钮，进入【导线和过孔尺寸】对话框	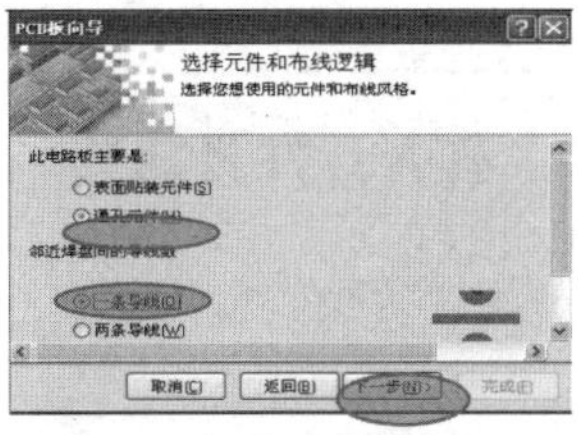 图 6-15　【元件和布线逻辑】对话框
(10)	在如图 6-16 所示【导线和过孔尺寸】对话框中，主要设置的最小导线尺寸、最小过孔宽及孔径、最小间隔等参数，用鼠标单击要修改的参数位置即可进行修改，单击【下一步】按钮，进入【电路板向导完成】对话框	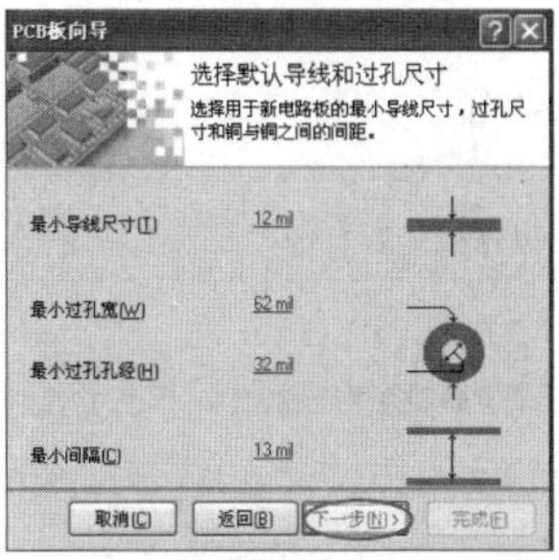 图 6-16　【导线和过孔尺寸】对话框

步　骤	操 作 过 程	操 作 界 面
（11）	在【电路板向导完成】对话框中，单击【完成】按钮，关闭该向导，结束 PCB 板的创建，如图 6-17 所示。此时，Protel 2004 将启动 PCB 编辑器，根据在向导中设置的参数或属性创建 PCB 文件	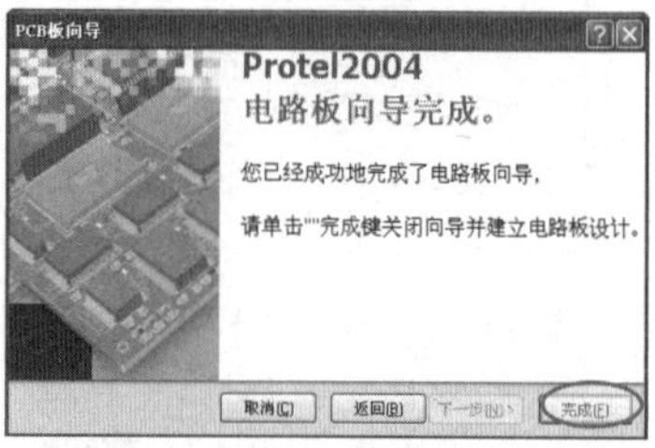 图 6-17　【电路板向导完成】对话框
（12）	PCB 板向导完成后，在项目管理器（Projects）的自由文档（Free Documents）下显示一个名为"PCB1.PcbDoc"的自由文件，编辑区中显示一个默认尺寸的白色图纸和一个 1000mil×800mil 的 PCB，如图 6-18 所示	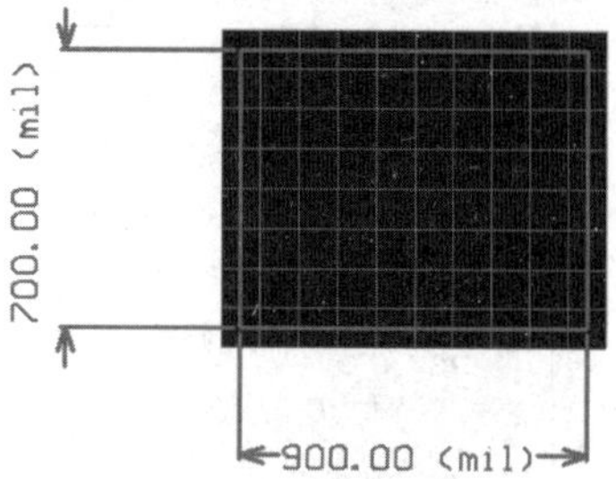 图 6-18　PCB 新文档
（13）	选择【文件】→【另存为】命令，将新的 PCB 文件重新命名，用*.PCBDOC 表示，并给出文件保存的路径，然后用鼠标将其拖入到自己创建的项目中。本例的文件名为"单管放大电路.PCBDOC，如图 6-19 所示	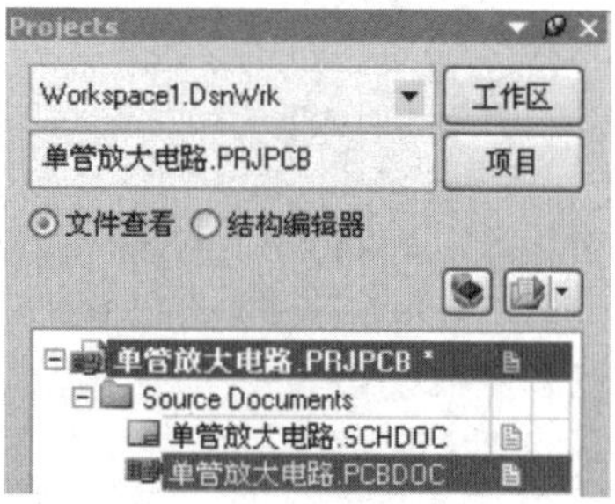 图 6-19　保存 PCB 文件

任务四　载入元件及封装

载入元件及封装操作步骤如表 6-4 所示。

表 6-4　载入元件及封装操作步骤

步　骤	操 作 过 程	操 作 界 面
（1）	在 PCB 编辑器中选择【设计】→【Import Changes From 单管放大电.PRJPCB】命令，如图 6-20 所示，弹出【确认】对话框	 图 6-20　菜单命令
（2）	在【确认】对话框中，单击【Yes】（确定）按钮，如图 6-21 所示，弹出【工程变化订单（ECO）】对话框	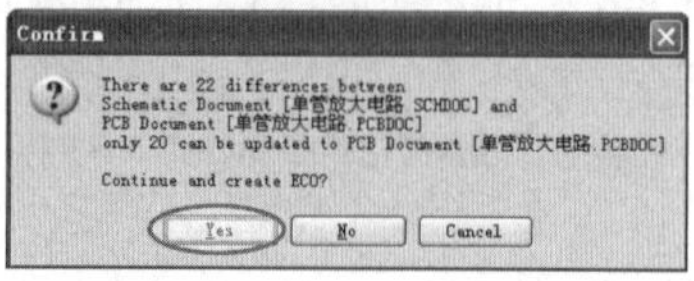 图 6-21　【确认】对话框

续表

步 骤	操 作 过 程	操 作 界 面
（3）	在【工程变化订单（ECO）】对话框中，列出了元件和网络等信息及其状态，这里需要注意【状态】（Status）栏中【检查】和【完成】的变化。单击【使变化生效】按钮，如图 6-22 所示，若所有的改变有效，则【检查】状态列出现勾选，说明网络表中没有错误；否则，在信息（Messages）面板中将给出原理图中的错误信息，双击错误信息自动回到原理图中，就可以修改错误了	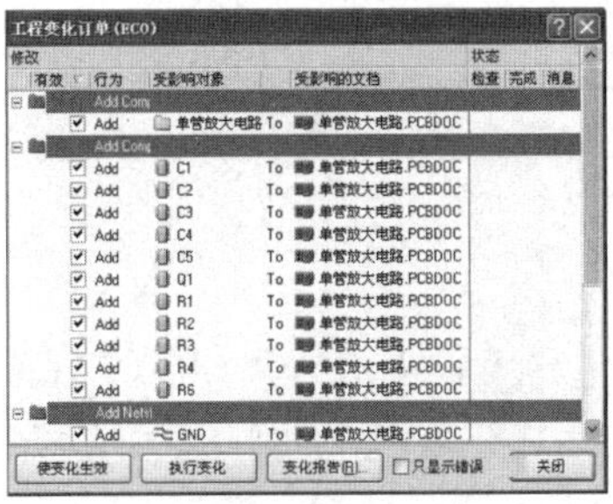 图 6-22　【工程变化订单（ECO）】对话框
（4）	单击【执行变化】按钮，所有的元件信息和网络信息就被载入到 PCB 文件，如图 6-23 所示	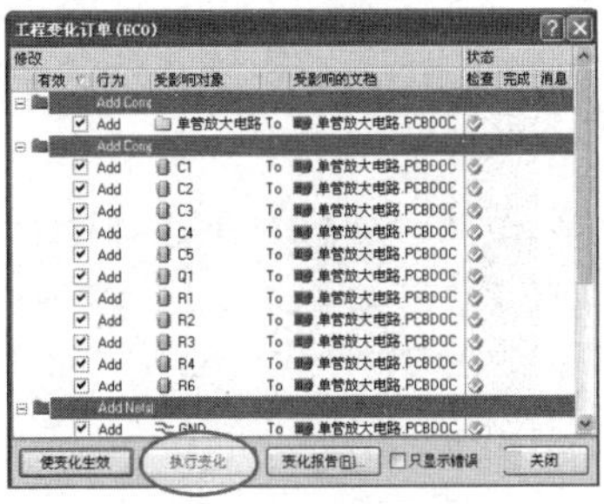 图 6-23　检查通过后画面
（5）	这时，【完成】状态列出现勾选，所有内容变成灰色，如图 6-24 所示，说明元件信息和网络信息载入 PCB 文件完成。单击【关闭】按钮，关闭对话框	 图 6-24　变化生效后画面
（6）	完成元件信息和网络信息的载入，所有的元件和飞线已经出现在 PCB 文档中的元件盒，如图 6-25 所示	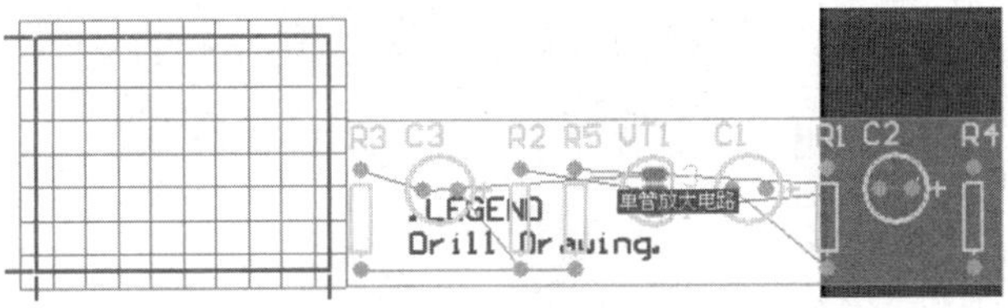 图 6-25　载入完成画面

任务五　元件布局

元件布局操作步骤如表 6-5 所示。

表 6-5　元件布局操作步骤

步　骤	操 作 过 程	操 作 界 面
（1）	选择【工具】→【放置元件】→【自动布局】命令，进行元件布局，如图 6-26 所示	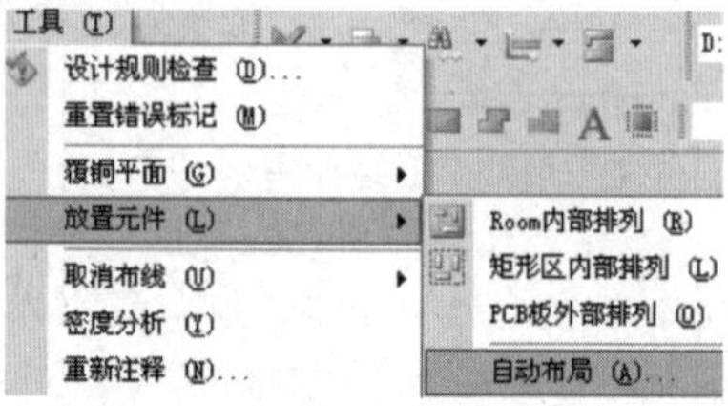 图 6-26　启动【自动布局】命令
（2）	在对话框中选择【分组布局】，单击【确认】按钮，系统进入自动布局状态，如图 6-27 所示	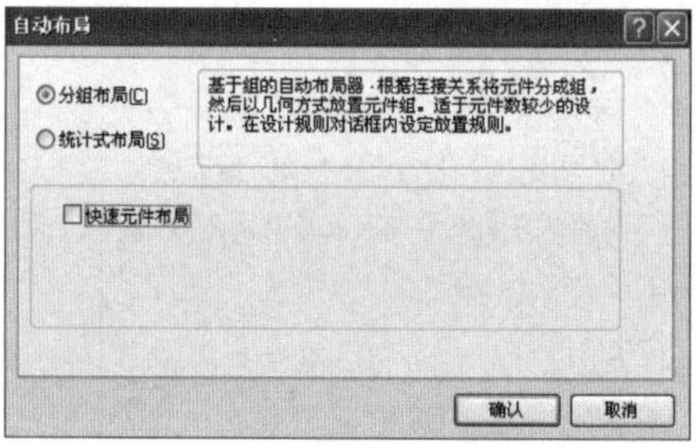 图 6-27　自动布局
（3）	自动布局后的效果如图 6-28 所示。很显然，这样自动布局的结果通常不能令人十分满意。所以，必须对自动布局的结果进行人工布局调整	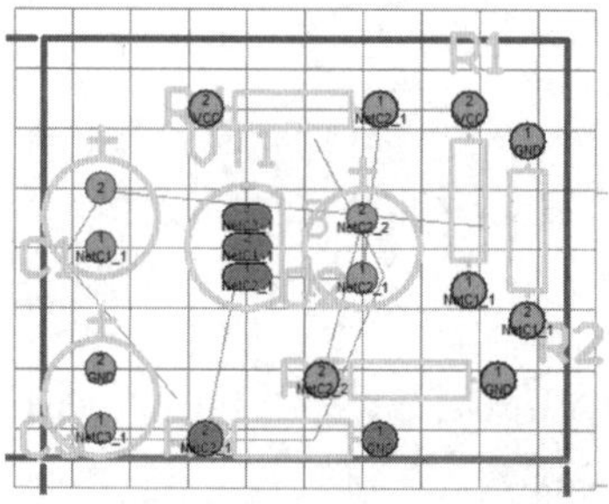 图 6-28　自动布局后的效果
（4）	用鼠标拖动元件，对自动布局后元件进行手工布局，如图 6-29 所示	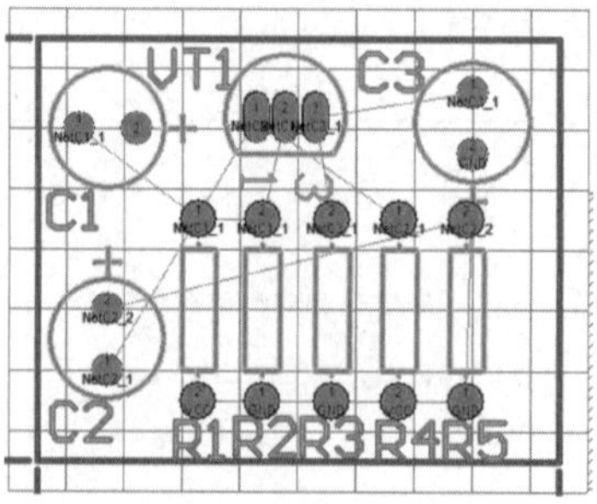 图 6-29　最后布局效果

任务六　自动布线

自动布线操作步骤如表 6-6 所示。

表 6-6　自动布线操作步骤

步　　骤	操 作 过 程	操 作 界 面
	选择【自动布线】→【全部对象】命令即可完成自动布线，如图 6-30 所示	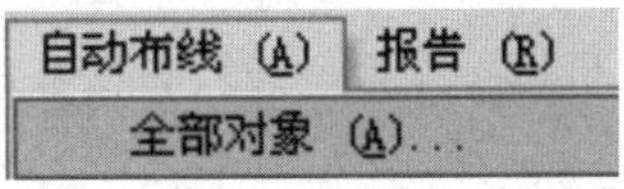 自动布线 (A)　报告 (R) 全部对象 (A)… 图 6-30　自动布线

任务七　PCB 进一步编辑和完善

布线结果及问题如表 6-7 所示。

表 6-7　布线结果及问题

步　　骤	操作说明和操作界面
(1)	自动布线速度快、效率高，特别对比较复杂的电路板更能体现出 Protel 2004 的优越性能，但也有一些不尽人意的地方。如在图 6-31 中，存在连线拐角太尖锐和布线在顶层等，常常需要手工对电路板进行布线调整。PCB 板的编辑和完善将在下一项目介绍 图 6-31　布线结果及问题

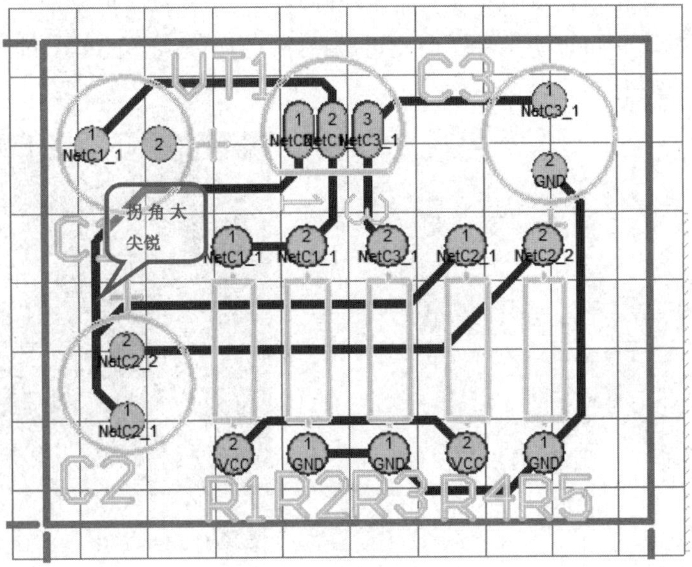

二、基本知识

知识点一　认识印制电路板

PCB 是英文 Printed Circuit Board 的缩写，译为印制电路板，即我们通常说的电路板。印制电路板，就是用来固定、连接各种元件的具有电气特性的一块板子。制作正确、可靠、美观的印制电路板是电路设计的最终目的。

1．元件外形结构

元件是实现电器功能的基本单元，它们的结构和外形各异，为了实现电器的功能它们必须通过引脚相互连接，并为了确保连接的正确性，各引脚都按一定的标准规定了引脚号，并且各元件制造商为了满足各公司在体积、功率等方面的要求，即使同一类型的元件却有不同的元件外形和引脚排列，即不同的元件外形结构。如图 6-32 所示，同为电解电容，但大小、外形、引脚距离却差别很大。

2．印制电路板结构

印制电路板是电子元件装载的基板，它要提供元件安装所需的封装，要有实现元件引脚电气连接的导线，要保证电路设计所要求的电气特性，以及为元件装配、维修提供识别字符和图形，如图 6-33 所示。为了实现元件的安装和引脚连接，必须在电路板上按元件引脚的距离和大小钻孔，同时还必须在钻孔的周围留出焊接引脚的焊盘，在有电气连接引脚的焊盘之间还必须覆盖一层导电能力较强的铜箔膜导线，通常在 PCB 上布上铜膜导线后，还要在上面印上一层防焊层，防焊层留出焊点的位置，而将铜膜导线覆盖住。防焊层不粘焊锡，甚至可以排开焊锡，这样在焊接时，可以防止焊锡溢出造成短路。有时还要在 PCB 的正面或反面印上一些必要的文字，如元件标号、公司名称等。

图 6-32　元件外形结构

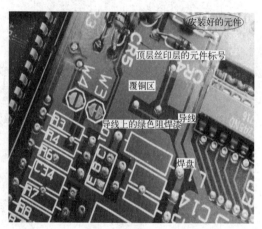

图 6-33　印制电路板结构

3．印制电路板种类

印制电路板的种类很多，根据元件导电层面的多少可以分为单面板、双面板和多层板，如表 6-8 所示。

表 6-8 印制电路板的种类

种 类	图 形	说 明
（1）单面板	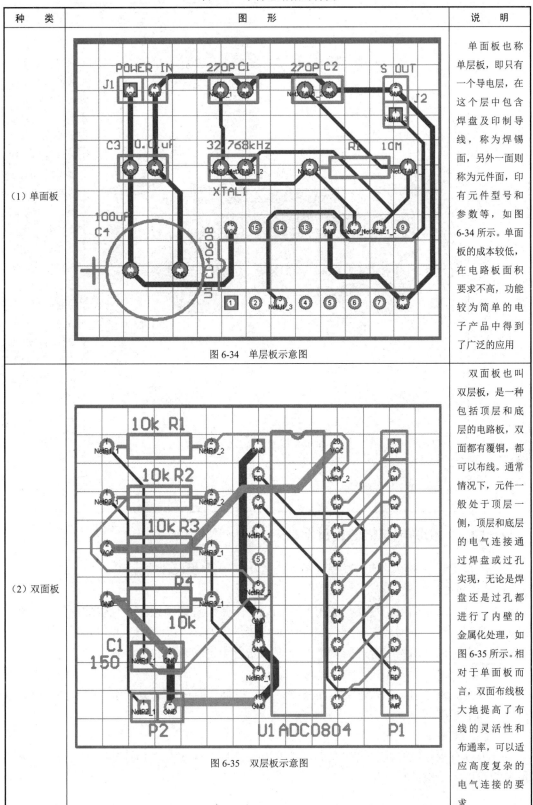图 6-34 单层板示意图	单面板也称单层板，即只有一个导电层，在这个层中包含焊盘及印制导线，称为焊锡面，另外一面则称为元件面，印有元件型号和参数等，如图 6-34 所示。单面板的成本较低，在电路板面积要求不高，功能较为简单的电子产品中得到了广泛的应用
（2）双面板	图 6-35 双层板示意图	双面板也叫双层板，是一种包括顶层和底层的电路板，双面都有覆铜，都可以布线。通常情况下，元件一般处于顶层一侧，顶层和底层的电气连接通过焊盘或过孔实现，无论是焊盘还是过孔都进行了内壁的金属化处理，如图 6-35 所示。相对于单面板而言，双面布线极大地提高了布线的灵活性和布通率，可以适应高度复杂的电气连接的要求

续表

种　类	图　形	说　明
（3）多层板	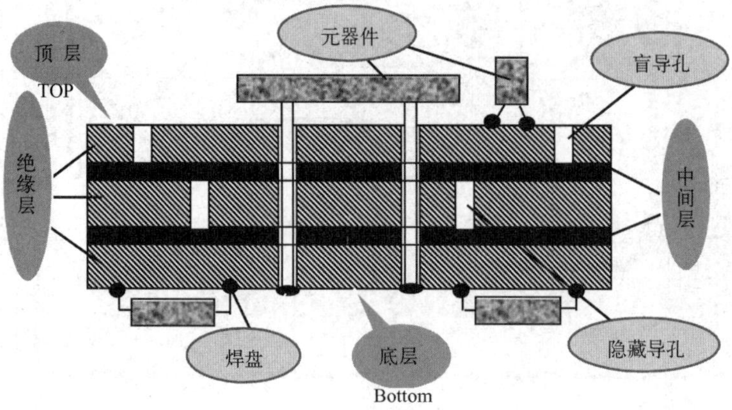 图6-36　4层板结构示意图	多层板是在顶层和底层之间加上若干中间层构成，中间层包含电源层或信号层，各层间通过焊盘或过孔实现互连。多层板适用于制作复杂的或有特殊要求的电路板。多层板包括顶层、底层、中间层及电源/接地层等，层与层之间是绝缘层，绝缘层用于隔离电源层和布线层，绝缘层的材料要求有良好的绝缘性能、可挠性及耐热性等，图6-36所示为4层板结构示意图

知识点二　印制电路板的设计流程

为了清楚了解电路板设计的过程，图6-37给出了电路板设计的流程。

1）设计的先期工作

电路板设计的先期工作主要是利用原理图设计工具绘制原理图，并且生成网络表。当然，如果电路比较简单，可以不进行原理图设计而直接进入 PCB 设计系统，在 PCB 系统中，可以手动布线，也可以利用网络管理器创建网络表后进行半自动布线。

2）定义板框

在绘制电路板之前，要先定义电路板框，定义板框主要包括定义电路板的层数、电路板的外形尺寸和形状等。

3）设置 PCB 设计环境

主要内容有规定电路板的结构及其尺寸、板层参数、格点的大小和形状以及布局参数，大多数参数可以用系统的默认值。

4）载入网络表和元件封装

载入由原理图生成的网络表和元件封装后，在电路板上会出现由元件封装和连接关系所组成的一些凌乱的图件。

5）元件布局

载入元件引脚封装和网络后，就可以根据布局原则进行自动布局和手工调整，使元件的位置符合产品布局要求，并方便布线。

6）布线规则设置

布线规则是设置布线时的各个规范，如安全间距、导线宽度等，这是自动布线的依据。布线规则设置也是 PCB 设计的关键之一，需要一定的实践经验。

7）自动布线

Protel 2004 自动布线的功能比较完善，也比较强大，它采用最先进的无网格设计，如果参数设置合理，布局妥当，一般都会很成功地完成自动布线。

8）手工调整

自动布线过程中系统侧重导线的布通率，导致自动布线结果必然存在导线弯曲过多，过长等不符合电气特性要求的部分导线，此时必须进行手工修改。同时根据实际需要，可以给电路板添加覆铜、安装孔、补泪滴等，还要修改和添加元件标注、尺寸标注、文字标注等。

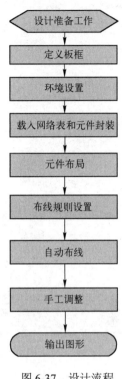

图 6-37　设计流程

9）输出图形

保存设计的各种文件，并打印输出或文档输出，包括 PCB 文档、元件清单等。设计工作结束。

知识点三　Protel DXP 中印制电路板的层面

1．层面的概念

印制电路板的铜箔导线是在一层（或多层）敷着整面铜箔的绝缘基板上通过化学反应腐蚀出来的，元件标号和参数是制作完电路板后印刷上去的，因此在加工、印刷实际电路板过程中所需要的板面信息，在 Protel DXP 的 PCB 编辑器中都有一个独立的层面与之相对应，电路板设计者通过层面给电路板厂家提供制作该板所需的印制参数。不同的层有不同的功能，有的层并不是实际的物理层，只是电路板设计中的参考层。

2．Protel DXP PCB 编辑器常用层面

1）信号层

信号层主要用于布线，也可放置一些与电气信号有关的电气实体，它分为顶层、底层和中间层。底层又称为焊锡面（Solder Side），主要用于制作底层铜箔导线，它是单面板唯一的布线层，也是双面板和多面板的主要布线层。顶层又称为元件层（Component Side），主要用在双面板、多层板中制作顶层铜箔导线，元件引脚安插在本层面焊孔中，焊接在底面焊盘上。顶层的默认颜色为红色，底层的默认颜色为蓝色，如图 6-38 所示。

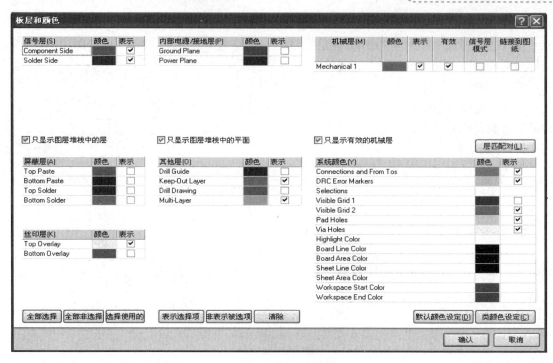

图 6-38　PCB 板层和颜色

2）内部电源/接地层

内部电源/接地层主要用于放置电源/地线，专门用于系统供电，信号层内需要与电源或地线相连接的网络通过焊盘或过孔实现连接，这样可以大幅度缩短供电线路的长度，降低电源阻抗。同时，专门的电源层在一定程度上隔离了不同的信号层，有助于降低不同信号层间的干扰，只有多层板才用到该层。

3）机械层

用于放置电路板的物理边界、关键尺寸信息及电路板生产过程中所需要的对准孔等，它不具备导电性质。

4）丝印层

丝印层用于显示元件的外形轮廓、编号或放置其他的文本信息。丝印层分为顶层丝印层（Top Overlay）和底层丝印层（Bottom Overlay），一般尽量使用顶层，只有维修率较高的电路板或底层装配有贴片元件的电路板中，才使用底层丝印层以便于维修人员查看电路（如电视机、显示器电路板等），丝印层的默认颜色为黄色。

5）禁止布线层

禁止布线层用于定义 PCB 的电气边界，即限制了印制导线的布线区域。设计时，电气边界应不超出 PCB 的物理边界。禁止布线层在实际电路板中也没有实际的层面与其对应。

6）阻焊层（Solder Mask Layer）

阻焊层主要为一些不需要焊锡的铜箔部分（如导线、填充区、敷铜区等）涂上一层阻焊漆（一般为绿色），用于阻止进行波峰焊接时，焊盘以外的导线、敷铜区粘上不必要的焊锡而设置，从而避免相邻导线波峰焊接时短路，还可防止电路板在恶劣的环境中长期使用时氧化腐蚀。因此它和信号层相对应出现，也分为顶部（Top Solder）、底部（Bottom Solder）两层。

7）焊锡膏层

贴片元件的安装方式比传统的穿插式元件的安装方式要复杂很多，该安装方式必须包括以下几个过程：刮锡膏—贴片—回流焊，在第一步"刮锡膏"时，就需要一块掩模板，其上就有许多和贴片元件焊盘相对应的方形小孔，将该掩模板放在对应的贴片元件封装焊盘上，将锡膏通过掩模板方形小孔均匀涂覆在对应的焊盘上，与掩模板相对应的就是焊锡膏层。它也分为顶部（Top Paste）、底部（Bottom Paste）两层。

3．显示层面的设置方法

进入 Protel DXP PCB 编辑器后，执行【设计】→【PCB 板层次颜色】菜单命令，将弹出如图 6-38 所示的层面设置对话框，可根据不同的设计需要在相应板层后面的复选框中打上"√"，选中该项，以便显示该层面，但它不能决定该板是单面板还是双面板。

知识点四　PCB 元件封装库

1．元件封装概述

元件封装是指实际的电子元件或集成电路的外形尺寸、引脚的直径及引脚的距离等，它是使元件引脚和 PCB 上的焊盘一致的保证。元件封装只是元件的外观和焊盘的位置，纯粹的元件封装只是一个空间的概念。不同的元件可以有相同的封装，同一个元件也可以有不同的封装，所以在使用焊接元件时，不仅要知道元件的名称，还要知道元件的封装，元器件的封装、元器件实物、原理图元件引脚序号三者之间必须保持严格的对应关系。

元件封装一般由两部分组成：焊盘和外形轮廓，其中最关键的组成部分是和元件引脚一一对应的焊盘，外形轮廓是从元件顶部向底部看下去所形成的外部轮廓俯视图，用于显示大小和安装极性。

元件的封装可以分为直插式封装和表面粘贴式（SMT）封装两大类。直插式封装是针对直插式元件的，直插式元件焊接时先要将元件针脚插入焊盘导孔中，然后再焊锡。由于焊点导孔贯穿整个电路板，所以在其焊盘的属性对话框中，Layer 板层属性必须为 Multi Layer，如图 6-39 所示。表面粘贴式封装的焊盘只限于表面板层，即顶层或底层。在其焊盘的属性对话框中，Layer 板层属性必须为单一表面，如图 6-40 所示。

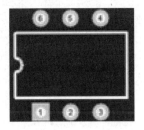

图 6-39　直插式封装

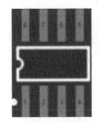

图 6-40　表面粘贴式封装

在 Protel DXP 安装目录下面的"*：\Program Files\Altium\Library\Pcb"目录下，存放大量的 PCB 元件封装库，在不同的元件封装库中包含许多不同种类、不同尺寸大小的 PCB 元件封装，正确、快速地为元件选用合适、恰当的封装是成功制作印刷电路板的前提。

2．安装元件封装库

（1）单击工作区右侧的【元件库】标签，打开库文件面板。

（2）单击【元件库】按钮，打开【可用元件库】对话框，显示系统已经载入的元件库，如图 6-41 所示。

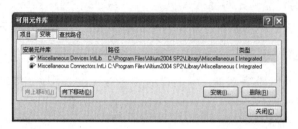

图 6-41　【可用元件库】对话框

（3）单击【安装】按钮，弹出打开对话框，Protel DXP 的 PCB 封装库默认保存在安装盘的"*：\Program Files\Altium\Library\Pcb"目录下，选中要添加的封装库。

要删除元件封装库，只需在图 6-41 所示的可用元件库对话框中单击【删除】按钮，选中要删除的封装库即可。

3．浏览元件库

由于存在各种封装库，即使同一个库也有很多元件封装，设计人员对于不同库中不同的元件封装不可能全部熟悉，因此在选择合适的元件封装前，需要先浏览封装库，了解封装的具体形状和参数。对于 Miscellaneous Devices.IntLib 集成元件库中的封装更应该熟悉。

知识点五　元件布局

元件布局有两种方法，一种为自动布局，该方法利用 PCB 编辑器的自动布局功能，按照一定的规则自动将元件分布于电路板框内，其智能化程度不高，不可能考虑到具体电路在电气特性方面的不同要求，所以很难满足实际要求；另一种为手工布局，设计者根据自身经验、具体设计要求对 PCB 元件进行布局，该方法取决于设计者的经验和丰富的电子技术知识，可以充分考虑电气特性方面的要求。一般情况下采用两者结合的方法，先自动布局，形成一个大概的布局轮廓，然后根据实际需要再进行手工调整。

1．自动布局

选择【工具】→【放置元件】→【自动布局】命令，系统弹出【自动布局】对话框。通过此对话框可以设置两种自动布局方法。

（1）【分组布局】（Cluster Placer）：它是以布局面积最小为标准，同时可以将元件名称和序号隐藏，如图 6-42 所示。

（2）【统计式布局】（Statistical Placer）：它是以飞线长度最短为标准，如图 6-43 所示。

在这里使用【分组布局】，单击【确认】按钮，系统进入自动布局状态。布局结束后，系统弹出【自动布局结束】对话框，提示自动布局结束。单击【确认】按钮，系统完成自动布局，在 PCB 上将显示飞线。很显然，这样的自动布局的结果通常不能令人十分满意。所以，必须对自动布局的结果进行人工布局调整。

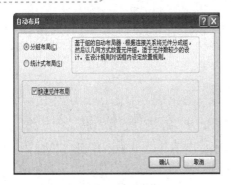

图 6-42　分组布局

图 6-43　统计式布局

2．手工调整元件布局

手动布局就是将元件从元件盒（Rooms）中人工地布局在 PCB 上。主要操作是移动或旋转元件、元件标号和元件型号参数等实体。操作方法与原理图中的方法类似，除了可以利用菜单操作命令外，最简捷的方法是用鼠标左键激活要移动的实体，按下左键拖动即可。实体激活后按键盘上的 Space 键、X 键或 Y 键，即可调整实体的方向。在移动过程中，元件上的飞线不会断开，一起移动。在自动布局后的 PCB 中，需要根据原理图和电子线路方面的知识可以进一步对自动布局结果进行手工调整，手工布局时一般优先考虑电路中的核心元件和体积较大的元件。

手工布局过程中注意各元件不要重叠，功率较大元件的位置不能靠得太近，尽量使飞线不要交叉，连线长度较短；电路板中元件尽量均匀分布，不要全部挤到一角或一边；以及便于和原理图对照分析，便于安装、维修、调试等电气方面的要求。对单管放大电路进行手工布局调整，布局结果如图 6-29 所示。

知识点六　自动布线

布线也有两种方法：自动布线和手工布线，与自动布局和手工布局一样，各有各的优缺点，自动布线方便快捷，但不一定满足电气特性方面的要求。手工布线要求布线者具有较丰富的实际经验，且工作量较大，耗时较多。所以一般也采用两者结合的方法，先进行自动布线，然后手工修改不合理的导线，甚至可以采用先预布一定导线锁定后，再采取自动布线与手工调整相结合的方法。

1．自动布线规则设置

执行【设计】→【规则】菜单命令，出现如图 6-44 所示【PCB 设计规则设置】对话框。

图 6-44　【PCB 设计规则设置】对话框

并非所有的布线规则都需要重新设置，在一般电路板中，只需依据实际情况或设计要求对主要的布线规则进行设置，而其他规则可以采用默认参数，一般主要的布线规则有布线层面选择和导线宽度设置。

2. 自动布线

对设计规则设置完成以后，就可以对布局结束后的 PCB 进行自动布线。一般来说，用户先是对电路板的布线提出某些要求，设计者按这些要求设置布线规则。在自动布线前，除了设置规则以外，还需要设置系统进行自动布线时采取的策略。使用 Protel 2004 自动布线非常容易、快捷，单击菜单【自动布线】→【全部对象】命令即可完成自动布线，效果如图 6-30 所示。

自动布线速度快、效率高，特别对比较复杂的电路板更能体现出 Protel 2004 的优越性能，但也有一些不尽如人意的地方，常常需要对电路板进行手工布线调整。

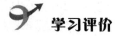 **学习评价**

一、练习题

1．简单说明印制电路板的设计流程。
2．举出放置元件通常可以采用的几种方法。
3．元件封装的概念。
4．焊盘和过孔的作用。

二、技能训练

任务一　多管放大电路 PCB 设计。
对图 6-45 所示的多管放大电路原理图进行简单的 PCB 设计。

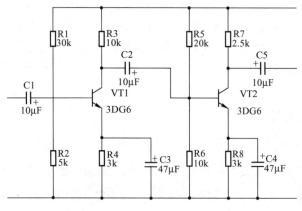

图 6-45　多管放大电路原理图

任务二　门铃电路 PCB 设计。
对图 6-46 所示的门铃电路原理图进行简单的 PCB 设计。

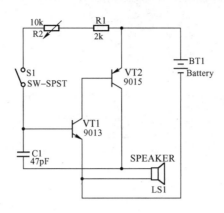

图 6-46　门铃电路原理图

三、技能评价评分表

（一）个人知识技能评价表

班级：＿＿＿＿＿＿＿＿＿＿　　姓名：＿＿＿＿＿＿＿＿＿＿　　成绩：＿＿＿＿＿＿

评价方面	评价内容及要求	分值	自我评价	小组评价	教师评价	得分
理论知识	① 层面的概念	10				
	② 用 PCB 向导生成 PCB 文件	10				
	③ 载入元件和网络信息	10				
	④ 自动布局、自动布线	10				
实操技能	① 建立 PCB 文件	10				
	② 元件封装库的加载	10				
	③ 网络表载入正确	10				
	④ 元件布局	10				
	⑤ 自动布线（丢失导线扣 3 分/个）	10				
学习态度	① 出勤情况	3				
	② 课堂纪律	4				
	③ 按时完成作业	3				

（二）小组学习活动评价表

（同项目一，略）

项目七

三端稳压电源 PCB 的设计

项目情景

在前一个项目中，我们自己制作了一个简单的印制电路板，可是还感觉自己制作的印制电路板布局还不太美观，元件的封装也不能满足实际需要，电路布线有些地方也不能满足电气要求，怎么修改完善呀？能不能自己手工绘制电路板，手工进行布局，对布线规则进行改进？下面通过图 7-1 所示的三端稳压电源电路的 PCB 项目的学习，我们将进一步了解如何解决以上的问题。

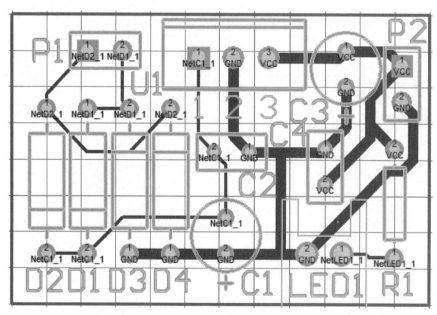

图 7-1　三端稳压电源电路的 PCB

教学目标

	项目教学目标	学时	教 学 方 式
技能目标	① 熟悉 555 振荡电路 PCB 设计 ② 熟悉显示电路 PCB 设计	4 课时	学生上机操作；教师指导、答疑
知识目标	① 了解常用直插式元件的封装形式 ② 掌握 PCB 元件引脚封装的更改方法 ③ 掌握手工绘制电路板边框的方法 ④ 掌握布局时元件的移动和对齐操作 ⑤ 掌握布线规则设置的方法 ⑥ 了解 3D 效果图的生成，理解 PCB 检查的内容	4 课时	教师讲授 重点：PCB 元件引脚封装的更改方法、手工绘制电路板边框的方法和添加布线规则的方法
情感目标	当自动布线不理想时，手工修改布线就是进一步改进的措施。但掌握这项技能要有丰富的实践经验。经验的积累，要靠平时的训练。为此，要加强激励策略，注重培养学生的学习习惯和坚持精神		采用项目技能训练等活动和手段

任务分析

通过项目七，特殊元器件的封装和修改电路布线不能满足电气要求的地方，需要我们在巩固前面的技能上，进一步掌握手工规划电路板、载入元件、封装及元件布局、添加布线规则、约束网络 VCC 和 GND 布线宽度、自动布线和 PCB 进一步编辑和完善的技能。

一、基本技能

任务 三端稳压电源电路 PCB 的绘制

图 7-1 是三端稳压电源电路的 PCB，如何来完成这个 PCB 的绘图，其步骤如下。

1. 创建工程项目及原理图文件

创建工程项目及原理图文件的操作步骤如表 7-1 所示。

表 7-1 创建工程项目及原理图文件

步 骤	操 作 过 程	操 作 界 面
	创建工程项目及原理图文件。（操作步骤参考项目六）	

2. 绘制原理图

绘制原理图的操作步骤如表 7-2 所示。

表 7-2　绘制原理图

步　骤	操作过程与操作界面
（1）	绘制如图 7-2 所示的三端稳压电源电路原理图，其方法参考项目二 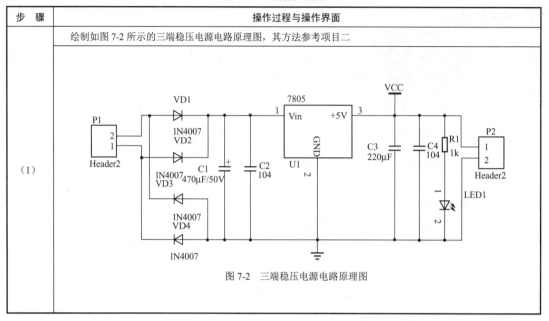 图 7-2　三端稳压电源电路原理图

3．手工规划电路板

手工规划电路板的操作步骤如表 7-3 所示。

表 7-3　手工规划电路板

步　骤	操作过程	操作界面
（1）	执行菜单命令【文件】→【创建】→【PCB 文件】，如图 7-3 所示，进入 PCB 编辑器，并创建一个默认的电路板	文件(F)　编辑(E)　查看(V)　项目管理(C)　放置(P) 创建(N)　　　　　▶　原理图(S) 打开(O)…　Ctrl+O　PCB 文件(P) 图 7-3　新建 PCB 文件
（2）	设置显示层面 执行菜单命令【设计】→【PCB 板层次颜色】，进入层面设置对话框，设置所需要的工作层面，如图 7-4 所示，将 Board Area Color 改为白色	图 7-4　板层和颜色设置

续表

步　骤	操　作　过　程	操　作　界　面
（3）	选择层标签中的机械层（Machanical 1）绘制电路板边框 选择菜单命令【编辑】→【原点】→【设定】，在 PCB 工作区中设定坐标原点，如图 7-5 所示 选择放置工具中的直线工具，在机械层先画一条长 1200mil 的水平导线，如图 7-6 所示。双击该导线，弹出导线属性对话框，根据电路板的尺寸（1200mil×800mil），在导线的属性对话框中设置该导线的开始坐标为（0，0），结束坐标（1200，0），则导线起点为坐标原点，长度变为 1200mil，继续按坐标绘制其余三条导线	 图 7-5　设定坐标原点 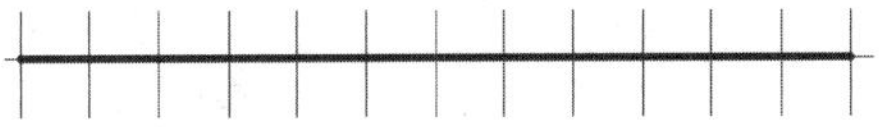 图 7-6　绘制电路板边框
（4）	标注电路板边框尺寸 选择命令【放置】→【尺寸】→【尺寸标注】，在电路板边框的外围放置尺寸标注，放置时要对齐电路板边框端点，如图 7-7 所示	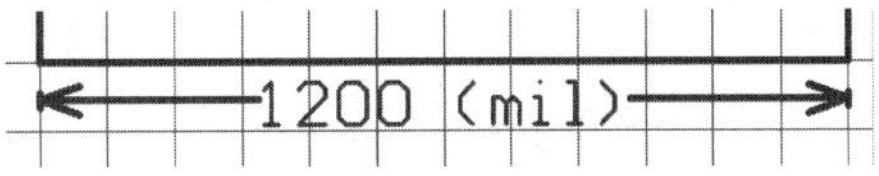 图 7-7　放置尺寸标注
（5）	绘制布线区。选择层面标签的禁止布线层【Keep Out Layer】，用同样的绘线方法画出一个和电路板边框重合或略小的边	
（6）	保存 PCB 文件，命名为"三端稳压电源.PCBDOC"，如图 7-8 所示	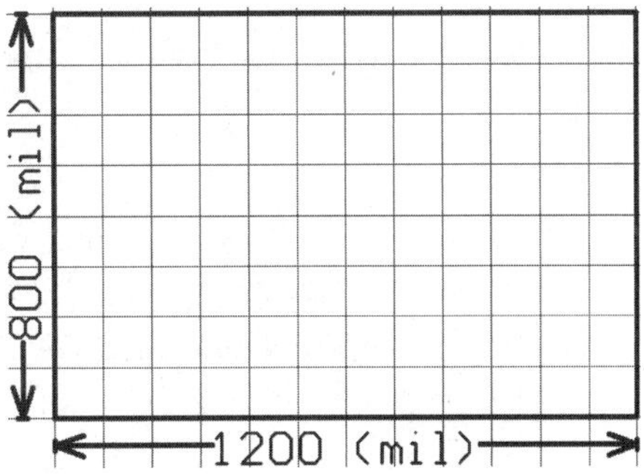 图 7-8　手工规划的电路板

4．载入元件、封装及元件布局

载入元件、封装及元件布局的操作步骤如表 7-4 所示。

表 7-4　载入元件、封装及元件布局

步　骤	操 作 过 程	操 作 界 面
（1）	载入元件、封装及元件布局的操作参考项目六，元件布局结果如图 7-9 所示	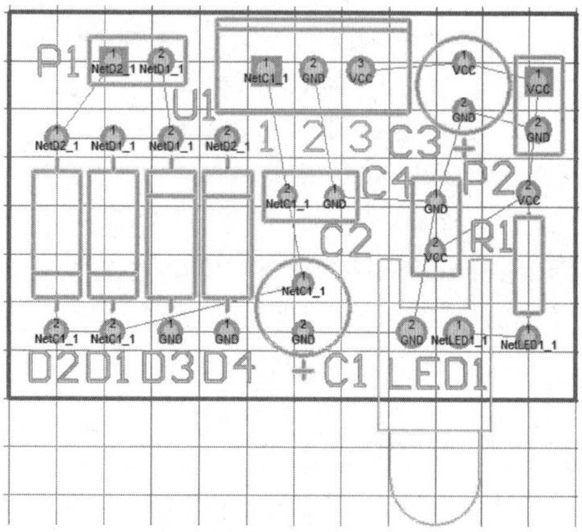 图 7-9　布局结果

5．添加布线规则，约束网络 VCC 和 GND 布线宽度

添加布线规则，约束网络 VCC 和 GND 布线宽度的操作步骤如表 7-5 所示。

表 7-5　添加布线规则，约束网络 VCC 和 GND 布线宽度

步　骤	操 作 说 明	操 作 界 面
（1）	在 PCB 规则和约束编辑器中，右键单击左侧 Design Rules 中的 Width，在快捷菜单中选择【新建规则】命令，在 Width 中添加了一个名为"Width_1"的规则，如图 7-10 所示	 图 7-10　添加新规则
（2）	在图 7-10 中，单击 Width_1，在布线宽度约束特性和范围设置对话框的顶部的【名称】栏里输入网络名称 Power，在底部的宽度约束特性中将宽度修改为 30mil，两次操作的结果如图 7-11 所示	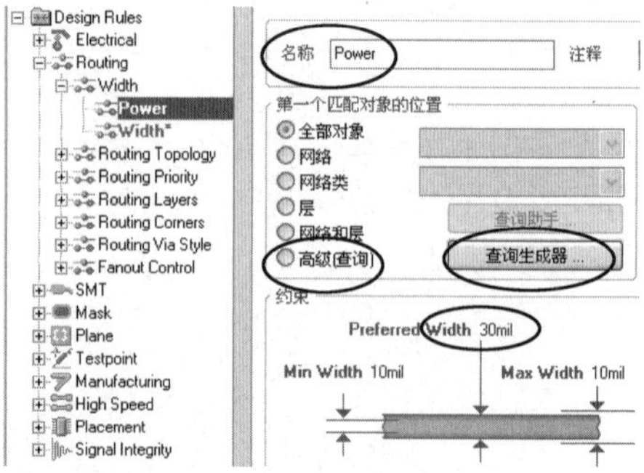 图 7-11　设置布线宽度

续表

步 骤	操作说明	操作界面
（3）	在图 7-11 中，选中右侧【第一个匹配对象的位置】选项组中的【高级（查询）】单选钮，单击【查询生成器】按钮，弹出建立查询对话框，如图 7-12 所示	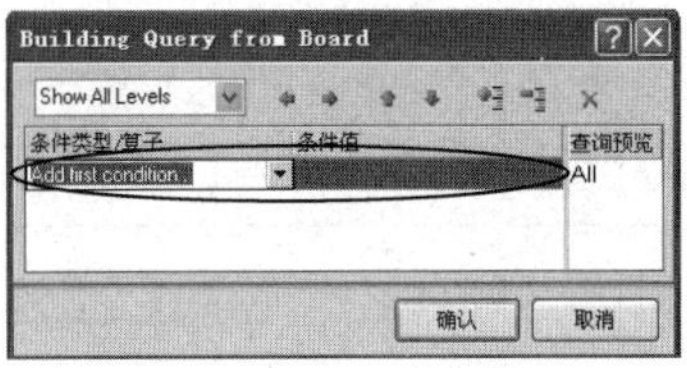 图 7-12 建立查询对话框
（4）	在图 7-12 中，单击【条件类型/算子】，在其右边的下三角按钮，选择【Belongs to Net】；单击【条件值】，在其右边的下三角按钮，选择【VCC】，就会在【查询预览】中显示为"InNet（'Vcc'）"，如图 7-13 所示	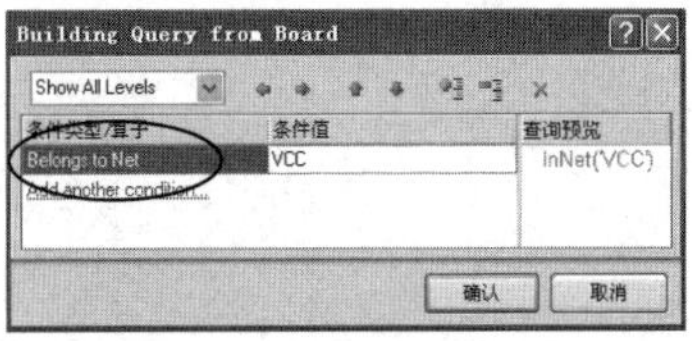 图 7-13 应用到电源网络 VCC
（5）	在图 7-13 中，在【Belongs to Net】下面显示【Add another condition】选项，单击在其右边的下三角按钮，选择【Belongs to Net】；单击【条件值】，在其右边的下三角按钮，选择【GND】，就会在【查询预览】中显示为"InNet（'GND'）"，如图 7-14 所示	 图 7-14 应用到了电源网络 GND
（6）	在图 7-14 中，两个条件类型中间会出现条件的关系选项，默认为【AND】，单击，选择【OR】，如图 7-15 所示。确认，此时表明布线宽度为 30mil 的约束应用到了电源网络 VCC 和 GND	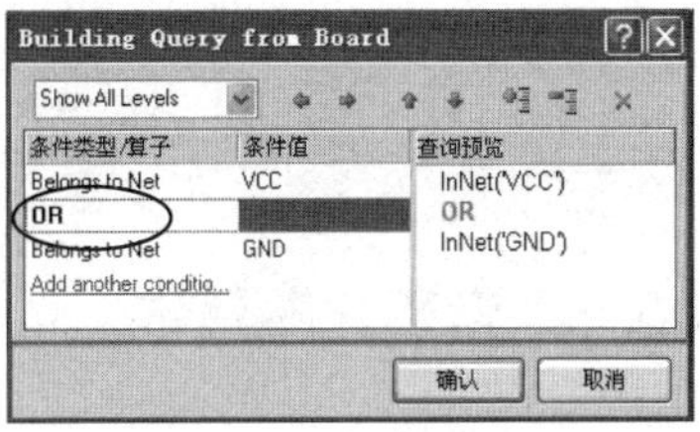 图 7-15 应用到了电源网络 VCC 或 GND

6. 自动布线

自动布线的操作步骤如表 7-6 所示。

表 7-6 自动布线

步 骤	操作说明	操作界面
	选择菜单命令【自动布线】→【全部对象】即可完成自动布线，布线结果如图 7-16 所示	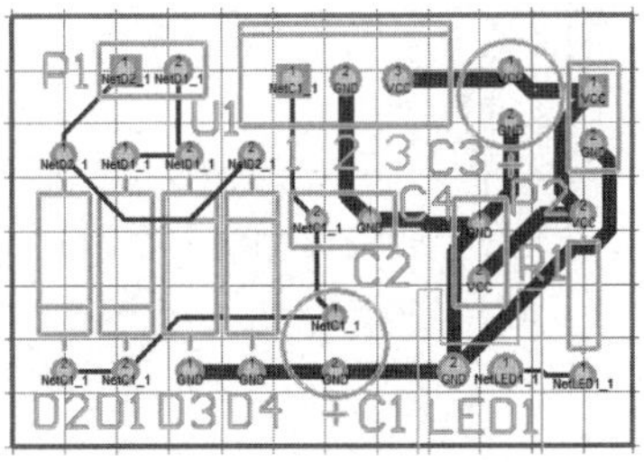 图 7-16 自动布线结果

7．PCB 进一步编辑和完善

进一步编辑和完善 PCB 的操作步骤如表 7-7 所示。

表 7-7　PCB 进一步编辑和完善

步　骤	操作说明与操作界面
	印刷电路板制作完成后，一般要从实际元件出发，仔细检查，排除错误，如导线检查、封装检查、元器件安装位置和安装空间检查等。最终使设计的 PCB 元件分布均匀合理，布局整齐美观，结构严谨、满足工艺要求。修改后的 PCB 如图 7-17 所示 图 7-17　修改后的 PCB

二、基 本 知 识

知识点一　常用元件封装

电子元件的种类繁多，对应的封装形式复杂多样。同种元件可以有多种不同的封装形式，不同的元件也可以有相同的封装形式，因此，合理选取元器件的封装是成功制作电路板的前提条件，需要制作者具有一定的实际经验，这也是初学者容易忽视的地方。立足于基本的和必要的认知，表 7-8 介绍了几种常用直插式的电子元件。

表 7-8　常用直插式的电子元件

元　件	元　件　说　明	图　形
固定电阻	电阻是电路中最常用的元件之一，编号一般以 R 开头，封装尺寸主要取决于其额定功率及工作电压等级，这两项指标的数值越大，电阻的体积就越大。如图 7-18 所示几种常见固定电阻元件的外观	 图 7-18　常见固定电阻元件的外观

续表

元　　件	元件说明	图　　形
固定电阻	电阻元件封装命名一般由两部分组成，前面字母部分用于规定封装的类别，后一部分为数字，一般代表焊盘间距，单位为 in。因此封装 AXIAL－0.8 表示该封装为电阻，焊盘间距为 0.8in（＝800mil＝20.32mm＝2.032cm），根据体积不同，固定电阻封装可以从 AXIAL－0.3～AXIAL－1.0，如图 7-19 所示	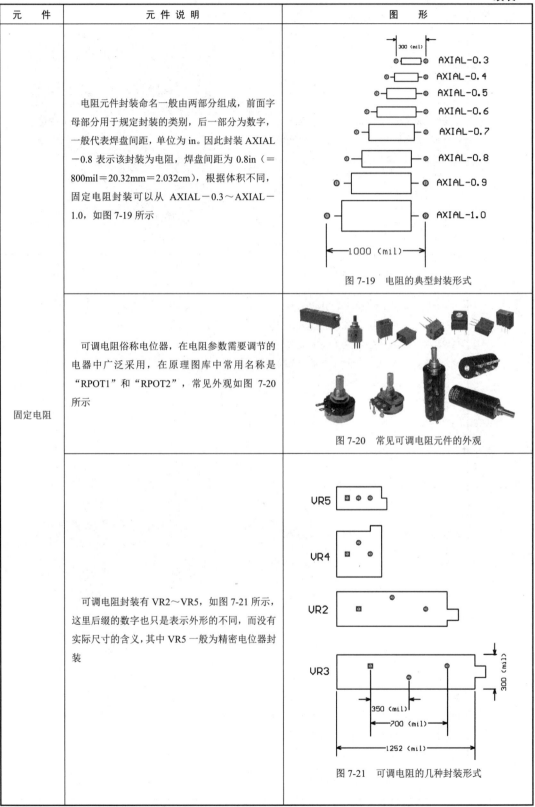 图 7-19　电阻的典型封装形式
	可调电阻俗称电位器，在电阻参数需要调节的电器中广泛采用，在原理图库中常用名称是"RPOT1"和"RPOT2"，常见外观如图 7-20 所示	图 7-20　常见可调电阻元件的外观
	可调电阻封装有 VR2～VR5，如图 7-21 所示，这里后缀的数字也只是表示外形的不同，而没有实际尺寸的含义，其中 VR5 一般为精密电位器封装	图 7-21　可调电阻的几种封装形式

元　件	元　件　说　明	图　形
电容	电容也是电路中常用的元件之一，编号一般以 C 开头。根据材料的不同，电容分为有极性电容和无极性电容，如图 7-22 所示	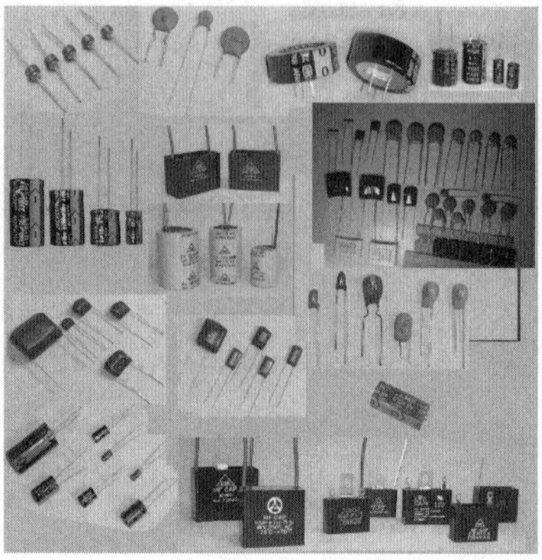 图 7-22　常见电容元件的外观
	电容的封装形式有两种。无极性电容封装形式名称为 RAD－xx，xx 表示两个焊盘间的距离，可以从 RAD－0.1～RAD－0.4。极性电容的封装形式名称如 RB5-10.5 等，数字 5 表示焊盘间距，而 10.5 表示电解电容的圆筒外径，如图 7-23 所示	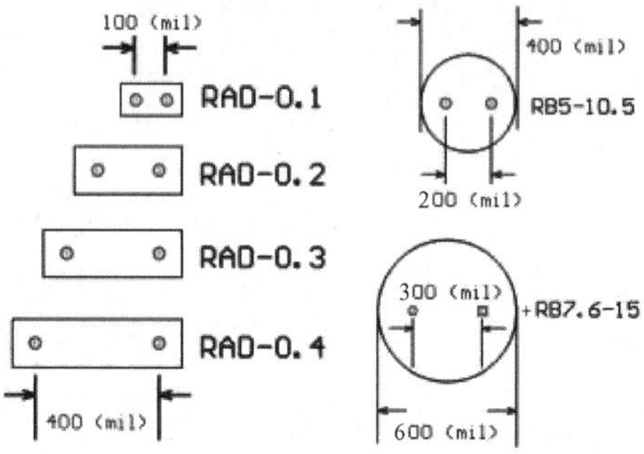 图 7-23　电容元件的常用封装形式
二极管	二极管编号一般以 D 开头，根据功率不同，体积和外形也差别很大，如图 7-24 所示	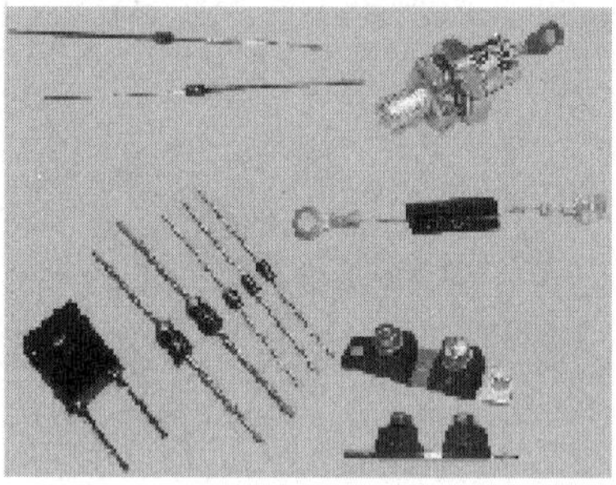 图 7-24　几种常见晶体二极管的外观
	二极管常用的封装有两种 DIODE0.4（小功率）和 DIODE0.7（大功率）（图 7-25），二极管为有极性元件，封装外形上画有短线的一端代表负端，和实物二极管外壳上表示负端的白色或银色色环相对应	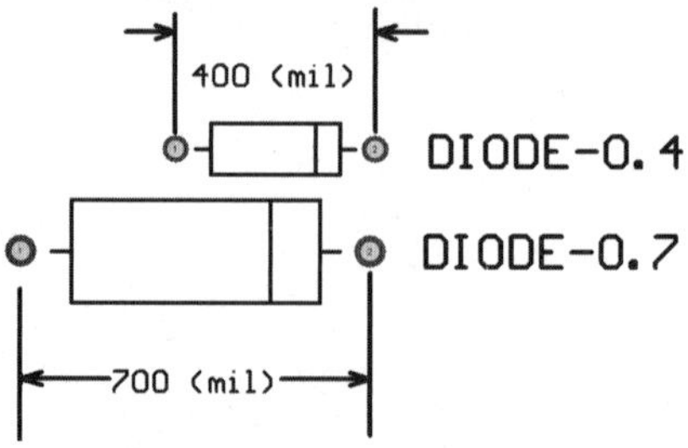 图 7-25　晶体二极管的封装形式

续表

元　　件	元　件　说　明	图　　形
三极管	三极管在结构上分为两种类型，一种为 PNP 型，另一种为 NPN 型，在原理图库元件中常用名称为 PNP 或 NPN，标号一般以 Q 或 T 开头。三极管有塑封外壳和金属外壳两种，塑封外壳三极管一般小功率可用 BCY－W3 系列，大功率可用 SFM 系列，如图 7-26 所示 　Protel DXP 的 PCB 封装库目录下，有一个专用的塑封外壳三极管封装库 Cylinder with Flat Index.PcbLib，E 型金属外壳三极管的封装在 Can-Circle Pin arrangement.PcbLib 中	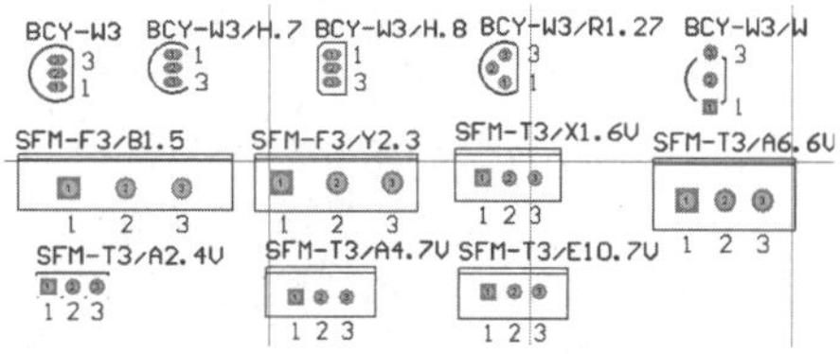 图 7-26　塑封外壳三极管的封装
	金属外壳三极管分为 E 和 F 型，E 型外壳上突起表示发射极，一般 E 型可选用 CAN－3 系列（图 7-27），F 型主要为大功率金属三极管，可采用 TO－3 和 TO－66 封装 　三极管为有极性元件，应注意引脚之间的对应关系，对于一部分引脚和实际顺序不同的三极管，可以采用修改引脚封装的方法对三极管的焊盘序号进行修改，使其和原理图、实物相一致	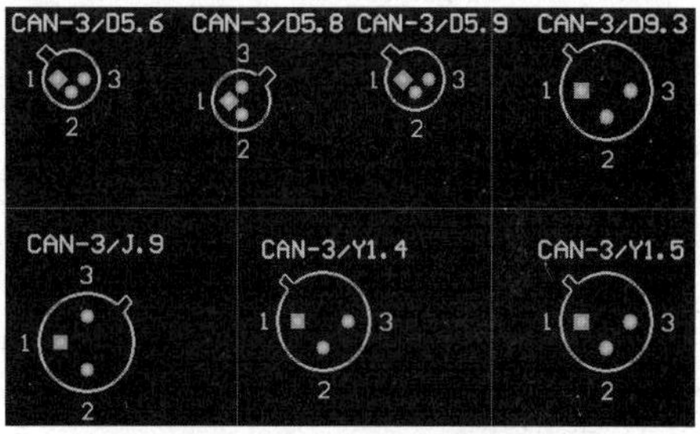 图 7-27　E 型金属外壳三极管的封装
单排直插元件	单排直插元件是指用于不同电路板之间电信号连接的单排插座、单排集成块等。一般在原理图库元件中单排插座的常用名称为"Header"系列，如图 7-28 所示	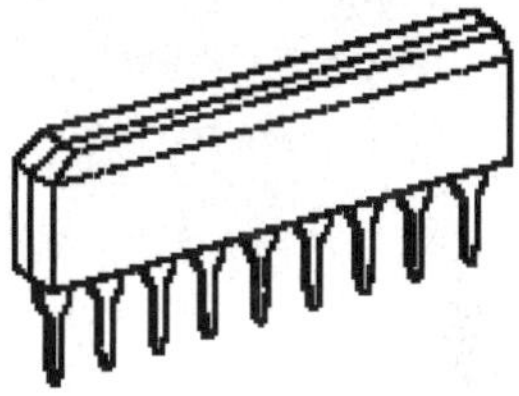 图 7-28　单排直插元件外观
	单排直插元件常用的封装一般采用"SFM"系列，如图 7-29 所示为封装 SFM－T10/V	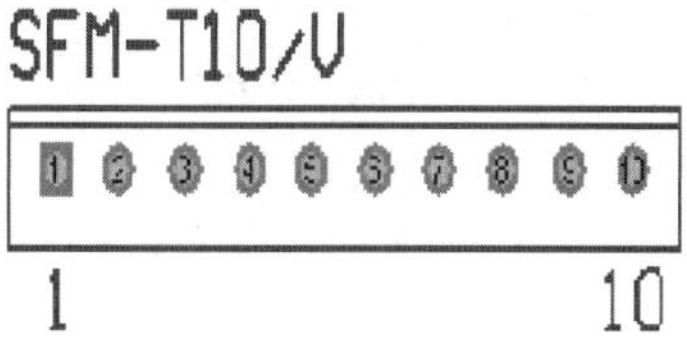 图 7-29　单排直插元件封装
双列直插元件	常见的双列直插元件，如种类繁多的双列直插集成块，依据功能不同，它们在原理图库元件中的名称也不尽相同，如数字电路中的与非门 74LS00、模拟电路中的比较器 LM339 等，其外观如图 7-30 所示	 图 7-30　双列直插元件外观

续表

元 件	元 件 说 明	图 形
双列直插元件	双列直插元件常用的封装一般采用"DIP"系列，后缀数字表示引脚数目，如图7-31所示为封装是DIP16的双列直插元件	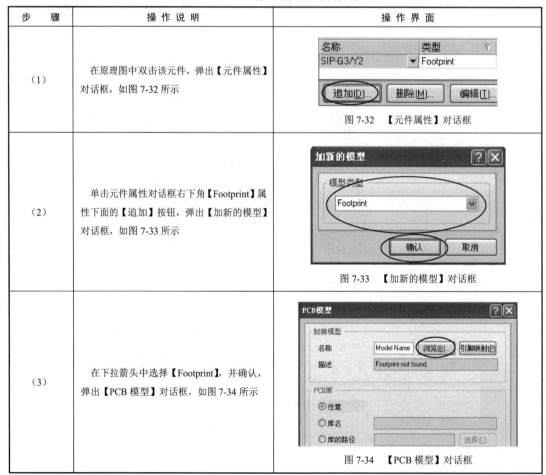 图 7-31 双列直插元件封装

知识点二 更改元件封装

在绘制原理图时，元件一般采用默认封装，如三端稳压块的默认封装为"SIP－G3/Y2"，该封装是表面贴片形式，就需要更改元件封装为"SFM－T3/X1.6V"，步骤如表 7-9 所示。

表 7-9 三端稳压块更改封装步骤

步 骤	操 作 说 明	操 作 界 面
（1）	在原理图中双击该元件，弹出【元件属性】对话框，如图 7-32 所示	图 7-32 【元件属性】对话框
（2）	单击元件属性对话框右下角【Footprint】属性下面的【追加】按钮，弹出【加新的模型】对话框，如图 7-33 所示	图 7-33 【加新的模型】对话框
（3）	在下拉箭头中选择【Footprint】，并确认，弹出【PCB 模型】对话框，如图 7-34 所示	图 7-34 【PCB 模型】对话框

续表

步　骤	操 作 说 明	操 作 界 面
（4）	在【PCB 模型】对话框中，单击【浏览】按钮，弹出【库浏览】对话框，三端稳压块的默认封装为"SIP－G3/Y2"，该封装是表面贴片形式，如图 7-35 所示	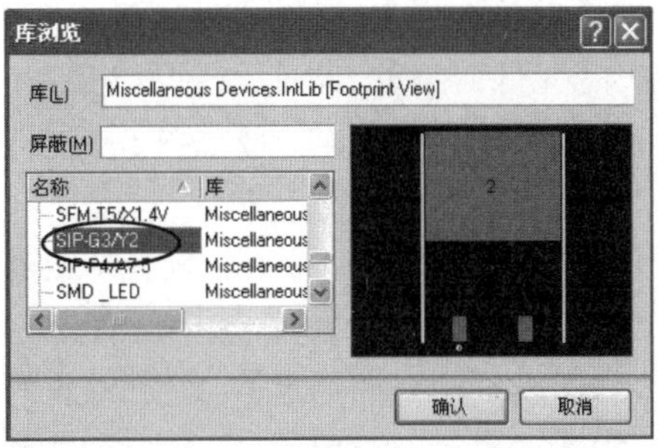 图 7-35　【库浏览】对话框及"SIP－G3/Y2" 封装形式
（5）	选择要更改的元件封装所在的库（Miscellaneous Devices.IntLib），选中该封装（SFM－T3/X1.6V），并确认，这样，元件的封装就被更改了，如图 7-36 所示	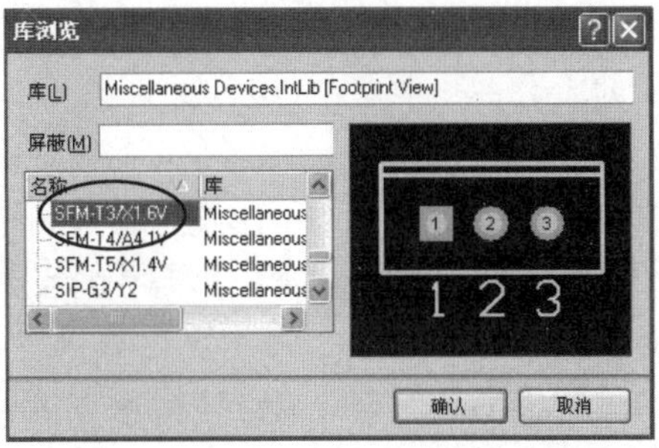 图 7-36　要更改的"SFM－T3/X1.6V" 封装形式

知识点三　手工布局

载入网络表，就可以根据元件的布局规律仔细调整元件的位置了，本例中直接采取手工布局的方法分部分进行。手动布局就是将元件从元件盒（Rooms）中人工地布局在 PCB 上，主要操作是移动或旋转元件、元件标号和元件型号参数等实体。手工布局时一般优先考虑电路中的核心元件和体积较大的元件，如本例中可先确定三端稳压块 VR1 和电解电容 C1、C4 的位置。手工布局过程中注意各元件不要重叠，功率较大元件的位置不能靠得太近，尽量使飞线不要交叉，飞线长度较短；电路板中元件尽量均匀分布，不要全部挤到一角或一边；以及便于和原理图对照分析，便于安装、维修、调试等电气方面的要求。

1. 元件的移动

手工调整元件的布局前，应该选中元件，然后才能进行相关操作，最简捷的方法是用鼠标左键激活要移动的实体，系统也提供了专门的选取对象和释放对象的命令。

1）选取对象

执行【编辑】→【选择】子菜单的命令，具体包括：

（1）【区域内对象】：将鼠标拖动的矩形区域中的所有元件选中。

（2）【区域外对象】：将所有元件选中。

（3）【全部对象】：将鼠标拖动的矩形区域中的所有元件选中。

（4）【板上全部对象】：将整块 PCB 选中。

（5）【网络中对象】：将组成某网络的元件选中。

（6）【连接的铜】：通过敷铜的对象来选定相应网络中的对象。

（7）【物理连接】：通过物理连接来选中对象。

（8）【元件连接】：通过元件连接来选中对象。

（9）【元件网络】：通过元件网络来选中对象。

（10）【ROOM 中的连接】：表示选择电气方块上的连接对象。

（11）【层上的全部对象】：表示选择当前工作层上的所有对象。

（12）【自由对象】：选中不与电路连接的对象。

（13）【全部锁定对象】：选中所有锁定的对象。

（14）【离开网格的焊盘】：选中离开网格的焊盘。

（15）【逐个选取对象】：逐个选取对象，最后构成一个由所有选中元件组成的集合。

灵活利用这些选择方法，在手工布局时可大大提高效率，要取消这些选择，最简捷的方法是单击鼠标右键，然后在空白地方单击鼠标左键，也可以利用菜单【编辑】→【取消选择】子菜单中的命令。

2）元件旋转

有些元件的排列方向不一致，或者飞线有交叉，为了后面的布线，就需要对元件进行旋转操作。系统提供两个旋转操作，即【编辑】→【移动】子菜单中的【旋转移动对象】和【翻转移动对象】命令。

要旋转移动对象首先要选中要操作的元件，接着执行【编辑】→【移动】→【旋转移动对象】命令，在弹出对话框中设定要旋转的角度，当用户用鼠标在图纸上选定一个旋转基点后，选中的元件就实现了旋转。

3）元件的移动

元件的移动，最简捷的方法是用鼠标左键选中要移动元件不放，拖动元件即可，在此过程中按键盘上的 Space 键、X 键或 Y 键，可调整选择对象的方向。在移动过程中，元件上的飞线不会断开，一起移动。也可以利用菜单【编辑】→【移动】子菜单中的命令来进行元件的移动，具体包括：

（1）【移动】：用于移动元件。

（2）【拖动】：启动该命令后，光标变成"十"字形状，在需要拖动的元件上单击鼠标左键，元件就会跟着光标一起移动，将元件移动到指定位置后，再单击鼠标左键完成操作。

（3）【重布导线】：用来对移动后的元件重新生成布线。

（4）【建立导线新端点】：用来打断某些导线。

（5）【拖动导线端点】：用来选取导线的端点作为移动对象。

2. 元件的对齐

为了使设计的电路板比较整齐美观，有时也是电路板的需要，在元件的布局中常常需要对元件进行对齐。Protel DXP 具有强大而灵活的元件对齐放置工具，选择【查看】→【工具栏】→【实用工具】命令，调用元件标准工具栏，也可以利用菜单【编辑】→【排列】子菜单中的命令来进行元件的对齐。以本例二极管 VD1、VD2、VD3 和 VD4 对齐的操作为例说明这一工具的应用。

（1）按下 Shift 键，用鼠标左键分别单击 VD1、VD2、VD3 和 VD4，使之变为选取状态，即每个元件周围都有可选择的颜色，该颜色在系统颜色中设置。

（2）选择【实用工具】→【调基工具】命令，选择【左对齐】按钮，VD1、VD2、VD3 和 VD4 就以左边为准对齐。按照类似的方法，使用该工具将元件布局进行调整后的布局如图 7-37 所示。

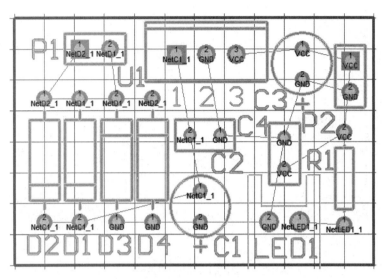

图 7-37　调整后的布局

知识点四　手工布线

元件布局之后，接下来就是布线了。Protel DXP 的 PCB 编辑器是一个规则驱动环境，在电路板的设计过程中执行的任何一个操作，如放置导线、移动元件、自动布线或手动布线等，都是在设计规则允许的情况下进行的。设计规则是否合理将直接影响布线的质量和成功率，其合理性在很大程度上依靠用户的设计经验。

Protel DXP 中分 10 个类别的设计规则，并进一步分为设计类型。设计规则很多，覆盖了电气、布线、制造、放置及信号完整性要求等，但其中大部分都可以采用系统默认的设置，而用户真正需要设置的规则并不多。在一般电路板中，只需依据实际情况或设计要求对主要的布线规则进行设置，而其他规则可以采用默认参数，一般主要的布线规则有布线层面选择和导线宽度设置。

1）设置导线宽度规则

在 PCB 编辑器中，选择【设计】→【规则】命令，弹出【PCB 规则和约束编辑器】对话框，选择左侧【Design Rules】（布线规则）→【Routing】（布线）→【Width】（布线宽度），显示了布线宽度约束特性和范围，导线宽度规则应用到整个电路板。导线的宽度为 12mil，修改数值可改变线宽约束，如图 7-38 所示。

Protel DXP 设计规则系统的一个强大的功能是可以定义同类型的多重规则，而每个目标对象又不相同。例如，在 PCB 中有一个对整个电路板布线宽度的约束规则，即所有的导线都必须是这个宽度，而其中某些网络布线宽度需要另一个约束规则（这个规则忽略前一个规则）。

2）布线层面设置

该规则用于设置电路板布线的信号层以及各信号层布线的方向，即通过该规则可以决定电路板的种类——双面板或单面板，系统默认设置为双面板，即信号层为顶层和底层，其中顶层布线方向默认为水平方向，底层布线方向默认为垂直方向。

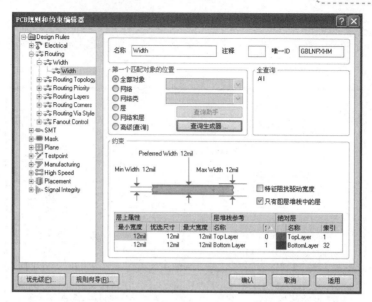

图 7-38 【PCB 规则和约束编辑器】对话框

在自动布线规则设置对话框中，双击【Routing Layers】布线层面选项，将弹出如图 7-39 所示的【布线层面设置】对话框，各参数含义如下：

【第一个匹配对象的位置】（规则适用范围）：该参数可确定该规则的适用范围，可选项为【全部对象】、【网络】、【网络类】、【层】、【网络和层】、【高级（查询）】等，对于布线层面选择规则，该项选【Whole Board】全体电路板。

板层选择：有【Top Layer】顶层和【Bottom Layer】底层两个信号层可供选择，单击层面右侧的复选按钮，即可选择该层面是否使用，如果不用，单击将"√"去掉。

如果要制作单面板，布线层面可设置为顶层不用。对于双面板，顶层、底层都使用。本例中由于元件较少，电路板面积较大，所以设置为单面板，选中【Bottom Layer】底层。

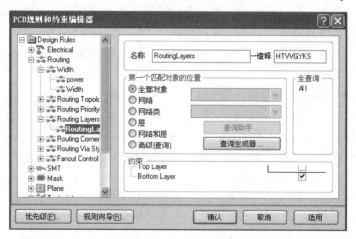

图 7-39 【布线层面设置】对话框

知识点五 3D 效果图

印刷电路板制作的效果可以通过 3D 效果图从三维空间的角度，较为直观地观察到电路板的一些有用信息，如元件布局上是否有元件重叠，是否有元件之间距离太近等，可以手工继续修改。

执行菜单命令【查看】→【显示三维 PCB 板】菜单命令，可以观看到电路板的立体效果图，如图 7-40 所示，当然它只是一种模拟的三维电路板图，并不能完全等同于实际电路板和实际元件。

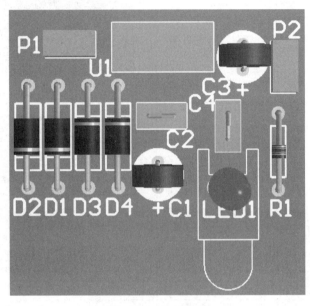

图 7-40 3D 效果图

知识点六 PCB 的进一步检查

印刷电路板制作完成后，只是从线路连接等角度对原理图和 PCB 进行对照和查错，而不能从电路的电气特性方面进行检查，所以印刷电路板制作完成后，一般要从实际元件出发，仔细检查，排除错误。印制电路板布局的设计原则如表 7-10 所示。

表 7-10 印制电路板布局的设计原则

原 则	说 明	图 例
总体原则	分布要合理和均匀，力求整齐、美观、结构严谨和满足工艺要求，如图 7-41 所示 图 7-41 电路板产品	

原　则	说　明	图　例
具体要求	（1）尽可能缩短高频元器件之间的连线，设法减少它们的分布参数和相互间的电磁干扰。易受干扰的元器件不能相互挨得太近，输入和输出元件应尽量远离，同时要用薄铁皮盒采取屏蔽措施，如图 7-42 所示	 图 7-42　具体要求（1）
	（2）某些元器件或导线之间有较高的电压时，则应加大它们之间的距离，以免放电引出意外短路。带高电压的元器件应尽量布置在调试时手不易触及的地方，如图 7-43 所示	 图 7-43　具体要求（2）
	（3）质量超过 15g 的元器件、应当用支架加以固定，然后焊接。那些又大又重、发热量大的元器件，不宜装在印制板上，而应装在整机的机箱底板上，且应考虑散热问题，如图 7-44 所示。热敏元件应远离发热元件	 图 7-44　具体要求（3）
	（4）对于电位器、可调电感线圈、可变电容器、微动开关等可调元件的布局应考虑整机的结构要求。若是机内调节，应放在印制板上便于调节的地方；若是机外调节，其位置要与调节旋钮在机箱面板上的位置相适应，如图 7-45 所示	 图 7-45　具体要求（4）
	（5）应留出印制板定位孔及固定支架所占用的位置，如图 7-46 所示	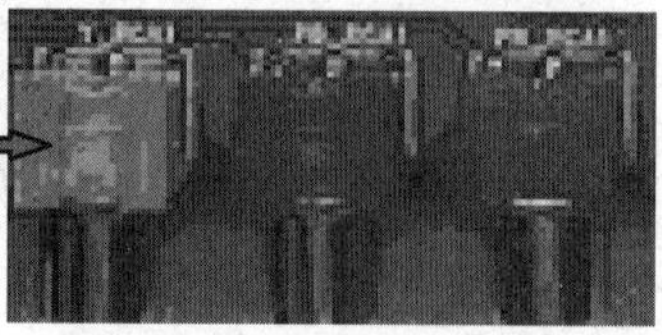 图 7-46　具体要求（5）

续表

原 则	说 明	图 例
具体要求	（6）对于安装在印制电路板上的较大的元件，要加金属附件固定，以提高耐振、耐冲击性能。对电阻、二极管、管状电容器等元件有"立式"，"卧式"两种安装方式。立式指的是元件体垂直于电路板安装、焊接，其优点是节省空间，如图7-47所示。卧式指的是元件体平行并紧贴于电路板安装和焊接，其优点是元件安装的机械强度较好。这两种不同的安装元件，印制电路板上的元件孔距是不一样的	 图 7-47　具体要求（6）
	（7）对于 IC 插座，在布局时一定要特别注意 IC 座上定位槽放置的方位是否正确，如图 7-48 所示。并注意各个 IC 脚位是否正确，例如第 1 脚只能位于 IC 座的右下角线或者左上角，而且紧靠定位槽（从焊接面看）。例如电位器安放位置应当满中整机结构安装及面板布局的要求，因此应尽可能放在板的边缘，旋转柄朝外。经过不断调整使布局更加合理	 图 7-48　具体要求（7）

学习评价

一、练习题

1．简单说明更改元件封装的步骤。

2．设置布线规则有哪些？

3．三极管的封装能不能都用 BCY-W3，为什么？

二、技能训练

任务一　555 振荡电路 PCB 设计。

按图 7-49 所示振荡电路设计单面板，尺寸为 1000mil×1000mil，电源线、地线的导线的宽度为 50mil，一般导线的宽度为 25mil。

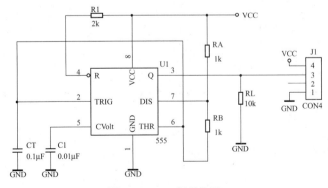

图 7-49　555 振荡电路

任务二　显示电路 PCB 设计。

按图 7-50 所示显示电路设计单面板，尺寸为 2200mil×1500mil，电源线、地线的导线的宽度为 50mil，一般导线的宽度为 25mil。

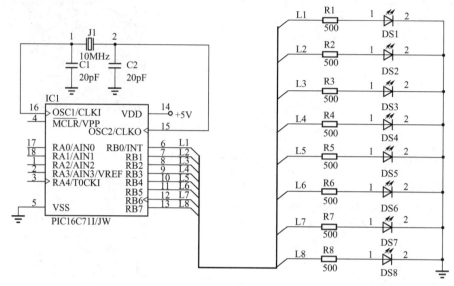

图 7-50　显示电路

三、技能评价评分表

（一）个人知识技能评价表

班级：_____　　姓名：_____　　成绩：_____

评价方面	项目评价内容	分值	自我评价	小组评价	教师评价	得分
理论知识	① 了解常用直插式元件的封装	10				
	② 手工绘制电路板	10				
	③ 布线规则设置	10				
	④ PCB 检查	10				
实操技能	① 建立 PCB 图设计文件	10				
	② 更改元件封装	10				
	③ 网络表载入正确	10				
	④ 元件布局	10				
	⑤ 布线规则添加	5				
	⑥ 自动布线及修改	5				
学习态度	① 出勤情况	3				
	② 课堂纪律	4				
	③ 按时完成作业	3				

（二）小组学习活动评价表

（同项目一，略）

单片机显示电路 PCB 的设计

项目情景

通过前一个项目的学习，将自己制作的印制电路板进行了修改。但是，在与实际的电子产品电路板进行比较时，我们会发现在实际的电子产品电路板上有一些测试点、文字、安装孔等，如图 8-1 所示。还有一些其他的形状，它们有什么作用呀？如何设计呢？

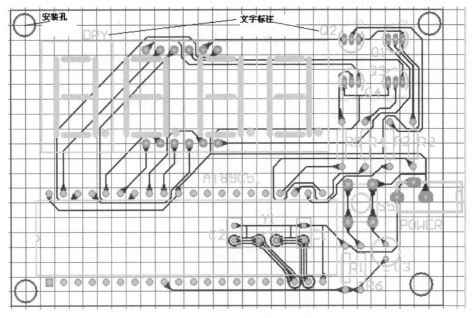

图 8-1　单片机显示电路 PCB

教学目标

	项目教学目标	学时	教 学 方 式
技能目标	① 555 振荡电路 PCB 编辑和修改 ② 显示电路 PCB 编辑和修改	4 课时	学生上机操作；教师指导、答疑
知识目标	① 了解载入网络表时常见错误的修改 ② 掌握手工布线 ③ 掌握电源端点添加的方法 ④ 掌握标注和说明性文字的添加方法 ⑤ 掌握安装孔和标注尺寸的添加方法 ⑥ 掌握补泪滴处理、包地的添加方法	2 课时	教师讲授 重点：PCB 手工修改导线方法、电源端点的添加方法、安装孔的添加方法、包地的添加方法
情感目标	本项目为"单片机显示电路 PCB 设计"单项练习，通过实例教学，激发学生对 Protel DXP 较高技能进一步学习的愿望，掌握电源端点、标注、说明性文字、安装孔、标注尺寸补泪滴处理和包地添加的方法；通过各种技能训练，使学生更加了解电子行业相关知识，熟练掌握 PCB 制作的技能和技巧。同时联系实际岗位，培养其职业技能、职业信息素养和团队精神。		模拟真实企业环境，进行小组内分工协作 上专业或专题网站查询，或采用 BBS、百度吧与专业人士交流沟通

任务分析

为了提高导线对电路板的黏附力，常进行补泪滴操作等；为了提高部分电路的抗干扰能力，要进行包地等。要设计达到要求的 PCB，经常需要根据实际情况编辑和修改自己设计的印制电路板。深刻理解电源端点、标注、说明性文字、安装孔、标注尺寸、补泪滴处理和包地添加的实际意义。下面我们就来进一步编辑和修改自己制作的印制电路板。

一、基本技能

任务 单片机显示电路 PCB 的绘制

图 8-1 是单片机显示电路的 PCB，如何来完成这个 PCB 的绘制，其步骤如下。

1．布局布线

在项目三中，我们绘制了单片机显示电路原理图。用 PCB 向导创建一个新的 PCB 文件（3000mil×2000mil），命名为单片机显示电路.PcbDoc，然后将单片机显示电路原理图更新到新建的单片机显示电路.PcbDoc。操作步骤见表 8-1。

表 8-1　布线布局操作步骤

步　骤	操 作 说 明	操 作 界 面
（1）	自动布局加手动调整后，布局如图 8-2 所示	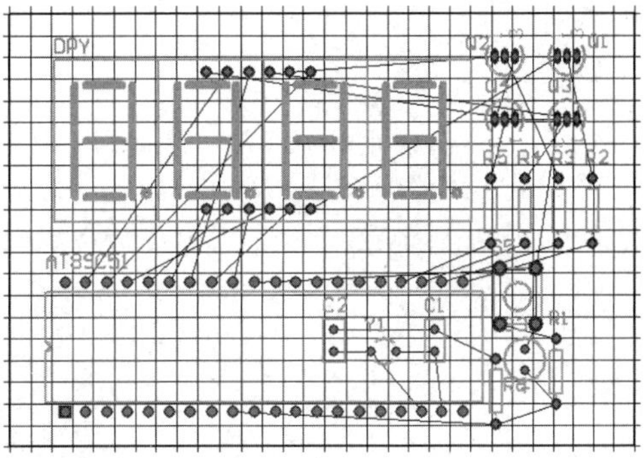 图 8-2　元件布局
（2）	设置布线规则，由于元件不多，采用单层布线，将允许布线层的顶层去掉，底层允许走线，如图 8-3 所示	 图 8-3　规则设置
（3）	自动布线加手动调整后如图 8-4 所示	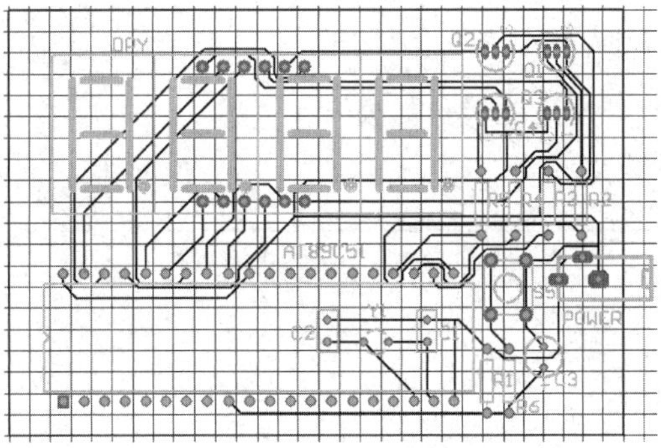 图 8-4　布线后效果

2. 标注和说明性文字的添加

标注和说明性文字的添加操作如表 8-2 所示。

表8-2 标注和说明性文字的添加

步　骤	操　作　说　明	操　作　界　面
	在电路板中，为了便于装配、焊接和调试，需要额外加入标注和说明性文字，一般添加在丝印层上。在顶层丝印层要添加文字标注"VCC"，如图8-5所示	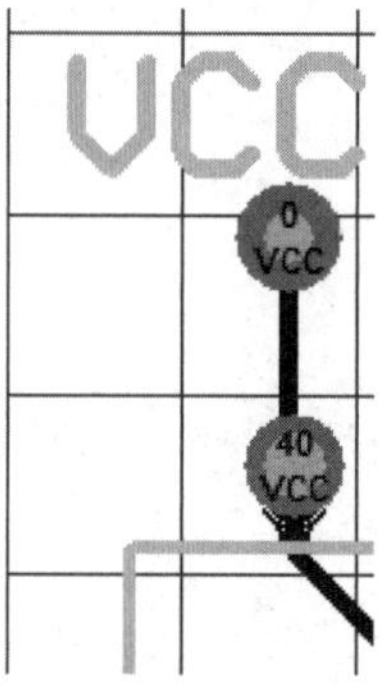 图8-5　字符串放置完成

3．安装孔和标注尺寸的添加

安装孔和标注尺寸的添加操作如表8-3所示。

表8-3　安装孔和标注尺寸的添加

步　骤	操　作　说　明	操　作　界　面
	为了便于装配、焊接电路板，需要添加安装孔和标注必要的尺寸，一般添加在【Mechanical 1】机械层，如图8-6所示	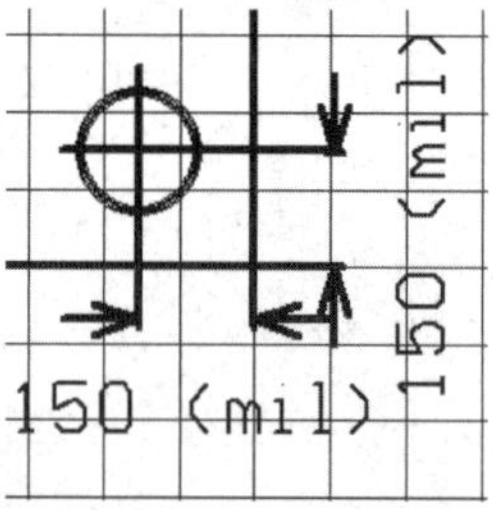 图8-6　安装孔和标注尺寸

4．补泪滴

补泪滴的操作如表8-4所示。

表8-4　补　泪　滴

步　骤	操　作　说　明	操　作　界　面
	为了提高PCB的导线对电路板的黏附力，常对电路板进行补泪滴等操作，效果如图8-7所示	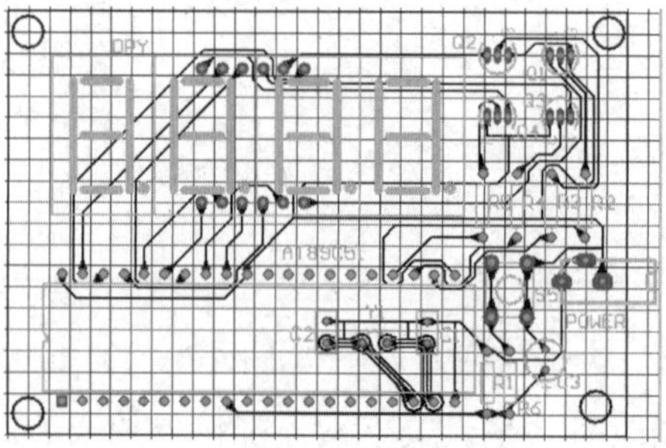 图8-7　补泪滴

经过以上处理，我们设计的 PCB 就比较美观和实用了。

二、基本知识

知识点一　载入网络表时常见错误的修改

1. 单片机显示电路 PCB 设计准备工作

1）绘制单片机显示电路原理图

本项目将制作单片机显示电路 PCB，首先创建 PCB 项目，并命名为"显示系统.PRJPCB"；然后创建原理图文件，并命名为"显示系统.SCHDOC"，绘制好的单片机显示电路原理图如图 8-8 所示。

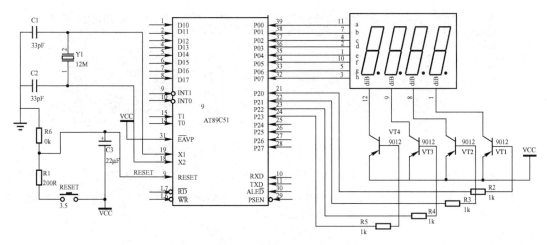

图 8-8　单片机显示电路原理图

2）确定和添加元件封装

单片机数码管显示电路中用到的元件及封装清单，如表 8-5 所示。

表 8-5　元件清单表格

元 件 序 号	库 参 考 名	封 装 名 称	封 装 库
R1～R6	RES2	AXIAL-0.4	Miscellaneous Devices.IntLib
C1、C2	Cap	RAD-0.1	
C3	Cap Pol1	RB5-10	
VT1～VT4	PNP	BCY-W3/B.7	
Y1	XTAL	BCY-W2/D.3.1	
S1			自制
4 位数码管			自制
U1	AT89C51	PDIP40	ST Microcontroller 8-Bit.IntLib

数码管和按键等一些元件因为尺寸不一，在 PCB 封装库中没有合适的元件封装可以选用，往往需要自己制作封装，元件封装的制作将在下一项目介绍。

3）建立 PCB 文件

在项目六和项目七中，我们学习了利用 PCB 向导生成电路板和手工规划电路板，在这里用任一种方法建立一个尺寸为 3000mil×2000mil 的 PCB 文件，并保存为"显示系统.PCBDOC"。

2. 载入元件和网络错误原因分析

做好准备后，接下来就是要载入元件和网络。在更新 PCB 载入引脚封装和网络时，经常会出现错误标志而导致元件封装无法载入，如图 8-9 所示。在单击【执行生效】按钮载入元件封装时，【状态】栏中的【检查】栏下显示红色错误标志，表示插座 U2 封装无法载入，在【消息】栏下显示错误原因。记下发生错误的元件标号及原因，回到原理图进一步分析错误原因和排除错误。

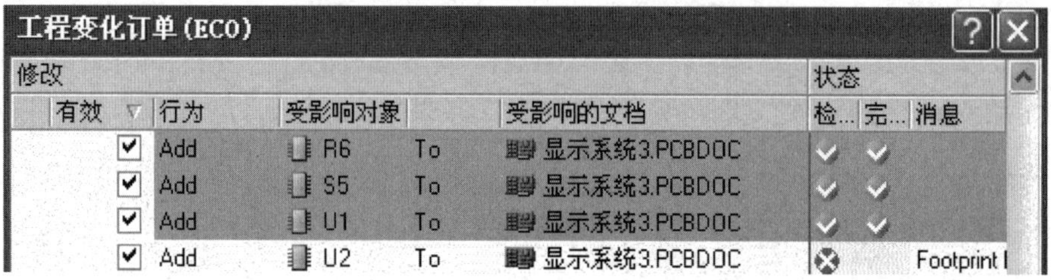

图 8-9　载入元件和网络错误

在 Protel DXP 中，由于采用集成元件库，在放置元件时，系统自动为每个元件指定一个默认的封装形式，如果不是需要的封装形式，就要更改其封装。本例发生的错误是由于没有给 U2 指定封装，回到原理图中更改其封装即可。

3. 手工放置封装

由于各种原因，有时个别封装元件可能无法通过更新载入 PCB 中，此时可以采用手工放置的方法直接放置到 PCB 中，以放置二端接口 JP1 为例，其放置步骤如表 8-6 所示。

表 8-6　放置元件步骤

步　　骤	操　作　说　明	操　作　界　面
（1）	在库文件面板中，选中要放置元件所在的库，选中该元件，单击【Place POWERJACK】按钮，如图 8-10 所示	 图 8-10　放置元件

步　骤	操　作　说　明	操　作　界　面
（2）	在弹出的放置元件对话框中选择【封装】，如图 8-11 所示	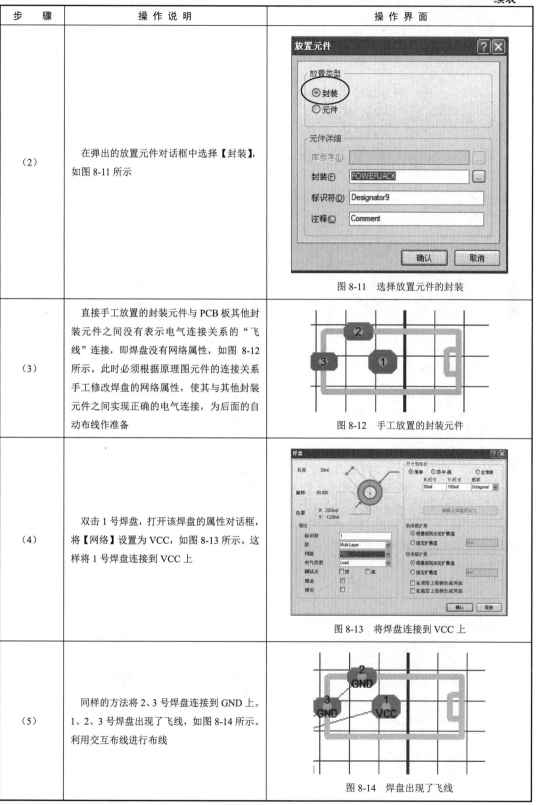 图 8-11　选择放置元件的封装
（3）	直接手工放置的封装元件与 PCB 板其他封装元件之间没有表示电气连接关系的"飞线"连接，即焊盘没有网络属性，如图 8-12 所示。此时必须根据原理图元件的连接关系手工修改焊盘的网络属性，使其与其他封装元件之间实现正确的电气连接，为后面的自动布线作准备	图 8-12　手工放置的封装元件
（4）	双击 1 号焊盘，打开该焊盘的属性对话框，将【网络】设置为 VCC，如图 8-13 所示。这样将 1 号焊盘连接到 VCC 上	图 8-13　将焊盘连接到 VCC 上
（5）	同样的方法将 2、3 号焊盘连接到 GND 上。1、2、3 号焊盘出现了飞线，如图 8-14 所示。利用交互布线进行布线	图 8-14　焊盘出现了飞线

知识点二　手工修改导线

自动布线虽然可以布通，但存在很多不符合规则和不美观之处，如图 8-15 所示，部分连线的布线拐角太小。这时就要手工对其进行修改，以达到电气要求、美观和设计需要，手工布线步骤如表 8-7 所示。

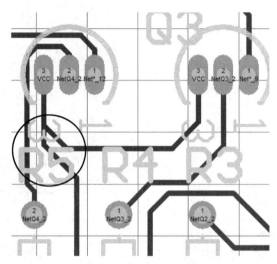

图 8-15　布线不符合规则

表 8-7　手工布线步骤

步　骤	操 作 说 明	操 作 界 面
（1）	执行【编辑】→【删除】命令，出现"十"字光标，将其对准要删除的导线，单击鼠标即可删除该导线，如图 8-16 所示。同样的方法删除其他导线	图 8-16　删除导线
（2）	删除命令一次只能删除一段导线，如果想整条导线撤销或将 PCB 所有导线撤销，必须执行【工具】→【取消布线】命令，各子菜单含义：【全部对象】撤销所有导线；【网络】以网络为单位撤销布线；【连接】撤销两个焊盘点之间的连接导线；【元件】撤销与该元件连接的所有导线，如图 8-17 所示	工具 [T]　自动布线 [A] 设计规则检查 [D]... 重置错误标记 [M] 覆铜平面 [G] 放置元件 [L] 取消布线 [U]　　全部对象 [A] 密度分析 [Y]　　网络 [N] 重新注释 [N]...　连接 [C] 信号完整性 [G]...　元件 [O] FPGA信号管理器 [F]...　Room空间 [R] 图 8-17　取消布线

步　骤	操 作 说 明	操 作 界 面
（3）	不同层面绘制的导线具有不同的电气特性。如果设计单面板，导线位于【Bottom Layer】底层信号层，所以利用鼠标选择当前工作层面为该层，如图 8-18 所示	 Top Layer / Bottom Layer / Mechanical 1 图 8-18　选择底层
（4）	选择【放置】→【交互式布线】命令，或放置工具栏中的交互式布线工具，如图 8-19、图 8-20 所示	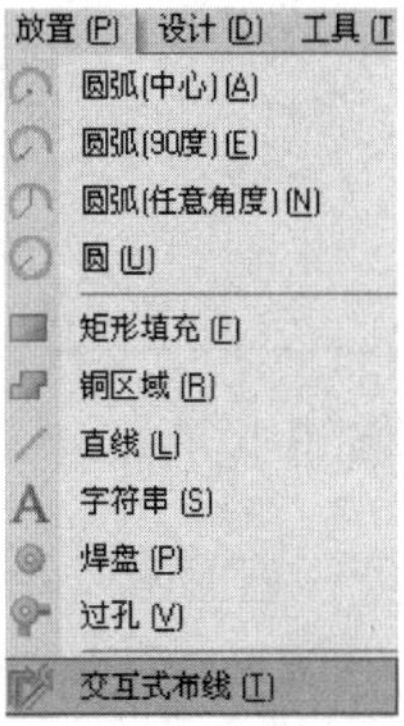  放置 [P]　设计 [D]　工具 [T] 圆弧(中心) [A] 圆弧(90度) [E] 圆弧(任意角度) [N] 圆 [U] 矩形填充 [F] 铜区域 [R] 直线 [L] A　字符串 [S] 焊盘 [P] 过孔 [V] 交互式布线 [T] 　　　　　交互式布线 图 8-19　交互式布线菜单　　图 8-20　交互式布线工具单
（5）	将"十"字光标对准要连接导线的焊盘点中心，当完全对准时，光标中心出现八边形圆圈，表明可以连线，此时单击鼠标左键作为导线起点，如图 8-21 所示	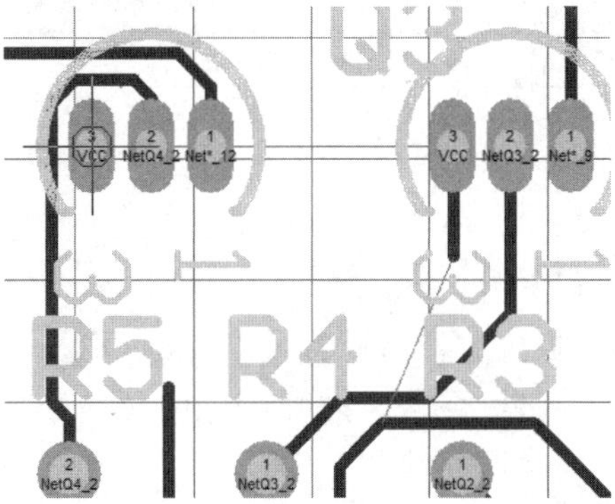 图 8-21　连线起点
（6）	按下鼠标左键不放，移动鼠标，可带出绘制的导线，如图 8-22 所示，在终点松开鼠标即可绘制导线	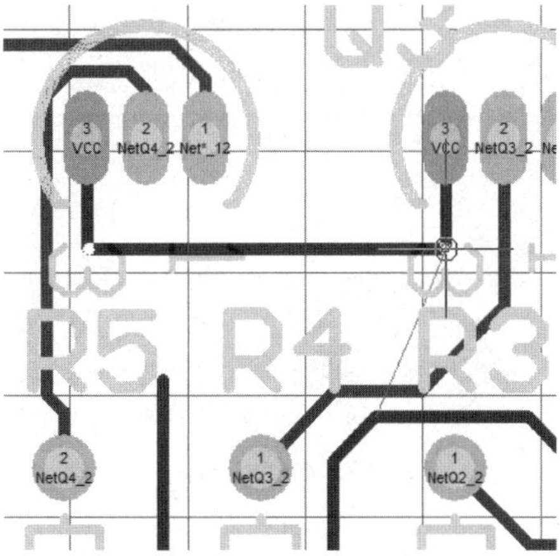 图 8-22　绘制导线

续表

步　骤	操 作 说 明	操 作 界 面
（7）	绘制的导线，还可以修改其属性，双击想要修改的导线，弹出【导线属性设置】对话框，如图 8-23 所示。可以修改开始、结束坐标、导线宽度及其属性等	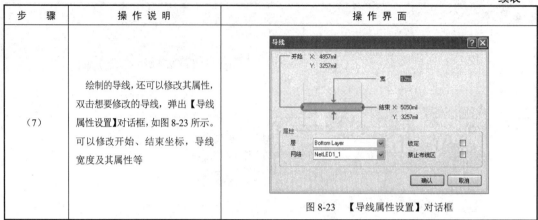 图 8-23　【导线属性设置】对话框

知识点三　电源焊盘的添加

在 PCB 板中，有时为了便于电器的金属外壳接地，或给电路板提供电源、加入测试信号或输入信号等，需要在电路板中放置额外的焊盘。为 PCB 放置电源焊盘的操作步骤如表 8-8 所示。

表 8-8　放置电源焊盘的步骤

步　骤	操 作 说 明	操 作 界 面
（1）	选择放置工具栏中的放置焊盘工具，在准备放置焊接电源线的位置放置焊盘，如图 8-24 所示	图 8-24　放置焊盘
（2）	双击新放置的焊盘 0，弹出【焊盘属性】对话框，如图 8-25 所示，在焊盘网络属性【网络】选项中，选择准备接入的网络名称 VCC，并修改焊盘的尺寸参数，由于接地线一般较粗，所以焊盘的尺寸设置较大	图 8-25　【焊盘属性】对话框

步　　骤	操　作　说　明	操　作　界　面
（3）	设置完成后，单击【确定】按钮，新焊盘与要连接的网络就实现了飞线连接，如图 8-26 所示	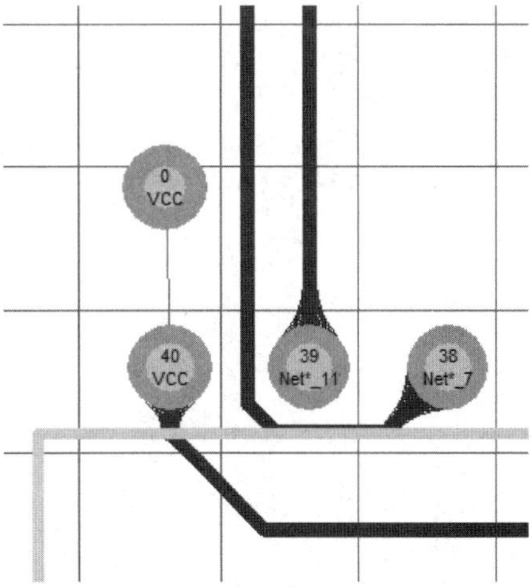 图 8-26　焊盘连接到 GND 网络
（4）	使用交互式布线工具，手工绘制连接导线，绘制结果如图 8-27 所示	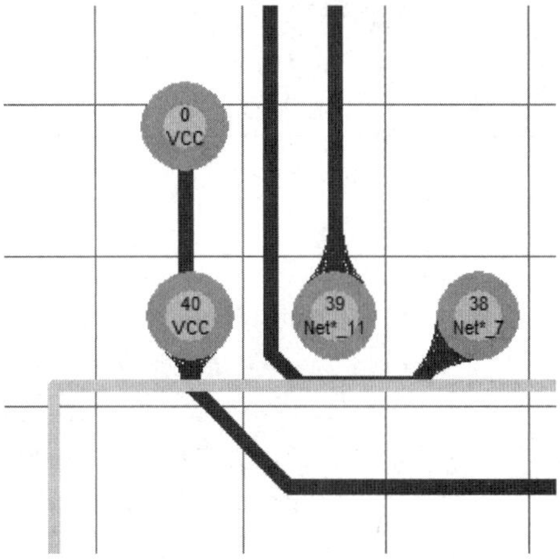 图 8-27　绘制结果

知识点四　标注和说明性文字的添加

在电路板中，为了便于装配、焊接和调试，一般需要额外加入标注和说明性文字。如电路板上的测试点、信号连接端、电源端、电路板与电路板之间的接插线和插座连接关系，跳接线连接的含义，显示版权的单位名称信息等。下面在新添加的焊盘旁添加文字标注"VCC"，其步骤如表 8-9 所示。

表 8-9　放置标注的步骤

步　　骤	操　作　说　明	操　作　界　面
（1）	标注和说明性文字一般添加在丝印层上。在顶层丝印层要添加文字标注"GND"，所以选择【Top Over Layer】顶层丝印层，如图 8-28 所示	 Mechanica. 1 Top Overlay Top Solder 图 8-28　选择顶层丝印层

续表

步　　骤	操 作 说 明	操 作 界 面
（2）	选择【放置】→【字符串】命令，或工具栏  **A**，如图 8-29 所示	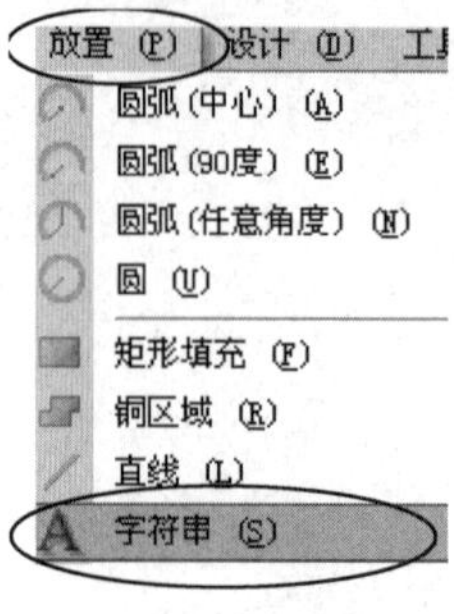 图 8-29　放置字符串菜单
（3）	这时鼠标为"十"字光标，同时显示"String"字符串，如图 8-30 所示	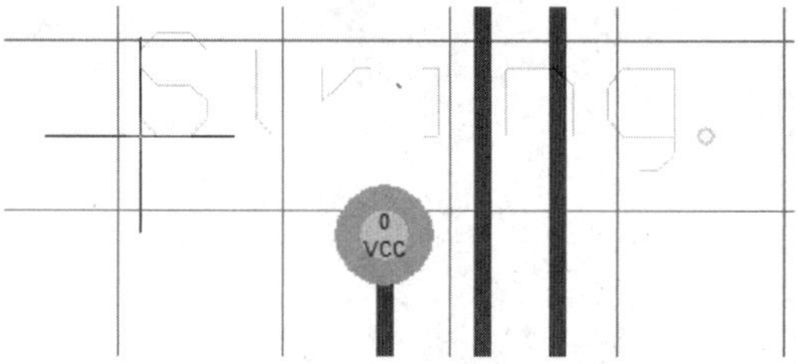 图 8-30　显示字符串
（4）	移动光标到放置位置，单击鼠标左键放置字符串。双击该字符串，弹出【字符串设置】对话框，如图 8-31 所示。可以设置字符串的宽高、旋转、位置及属性等。选择属性栏，将其改为"VCC"，单击【确定】按钮	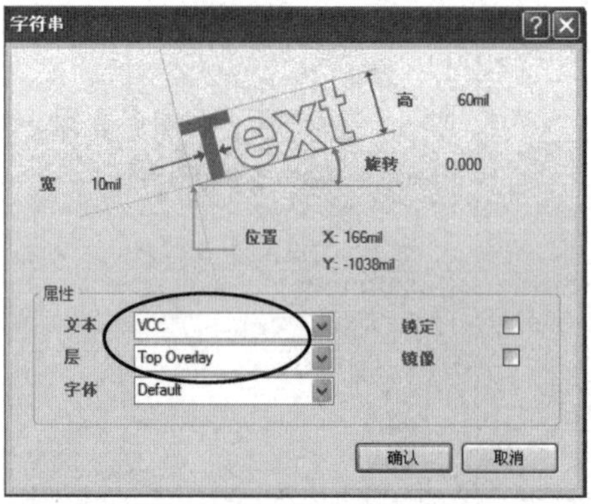 图 8-31　【字符串设置】对话框
（5）	放置完成后，结果如图 8-32 所示	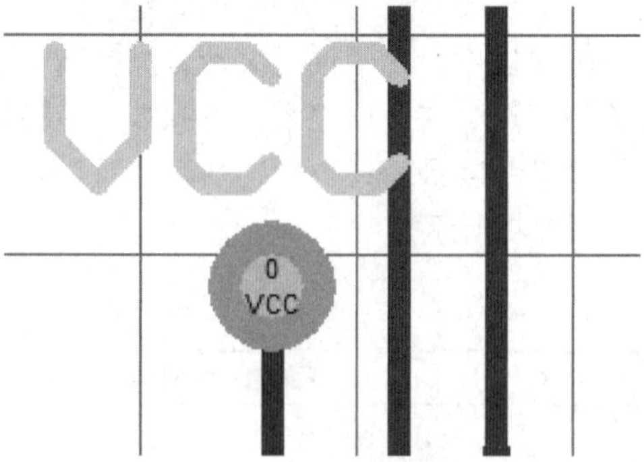 图 8-32　字符串放置完成

知识点五　安装孔和标注尺寸的添加

为了便于装配、焊接、调试电路板，一般需要添加安装孔和标注必要的尺寸。放置安装孔和标注尺寸的步骤如表 8-10 如示。

表 8-10　放置安装孔和标注尺寸的步骤

步　骤	操 作 说 明	操 作 界 面
（1）	电路板安装孔、尺寸标注等有关机械安装、电路板制作尺寸方面的标注和图件，一般添加在【Mechanical 1】机械层。选择机械层，如图 8-33 所示	 图 8-33　选择机械层
（2）	选择【放置】→【直线】命令，或实用工具栏 图标，如图 8-34 所示	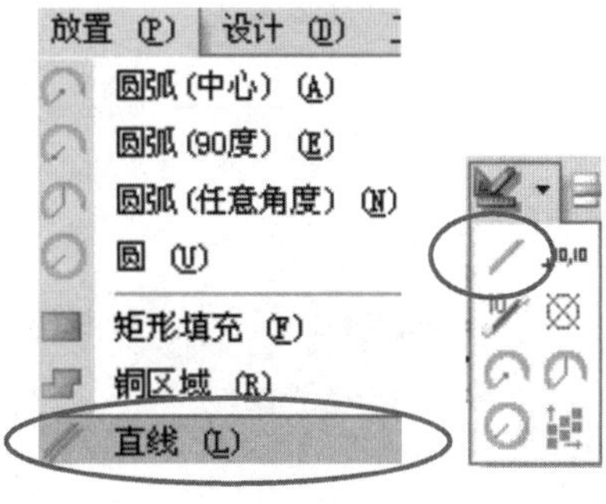 图 8-34　放置直线菜单和工具
（3）	光标变为"十"字形，确定起点，移动鼠标，在终点处单击，即可绘制一条直线。用同样的方法绘制另一条直线，两条直线的交点用于定位安装孔的中心，如图 8-35 所示	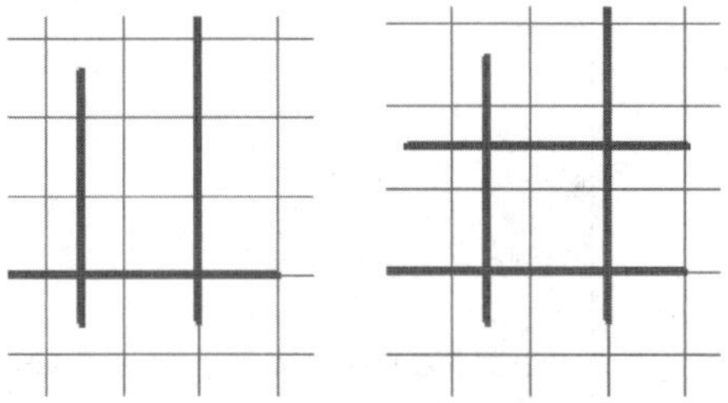 图 8-35　绘制直线
（4）	选择【放置】→【圆】命令，或工具栏 图标，如图 8-36 所示	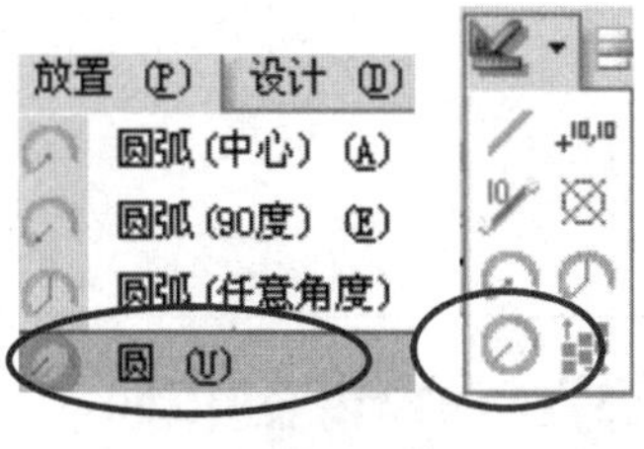 图 8-36　放置圆菜单和工具
（5）	光标变为"十"字形，确定圆心，在圆心位置按下鼠标左键，移动鼠标带出一个圆，在圆半径大小合适时松开鼠标左键，以确定圆环的半径大小，如图 8-37 所示	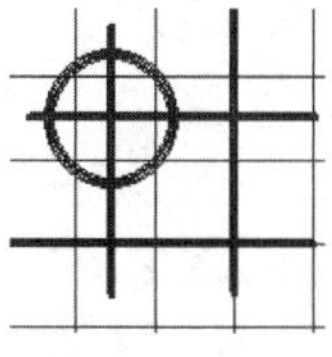 图 8-37　绘制圆

续表

步　骤	操 作 说 明	操 作 界 面
（6）	由于在手工绘制过程中，难以做到安装孔尺寸的精确控制，还必须进行属性修改。双击刚绘制好的圆形，弹出如图 8-38 所示的【圆弧属性】对话框，根据安装螺钉大小进一步修改圆弧【半径】为 2mm，圆弧圆心精确坐标等	图 8-38　【圆弧属性】对话框
（7）	选择【放置】→【尺寸】命令，或工具栏 图标，如图 8-39 所示	图 8-39　放置尺寸菜单和工具
（8）	在圆中心辅助定位线和 PCB 边框添加标注尺寸，如图 8-40 所示	图 8-40　安装孔和标注尺寸添加完成

知识点六　补泪滴和包地

1. 补泪滴处理

在 PCB 板设计中，为了让焊盘更坚固，防止印制板焊盘与导线之间断开，常在焊盘与导线之间用铜膜形成一个过渡区，形状像泪滴，故常称为补泪滴。这样做可以提高焊接元件的可靠性，所以有必要对 PCB 实行补泪滴处理。补泪滴处理可以选择【工具】→【泪滴焊盘】命令，弹出如图 8-41 所示【泪滴选项】对话框。选择需要补泪滴处理的对象，通常全部焊盘和全部过孔均有必要进行补泪滴处理；选择追加和泪滴方式中的圆弧；单击【确定】按钮即可，进行补泪滴处理后的效果如图 8-42 所示。

图 8-41　【泪滴选项】对话框

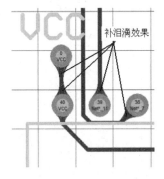

图 8-42　补泪滴处理后的效果

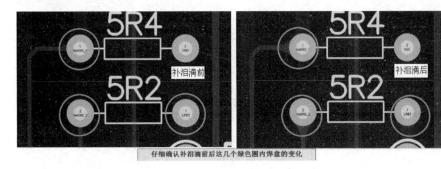

2．包地

在讲解包地概念前，先要理解电路板中包络线的含义。所谓"包络线"就是指用来包围某些小信号导线的外围导线。默认的包络线没有网络名称，不属于电路板中的任何网络，也起不到屏蔽作用，但如果将包络线与地线网络连接起来，然后连接到地线上，将大大加强包络线所包围导线的抗干扰能力。由于包络线连接到地线网络中，所以称为"包地"。包地一般用于需要提高抗干扰能力的小信号导线中，如放大器的输入导线，或有干扰源的电路。下面在晶体振荡电路中加入包地，其操作步骤如表 8-11 所示。

表 8-11　包地步骤

步　　骤	操　作　说　明	操　作　界　面
（1）	选择【编辑】→【选择】→【网络中对象】命令，如图 8-43 所示	图 8-43　选择命令

步　骤	操 作 说 明	操 作 界 面
（2）	光标变为"十"字形状，对准选择的导线，单击鼠标左键，便可选择要添加包地的网络，如图 8-44 所示。选择完后，单击鼠标右键	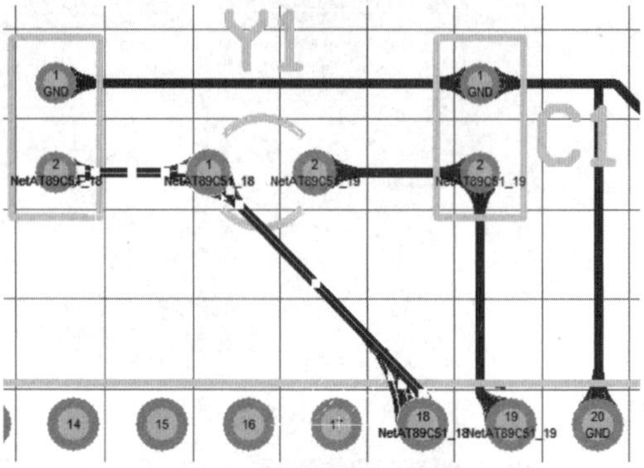 图 8-44　选择要包地的网络
（3）	选择【工具】→【生成选定对象的包络线】命令，如图 8-45 所示	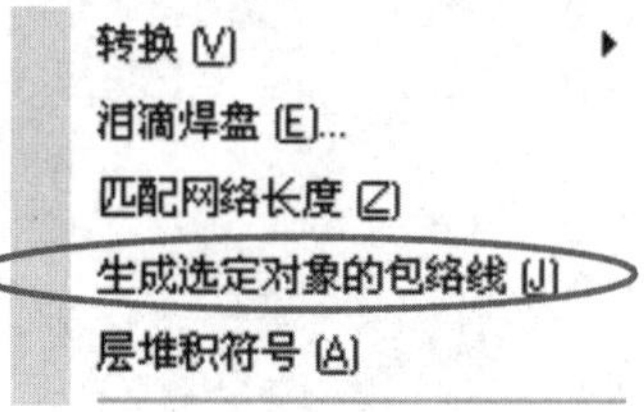 图 8-45　生成包络线命令
（4）	选中的导线网络便被外围导线包围，如图 8-46 所示	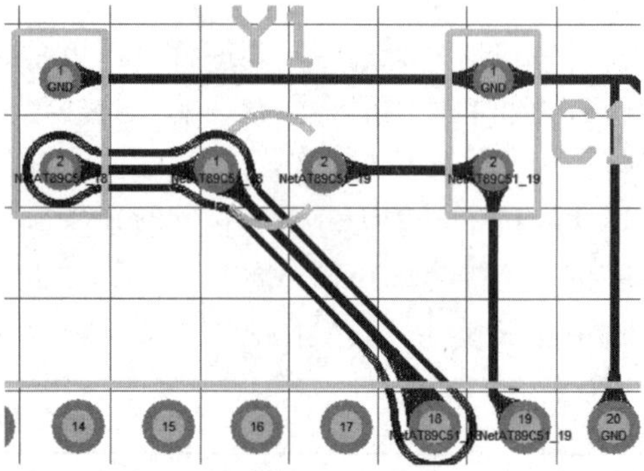 图 8-46　生成包络线效果
（5）	包络线不属于电路板中的任何网络，为了将其接地，要将其连接到 GND 网络中。鼠标双击包络线，弹出导线属性设置对话框，如图 8-47 所示。将其属性中的【层】设为 Bottom Layer（底层）；【网络】设为 GND	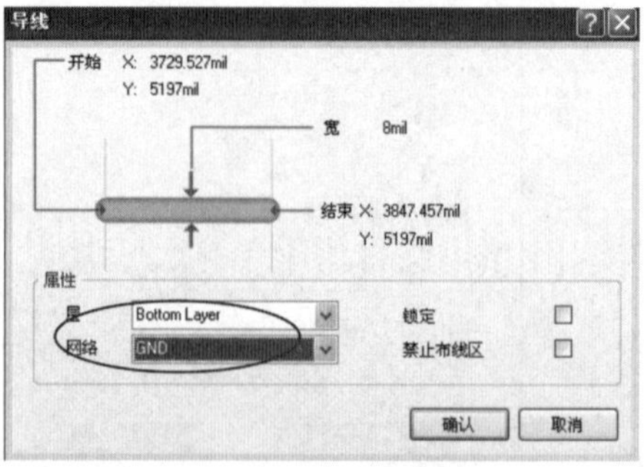 图 8-47　连接到 GND 网络

续表

步　骤	操 作 说 明	操 作 界 面
（6）	这时在包络线和地线网络中就多了一条飞线，如图 8-48 所示	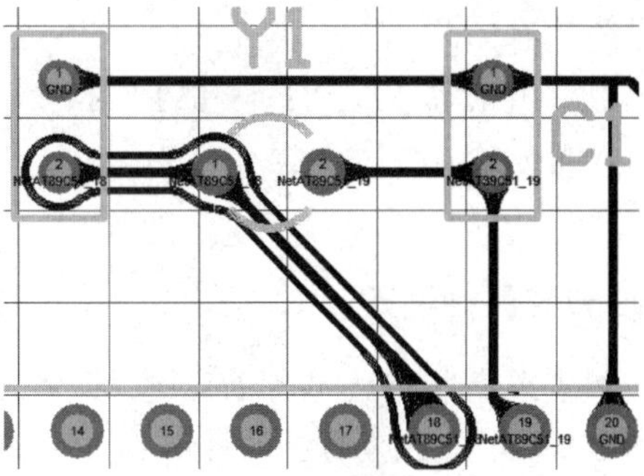 图 8-48　飞线
（7）	利用【交互式布线】工具将其连接到地线网络中，结果如图 8-49 所示	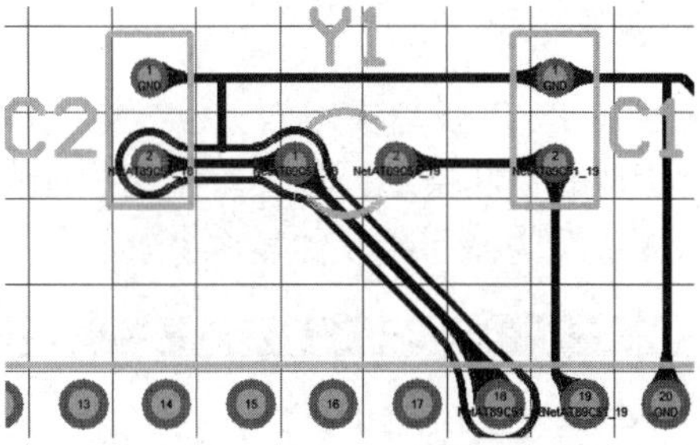 图 8-49　绘制导线
（8）	利用同样的方法将晶体振荡器的另一引脚加上包络线，并连接到地线网络中，结果如图 8-50 所示	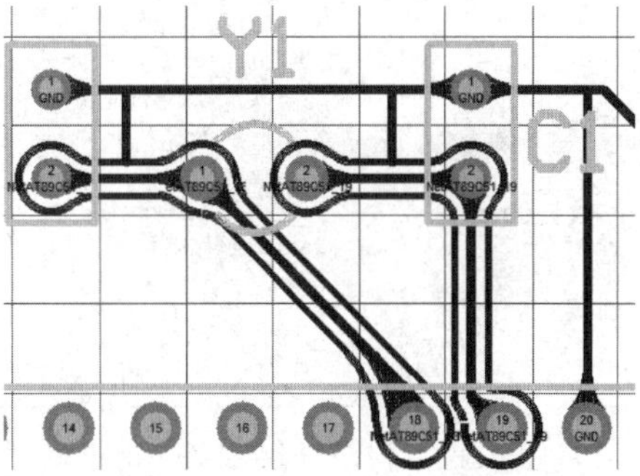 图 8-50　晶体振荡器加上包络线效果

知识点七　添加焊盘、过孔和覆铜

1. 放置焊盘

可以单击菜单【放置】→【焊盘】，或者单击绘图工具栏上的 图标按钮，启动放置焊盘命令后，光标变为十字形状，同时一个焊盘图标悬浮在光标上，拖动光标到适当位置，单击完成放置焊盘。

2. 焊盘属性设置

在放置焊盘状态，按 Tab 键，或者放置好焊盘后双击，打开【焊盘属性】设置对话框，如图 8-51 所示。在【焊盘属性】设置对话框中，注意设置焊盘所在的板层、形状和尺寸大小。

3. 放置过孔

当导线从一个布线层穿透到另一个布线层时，就需要放置过孔（Via），过孔用于不同板层之间导线的连接。

可以单击菜单【放置】→【过孔】，或者单击绘图工具栏上的 ⚲ 图标按钮，启动放置过孔命令后，光标变为十字形状，同时一个过孔图标悬浮在光标上，拖动光标到适当位置，单击完成放置过孔。

4. 过孔属性设置

在放置过孔状态，单击 Tab 键，或者放置好过孔后双击，打开【过孔属性】设置对话框，如图 8-52 所示。在【过孔属性】设置对话框中，注意设置过孔的开始层和结束层、形状和尺寸大小。

5. 添加覆铜

通常的 PCB 设计中，为了提高电路板的抗干扰能力，将电路板上的空白区域铺满铜膜。一般将所铺的铜膜接地，以便于电路板能更好地抵抗外部信号的干扰。

添加覆铜的操作步骤如表 9-3 所示。

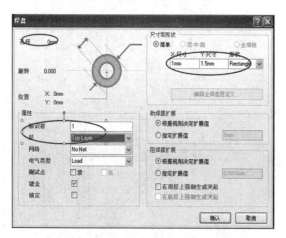

图 8-51 【焊盘属性】设置对话框

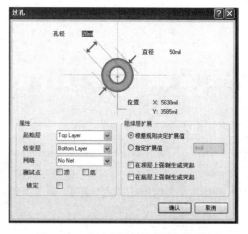

图 8-52 【过孔属性】设置对话框

 **学习评价**

一、练习题

1. 如何手工修改导线？
2. 如何添加测试点？
3. 为什么要进行包地和覆铜？
4. 如何将手工放置的元件连接到网络中？
5. 如何添加安装孔？

二、技能训练

任务一 555 振荡电路 PCB 编辑和修改。

按图 8-53 所示振荡电路设计单面板，并为其添加 VCC、GND、OUT 三个端点和标注，为 PCB 添加安装孔和标注尺寸，对 VCC 和 GND 网络进行覆铜，对所有焊盘进行补泪滴处理。

任务二 显示电路 PCB 编辑和修改。

按图 8-54 所示显示电路设计单面板，并为其添加 VCC 和 GND 两个端点和标注，为 PCB 板添加安装孔和标注尺寸，对 VCC 和 GND 网络进行覆铜，对晶体振荡器进行包地，对所有焊盘进行补泪滴处理。

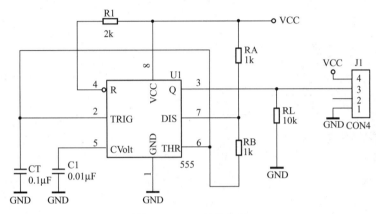

图 8-53　555 振荡电路

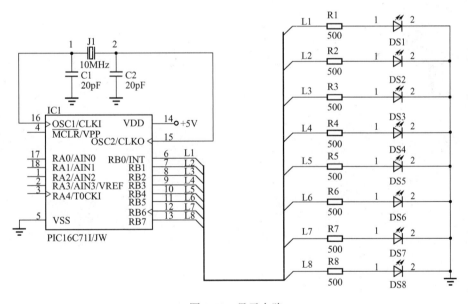

图 8-54　显示电路

三、项目评价评分表

（一）个人知识技能评价表

班级：_____ 姓名：_____ 成绩：_____

评 价 方 面	项目评价内容	分　值	自 我 评 价	小 组 评 价	教 师 评 价	得　分
理论知识	① 载入网络表时常见错误的修改	10				
	② 标注和说明性文字的添加方法	10				
	③ 安装孔和标注尺寸的添加方法	10				
	④ 补泪滴、包地的添加方法	10				
实操技能	① 手工布局、布线	10				
	② 手工修改导线	10				
	③ 添加端点和标注	10				
	④ 添加安装孔和标注尺寸	10				
	⑤ 包地	5				
	⑥ 补泪滴处理	5				
学习态度	① 出勤情况	3				
	② 课堂纪律	4				
	③ 按时完成作业	3				

（二）小组学习活动评价表

（同项目一，略）

单片机系统 PCB 的设计

项目情景

通过前段时间的练习，我们已对 PCB 板的设计非常熟悉了，不论自动布线还是手工布线，设计的图纸都非常漂亮。不过这次，我们又碰到了一个棘手的问题，当绘制一张单片机系统电路图纸，在原理图更新到 PCB 图时老报错，经仔细查找，发现元件封装库中根本就没有一个元件的封装，这可怎么办呢？仔细思考，既然原理图中没有的元件可以自己制作，那元件库中没有的封装也应该可以自己制作吧。学习本项目的内容就是为了能制作各种元件封装。

教学目标

项目教学目标		学时	教学方式
技能目标	① 掌握创建 PCB 元件封装库的方法	6 课时	教师演示，学生上机操作；教师指导、答疑
	② 熟练掌握利用向导创建 PCB 元件引脚封装的方法和步骤		
	③ 掌握手工制作元件封装的方法和步骤		
	④ 掌握复制、编辑 PCB 元件引脚封装的方法和步骤		
	*⑤ 了解贴片元件封装的制作方法		
知识目标	① 了解自制封装的原因、方法及注意事项	2 课时	教师讲授重点和难点，学生自主探究
	② 正确查阅元件封装参数资料		
	③ 了解 PCB 库文件编辑器		
	④ 理解手工制作元件封装操作环境的设置的意义		
	⑤ 理解 DRC 检查和错误排除的意义		

续表

	项目教学目标	学时	教学方式
情感目标	本项目为"单片机系统 PCB 的设计"单项练习，通过实例教学，激发学生对 Protel DXP 较高技能进一步学习的愿望，加深对封装概念的理解；通过各种电子元器件自制封装技能训练，使学生更加了解电子行业相关知识，熟练掌握制作封装的技能和技巧。同时联系实际岗位，培养其职业技能、职业信息素养和团队精神		模拟真实企业环境，进行小组内分工协作，上专业或专题网站查询，或采用 BBS、百度吧与专业人士交流沟通

任务分析

（1）制作元件封装之前，先了解元件封装的外形尺寸、焊盘类型、引脚排列、安装方式等信息。这些信息可以通过查阅资料，实际测量等途径获得。

（2）制作元件封装之前，应先创建元件封装库。对于元件封装的制作是在 PCB 库文件编辑器中进行的，通常有三种方法来创建元件封装：手动创建方法、向导创建方法，以及在 Protel DXP 的库文件夹（Library）中，将自带的元件封装库打开，调用里面的元件封装进行修改。

（3）用手动制作元件封装时要掌握一些重要的环节，比如设置参考点等，否则就会出现错误。

（4）对于封装元件的管理可以通过 PCB 库面板和菜单来进行，学习对元件封装的管理是很有必要的。

一、基本技能

任务一 单片机系统 PCB 的设计

图 9-1 所示是单片机系统的 PCB，要完成这个 PCB 的绘制，其步骤如下。

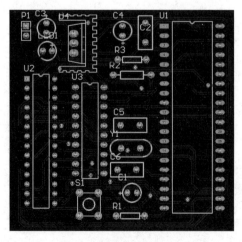

图 9-1 单片机系统 PCB

1．布局布线

在项目四绘制的单片机系统原理图中，利用 PCB 向导创建一个新的 PCB 文件，命名为单片机系统 PCBDOC，然后将单片机系统 SCH 原理图更新到新建的单片机系统 PCBDOC。布局布线的步骤如表 9-1 所示。

表 9-1　布局布线步骤

步　骤	操 作 过 程	操 作 界 面 图
（1）	自动布局加手工调整布局后，如图 9-2 所示	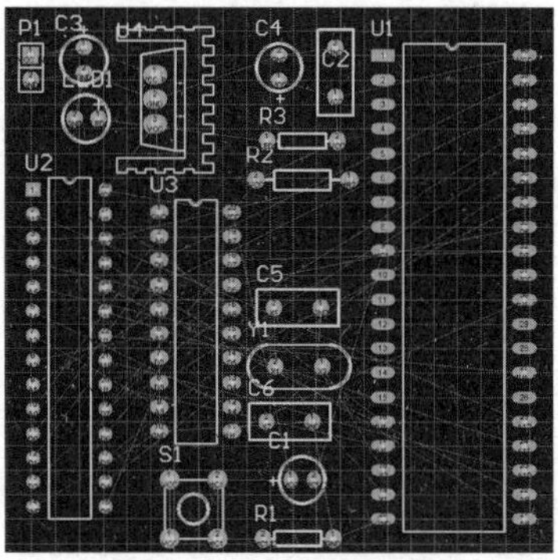 图 9-2　元件布局
（2）	设置布线规则。由于元件较多，采用双层布线，顶层走线默认为红色，底层走线默认为蓝色，如图 9-3 所示	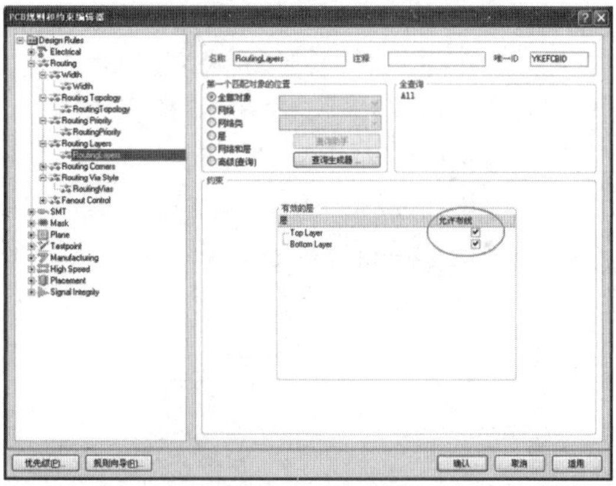 图 9-3　规则设置
（3）	自动布线加手工调整后，如图 9-4 所示	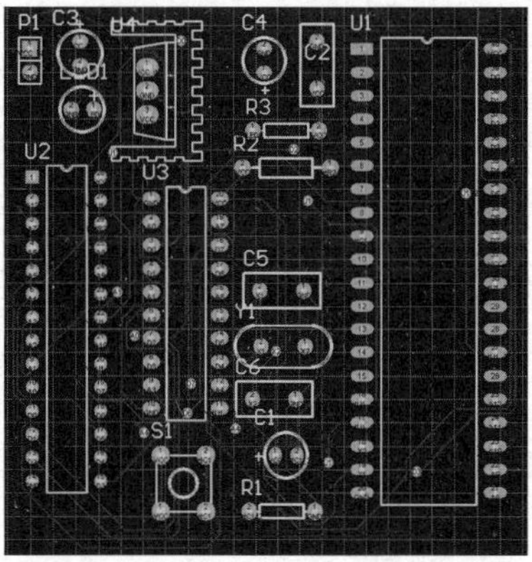 图 9-4　布线后效果

2. 焊盘补泪滴

补泪滴的操作步骤如表 9-2 所示。

表 9-2　补泪滴的操作步骤

步　骤	操 作 过 程	操 作 界 面
（1）	打开 PCB 布线编辑界面，如图 9-5 所示	图 9-5　PCB 布线编辑界面
（2）	单击菜单【工具】→【泪滴焊盘】，弹出如图 9-6 所示的【泪滴选项】对话框 注意：行为栏中的【追加】选项表示泪滴的添加操作；【删除】选项表示泪滴的删除操作	图 9-6　【泪滴选项】对话框
（3）	采用默认设置，单击【确认】按钮即可进行补泪滴操作。使用圆弧形补泪滴后的结果如图 9-7 所示	图 9-7　补泪滴后效果图

3. 覆铜

覆铜的操作步骤如表 9-3 所示。

表 9-3　覆铜的操作步骤

步　骤	操 作 过 程	操 作 界 面
（1）	单击菜单【放置】→【覆铜】，或者单击绘图工具栏上的 █ 图标按钮。启动添加覆铜命令后，弹出如图 9-8 所示的【覆铜】设置对话框，可以设置填充模式、填充所在的层、填充连接到的网络，这里在连接到网络下拉菜单中选择"GND"，其他采用默认设置	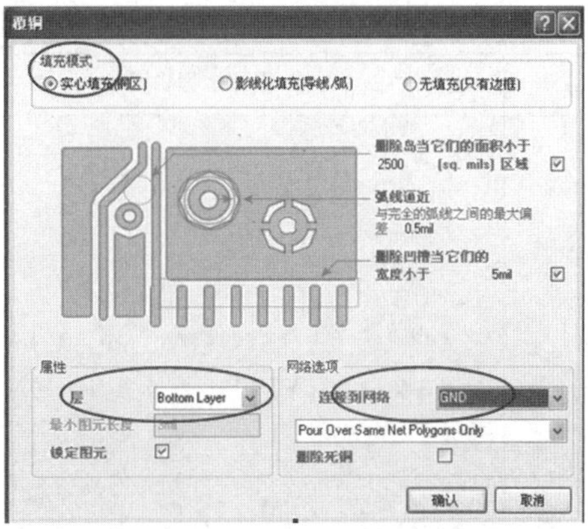 图 9-8　【覆铜】设置对话框
（2）	单击【确认】按钮，光标变为十字形状，单击拖动选择需要覆铜的区域，如图 9-9 所示	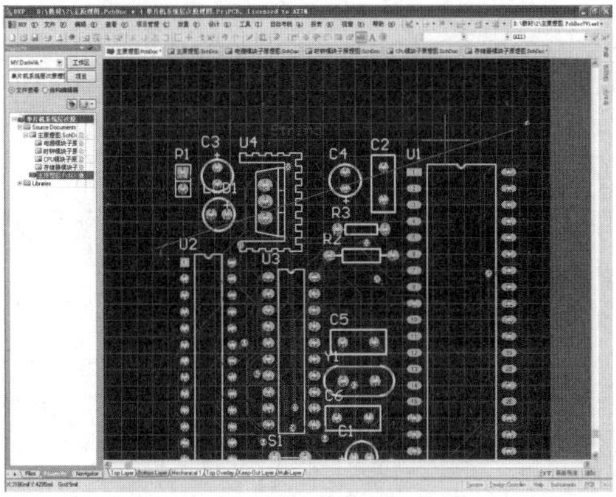 图 9-9　选择覆铜区域
（3）	选择好覆铜区域后，单击右键，系统自动为选择的区域添加覆铜，覆铜后效果如图 9-10 所示 **注意**：双面板需要双面覆铜，操作步骤一样，只是在覆铜设置对话框的层下拉菜单中选择 Toplayer 即可	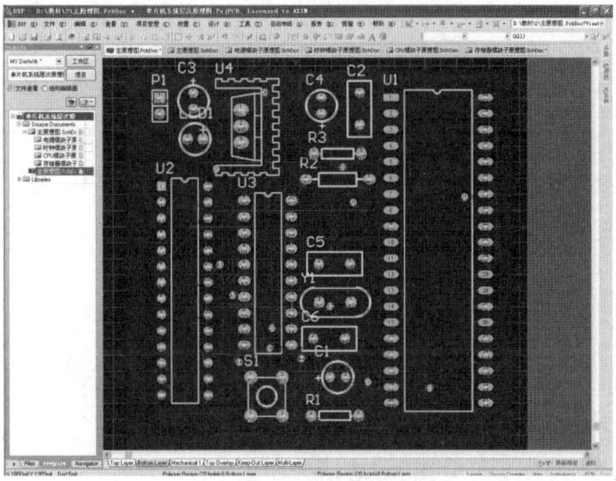 图 9-10　覆铜后效果图
（4）	取消覆铜。单击选中覆铜区域，按 Delete 键，即可删除覆铜	

4．DRC 检查

DRC 检查的操作步骤如表 9-4 所示。

表 9-4　DRC 检查的操作步骤

步　骤	操 作 过 程	操 作 界 面
（1）	单击菜单【工具】→【设计规则检查】，启动 DRC 检查，将弹出如图 9-11 所示的对话框	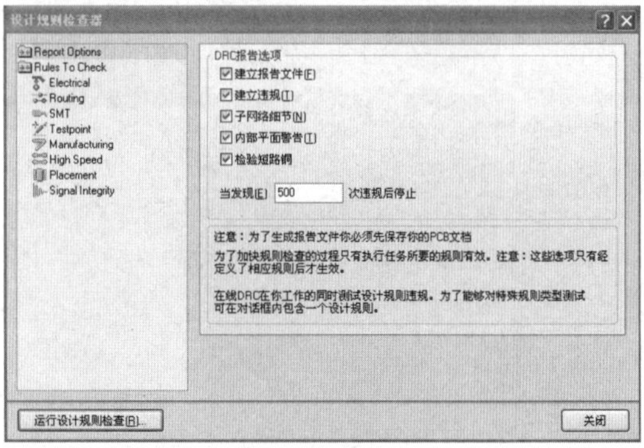 图 9-11　设计规划检查器对话框
（2）	查看 Report Options 节点，该项设置生成的 DRC 报表将包括哪些选项。一般默认选择	
（3）	查看 Rules To Check 节点，该项列出了 8 项设计规则，这些设计规则都是在 PCB 设计规则和约束对话框里定义的设计规则。单击左边的各个选择项，详细的内容将在右边的窗口里显示出来，如图 9-12 所示	 图 9-12　设计规划检查器对话框
（4）	单击【运行设计规则检查】按钮，进入规则检查。DRC 设计规则检查完成后，系统将生成设计规则检查报表，文件后缀名为".DRC"，如图 9-13 所示	 图 9-13　设计规则检查报告

任务二　创建 PCB 元件封装库

通常创建一个新的元件库作为自己制作封装的专用库，把平时自己创建的新元件放置到这个专用库中。操作步骤如下。

1. 新创建 PCB 元件封装库

创建元件封装库方法一：在项目管理面板中，右键单击"直流稳压电源.PRJPCB"，在弹出的菜单中选择【追加新文件到项目中】（Add New To Project）→【PCB Library】（PCB 库）命令，如图 9-14 所示。

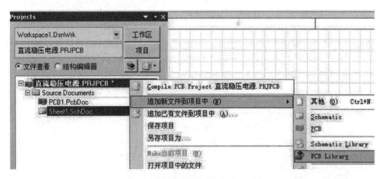

图 9-14　创建元件封装库方法一

创建元件封装库方法二：或者项目如在"直流稳压电源.PRJPCB"下，执行【文件】（File）→【创建】（New）→【库】（Library）→【PCB 库】（PCB Library）命令，如图 9-15 所示。

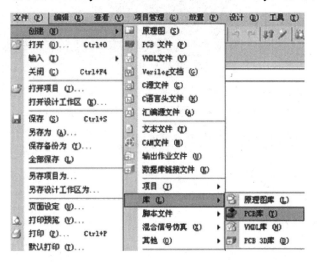

图 9-15　创建元件封装库方法二

完成上述操作后，可以看到在项目管理文件夹自动生成一个新建的空白的 PCB 库文件"PcbLib1.PcbLib"，同时可以看到工作区多了一个标签【PCB Library】，如图 9-16 所示。

2. 为新创建的元件封装库起名

执行【文件】→【另存为】命令，将元件封装库保存起来。这里将元件封装库起名为"直流稳压电源封装库"，同时进入 PCB 库文件编辑器，在这里可以进行 PCB 库元件编辑，如图 9-17 所示。

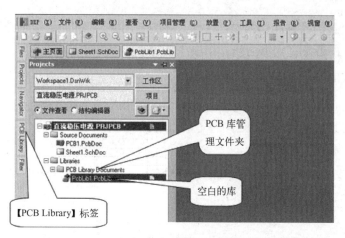

图 9-16　新建的元件库

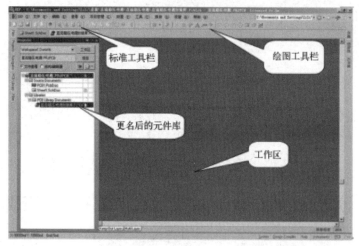

图 9-17　更名后的元件库及库文件编辑器界面

任务三　利用向导创建 PCB 元件引脚封装

利用 Protel DXP 提供的元件封装向导使创建新的元件引脚封装变得非常容易，下面以创建一个 LPC2132 元件引脚封装为例，说明利用向导创建新元件的具体过程。

1. 确定元件封装参数

通过网络或其他途径查阅 LPC2132 的资料，了解所创建的新元件封装的所有参数，如图 9-18 所示。

注意： 确定元件的封装参数很重要，如果参数不正确，会造成印制出来的电路板无法使用。

2. 利用向导创建 PCB 元件引脚封装

使用元件封装向导创建 PCB 元件引脚封装。Protel DXP 提供了 PCB 元件引脚封装向导，图形化的操作使得元件封装的创建变得非常便捷。它提供了很多工业标准的封装规格，也可以用户自定义设置。这种方法适合于创建各种标准的元件引脚封装，其操作步骤如表 9-5 所示。

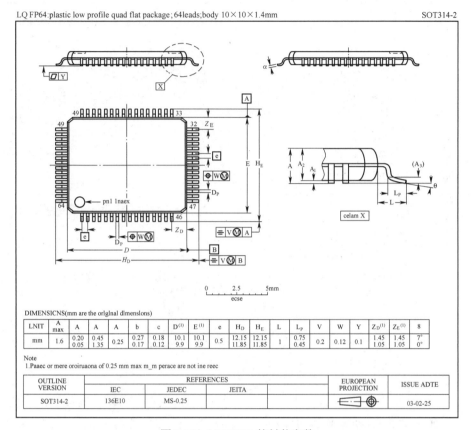

图 9-18　LPC2132 的封装参数

表 9-5　利用向导创建 PCB 元件引脚封装步骤

步　　骤	操 作 过 程	操 作 界 面
（1）	进入元件封装编辑器编辑界面	
（2）	单击菜单【工具】→【新元件】，或者在【元件】窗口右击，如图 9-19 所示	图 9-19　新建元件

步　骤	操 作 过 程	操 作 界 面
（3）	在弹出的快捷菜单中选择【新建空元件】，打开元件封装创建向导，如图9-20所示	 图9-20　元件封装创建向导
（4）	单击【下一步】按钮，弹出如图9-21所示的选择元件封装种类对话框。在元件封装种类对话框中选择【Quad Packs (QUAD)】，由于LPC2132提供的资料中封装参数采用mm，所以在选择单位下拉菜单中选择【Metric（mm）】	 图9-21　选择元件封装种类对话框
（5）	单击【下一步】按钮，弹出如图9-22所示的焊盘尺寸设置对话框。根据LPC2132提供的资料，焊盘的宽度最大为0.27mm，长度最大为0.75mm，但是绘制焊盘时，最好向外延伸一点长度，便于以后焊接方便，因此将长度设置为1mm	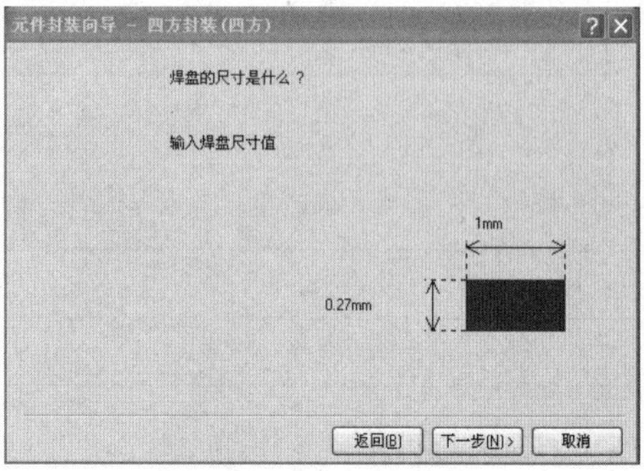 图9-22　焊盘尺寸设置对话框
（6）	单击【下一步】按钮，弹出如图9-23所示的焊盘外形设置对话框，这里将第1个焊盘设置为【Rounded】（圆形），将其他焊盘设置为【Rectangular】（矩形）	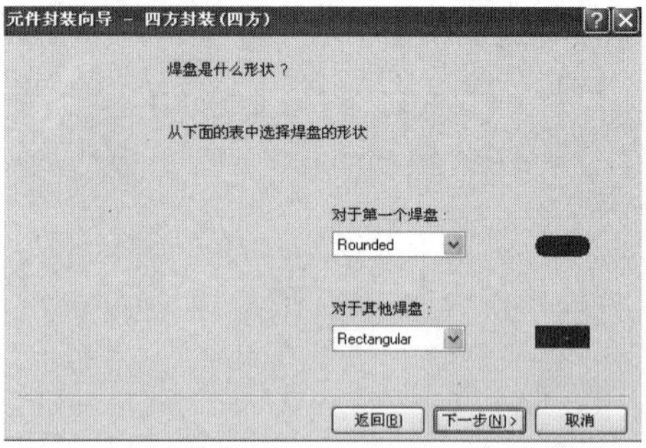 图9-23　焊盘外形设置对话框

步　骤	操 作 过 程	操 作 界 面
（7）	单击【下一步】按钮，弹出如图 9-24 所示的外形轮廓设置对话框，一般采用默认设置	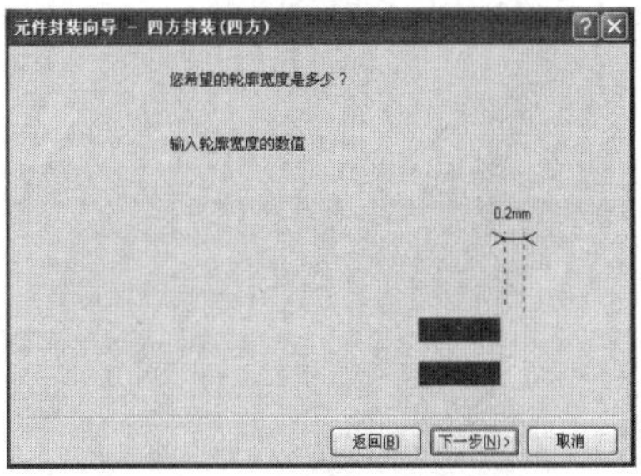 图 9-24　外形轮廓设置对话框
（8）	单击【下一步】按钮，弹出如图 9-25 所示的焊盘相对位置设置对话框。根据 LPC2132 提供的资料，引脚间距为 0.5mm，根据 D/HD、E/HE 的值可以将元件拐角处的尺寸设置为 2mm	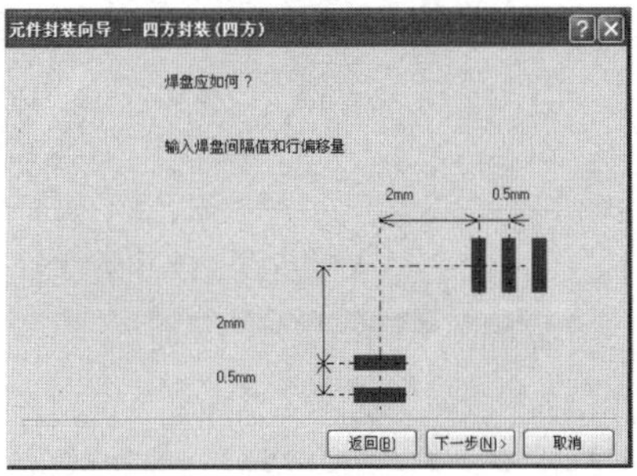 图 9-25　焊盘相对位置设置对话框
（9）	单击【下一步】按钮，弹出如图 9-26 所示的命名元件引脚方向和起始引脚设置对话框。一般按默认设置，引脚按逆时针方向排列，左边最上边的引脚为起始引脚	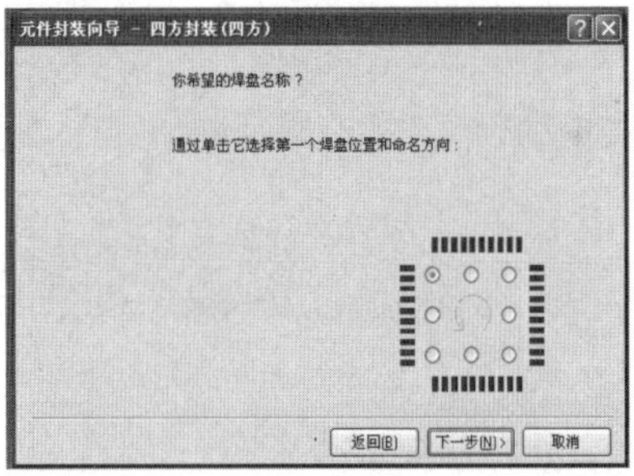 图 9-26　命名元件引脚方向和起始引脚设置对话框
（10）	单击【下一步】按钮，弹出如图 9-27 所示的元件引脚数量设置对话框，根据 LPC2132 提供的资料，引脚数量为 64，则两边都设为 16	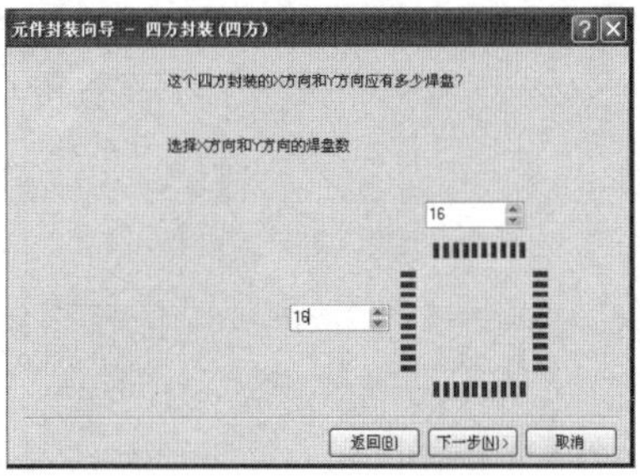 图 9-27　元件引脚数量设置对话框

步　骤	操　作　过　程	操　作　界　面
（11）	单击【Next】按钮，弹出如图 9-28 所示的元件封装命名设置对话框，在元件命名栏中输入 LPC2132	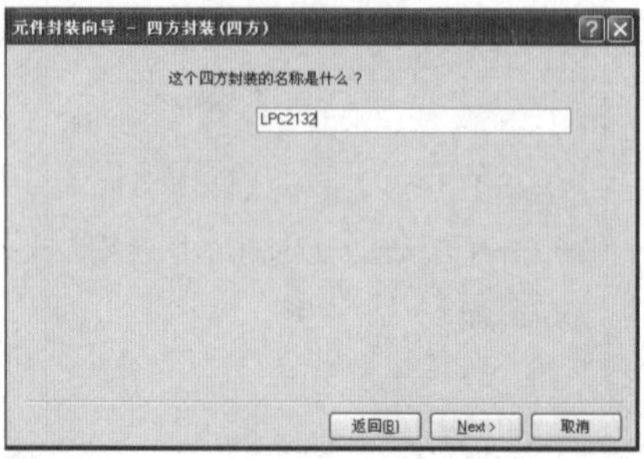 图 9-28　元件封装命名设置对话框
（12）	单击【下一步】按钮，弹出如图 9-29 所示的元件封装创建完成对话框	 图 9-29　元件封装创建完成对话框
（13）	单击【Finish】按钮，完成元件封装创建。同时在元件封装编辑器上显示新创建的元件 LPC2132 的 PCB 封装图，如图 9-30 所示	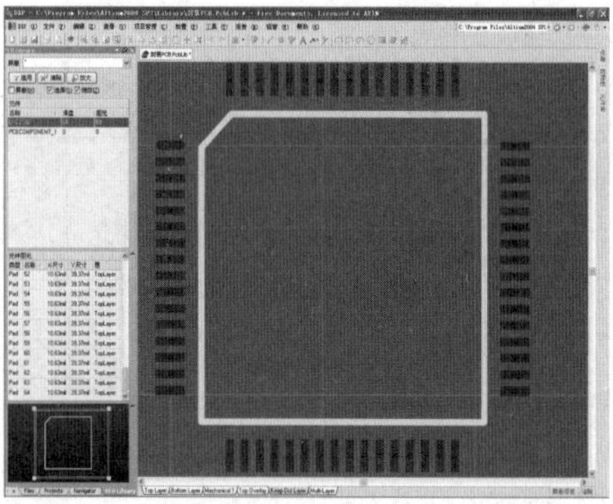 图 9-30　新创建的元件 LPC2132 的 PCB 封装图
（14）	单击菜单【文件】→【保存】，保存新建的元件封装图，完成元件封装的创建，如图 9-31 所示	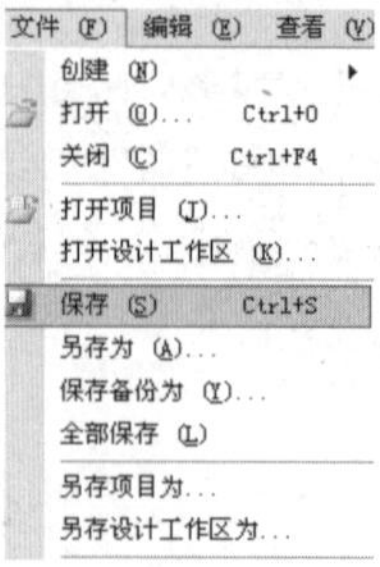 图 9-31　保存新建的封装元件

任务四 手工创建PCB元件引脚封装

1. 手工创建PCB元件引脚封装的方法

手工创建 PCB 元件引脚封装就是利用系统提供的各种工具，按照元件的实际尺寸绘制元件封装。下面以绘制 LM1117 的封装为例来说明手工创建元件封装的具体步骤。

1）确定元件封装参数

通过网络或其他途径查阅 LM1117 的资料，了解所创建的新元件封装的所有参数，如图 9-32 所示。

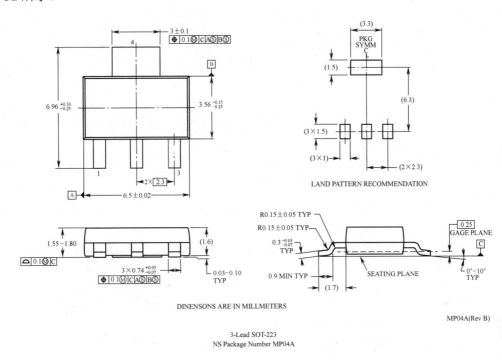

图 9-32 LM1117 元件的封装参数

2）绘制元件封装

绘制元件封装步骤如表 9-6 所示。

表 9-6 手工创建 PCB 元件引脚封装步骤

步 骤	操 作 过 程	操 作 界 面
（1）	进入元件封装编辑器编辑界面	
（2）	单击菜单【工具】→【新元件】，或者在【元件】窗口单击右键，在弹出的菜单中单击【新建空元件】，如图 9-33 所示，即可打开元件封装创建向导，如图 9-34 所示	图 9-33 新建元件

续表

步　骤	操 作 过 程	操 作 界 面
（2）		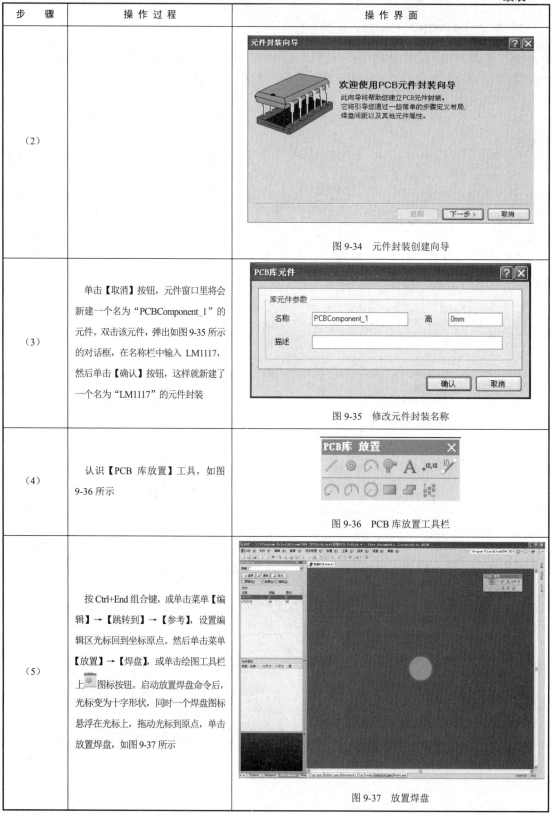 图 9-34　元件封装创建向导
（3）	单击【取消】按钮，元件窗口里将会新建一个名为"PCBComponent_1"的元件。双击该元件，弹出如图 9-35 所示的对话框，在名称栏中输入 LM1117，然后单击【确认】按钮，这样就新建了一个名为"LM1117"的元件封装	图 9-35　修改元件封装名称
（4）	认识【PCB 库放置】工具，如图 9-36 所示	图 9-36　PCB 库放置工具栏
（5）	按 Ctrl+End 组合键，或单击菜单【编辑】→【跳转到】→【参考】，设置编辑区光标回到坐标原点。然后单击菜单【放置】→【焊盘】，或单击绘图工具栏上 ⊙ 图标按钮。启动放置焊盘命令后，光标变为十字形状，同时一个焊盘图标悬浮在光标上，拖动光标到原点，单击放置焊盘，如图 9-37 所示	图 9-37　放置焊盘

续表

步　骤	操作过程	操作界面
（6）	在放置焊盘状态，单击 Tab 键，或者放置好焊盘后双击，打开焊盘属性设置对话框，如图 9-38 所示。在焊盘属性设置对话框中，注意设置焊盘所在的板层、形状和尺寸大小。根据 LM1117 提供的资料，其中三个焊盘一样大小，长度（X）为 1mm，宽度（Y）为 1.5mm，另一个焊盘长度为 3.3mm，宽度为 1.5mm，形状都为 Rectangle（矩形），在尺寸和形状栏中设置。由于是贴片封装，所以在层下拉菜单中选择【Top Layer】，孔径设置为 0，标识符依次设为 1、2、3、4，其他菜单采用默认设置	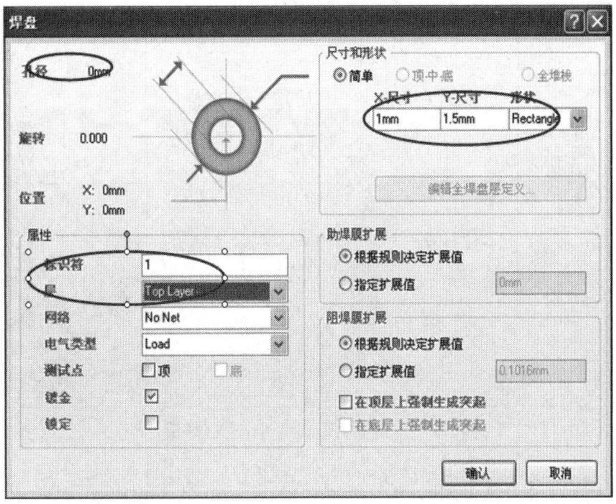 图 9-38　焊盘的属性设置对话框 **注意：** 焊盘属性设置对话框弹出时单位显示为 mil，可以关闭对话框，执行主菜单命令【查看】→【切换单位】，或者选中焊盘单击 Q 键，就可以让显示单位在 mil 和 mm 之间互换
（7）	四个焊盘属性修改后如图 9-39 所示	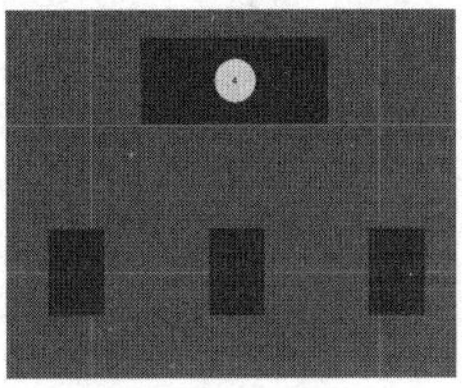 图 9-39　修改后的焊盘
（8）	绘制元件外形轮廓。单击编辑器界面下方的【Top OverLay】按钮，进入该层，用绘图工具中的放置标准尺寸工具根据元件的封装外形轮廓尺寸放置标尺，如图 9-40 所示。再用放置直线工具画出元件的外形轮廓，如图 9-41 所示 　　**注意：** 这里也可以先放置一个与元件外形轮廓尺寸同样大小的焊盘，绘制好轮廓后，再将焊盘删除，得到元件封装的外形轮廓	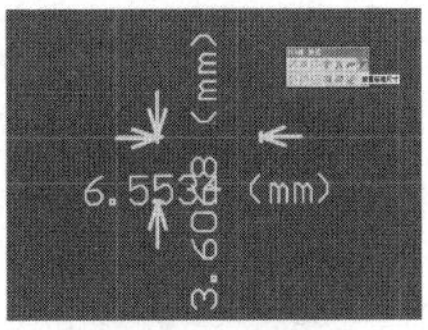 图 9-40　放置标尺 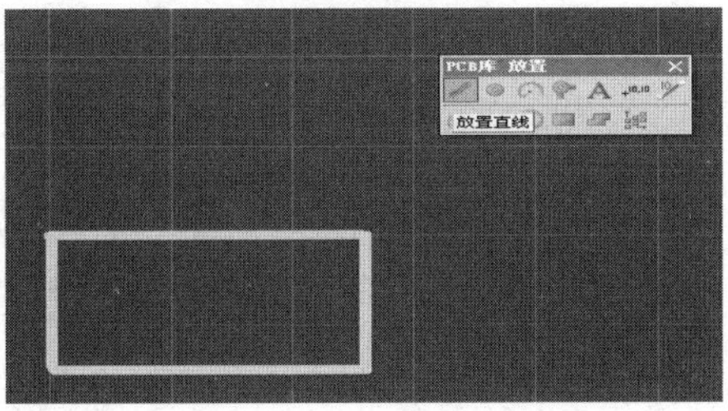 图 9-41　绘制元件外形轮廓

续表

步 骤	操 作 过 程	操 作 界 面
（9）	根据 LPC2132 提供的资料，同样采用标尺工具，将焊盘放置在元件外形轮廓的两侧，左右焊盘间距为 2.3mm，上下焊盘间距为 6.3mm，如图 9-42 所示	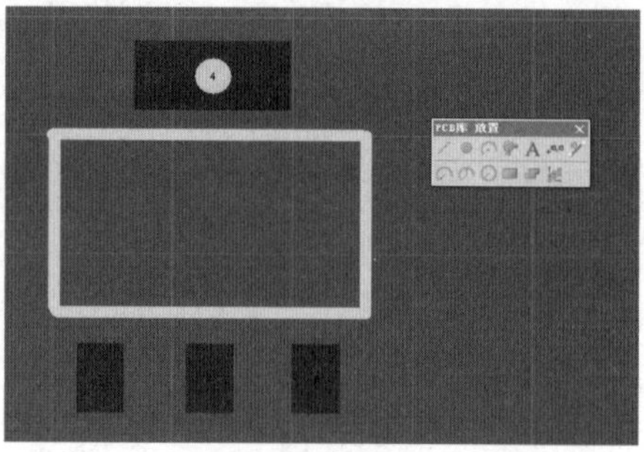 图 9-42 LM1117 封装
（10）	按 Ctrl+End 组合键，或者单击菜单【编辑】→【跳转到】→【参考】，设置编辑区光标回到坐标原点。选中绘制的元件封装，拖到原点。单击菜单【文件】→【保存】，将新绘制的 LM1117 元件 PCB 封装保存。手工绘制元件封装完成	

任务五   复制、编辑 PCB 元件引脚封装

当绘制新的元件封装时，发现与已有的原元件封装非常类似，这样就不必全新绘制，而是将已有的元件封装复制过来，进行编辑，即可得到所需的新元件封装。表 9-7 以创建 LM1117 元件封装为例进行说明。

表 9-7   复制、编辑元件封装步骤

步 骤	操 作 过 程	操 作 界 面
（1）	新建一个元件封装，命名为 LM1117	
（2）	打开一个已有的元件封装 SOJ14，选中，单击菜单【编辑】→【复制元件】，或者按 Ctrl+C 组合键，复制 SOJ14 元件封装，如图 9-43 所示	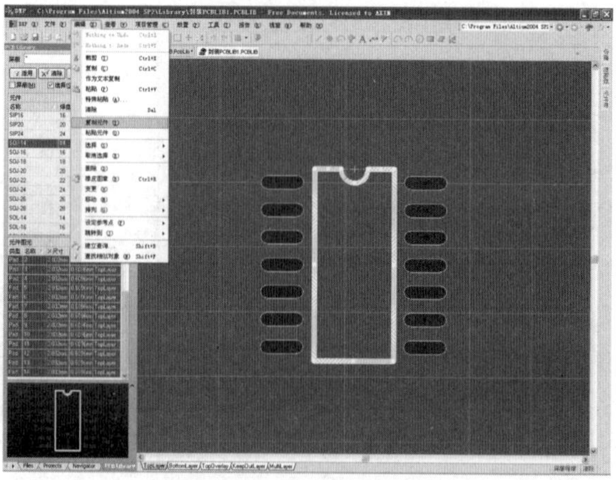 图 9-43 复制 SOJ 元件封装

续表

步　骤	操作过程	操作界面
（3）	进入 LM1117 编辑器界面，单击菜单【编辑】→【粘贴元件】，或者按 Ctrl+V 组合键，光标变为十字形状，同时一个元件封装图标悬浮在光标上，拖动光标到原点，单击放置复制来的 SOJ14 元件封装，如图 9-44 所示	图 9-44　粘贴 SOJ 元件封装
（4）	采用前面介绍的手工绘制元件封装的方法按元件封装参数修改焊盘、元件外形轮廓，得到所需的 LM1117 元件封装	

任务六　直接修改引脚封装

元件引脚封装的修改有如下两种方式。

（1）在元件封装放置状态下，按 Tab 键，将弹出元件属性设置对话框。

（2）对于 PCB 上已经放置好的元件封装，可以双击该元件，也可以打开元件封装属性设置对话框，如图 9-45 所示。在这里可以修改元件封装的名称、标识符和元件放置的层等。

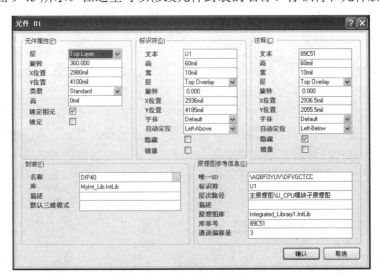

图 9-45　元件封装属性设置对话框

二、基本知识

知识点一　创建 PCB 元件封装常识

1. 创建 PCB 元件引脚封装的原因

当用户在绘制电路时，会发现有的元件封装在现有的库文件中找不到，或者库文件中现有的封装与元件实际的引脚尺寸、排列顺序不相符。这时就需要用户根据元件的封装参数创建新的元件 PCB 引脚封装了。尤其是，电子元器件种类繁多，随着电子技术的不断发展，新封装元件和非标准封装元件将不断涌现，Protel DXP 的 PCB 封装库中不可能包含所有元件的引脚封装，更不可能包含最新元件或非标准封装元件的引脚封装，为了制作含有这些元件的 PCB 板，必须自制 PCB 元件的引脚封装。

2. 创建 PCB 元件引脚封装的三种方法比较

第一种是利用向导的方法制作封装。向导法是利用 Protel DXP 提供的封装模板创建元件封装，一般只需要修改引脚尺寸和数量即可。该方法操作较为简单，适合于外形和引脚排列比较规范的元件。利用 Protel DXP 提供的元件封装向导创建新的元件封装比较方便、快捷，缺点是模板库中没有的封装类型不能采用此方法创建。

第二种采用手工绘制的方法，手工法就是利用系统提供的各种工具，按照元件的实际尺寸绘制出元件的封装。手工法操作较为复杂，但能制作外形和引脚排列较为复杂的元件封装；手工绘制元件 PCB 封装相对来说比较困难，特别是按照元件引脚间尺寸放置焊盘时容易出错，一般不使用这种方法，但这种方法比较灵活，可以创建一些形状比较特别的元件封装。

第三种方法对封装库中原有的引脚封装进行编辑修改，使其符合实际的需要，该方法适合于所需引脚封装和原封装库中已有的引脚封装差别不大的情况，如三极管、二极管的封装改进等。

3. 创建 PCB 元件引脚封装的注意事项

元件引脚封装一般指在 PCB 编辑器中，为了将元器件固定、安装于电路板而绘制的与元器件引脚距离、大小相对应的焊盘，以及元件的外形边框等。由于它的主要作用是将元件固定、焊接在电路板上，因此它在焊盘的大小、焊盘间距、焊盘孔径大小、引脚的次序等参数上有非常严格的要求，元器件的封装和元器件实物、电路原理图元件引脚序号三者之间必须保持严格的对应关系，为了制作正确的封装，必须参考元件的实际形状，测量元件引脚距离、引脚粗细等参数。

知识点二　PCB 库文件编辑器

制作元件封装时，需要在 PCB 库文件编辑器中进行，下面对其操作界面进行简要介绍，如图 9-46 所示。

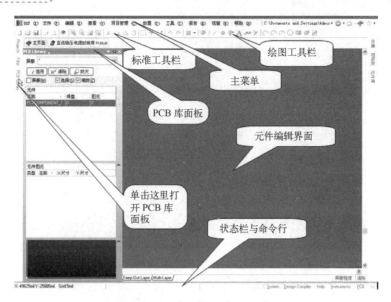

图 9-46　PCB 库文件编辑器

（1）主菜单。主菜单主要是给设计人员提供编辑、绘图命令，以便于创建一个新元件封装。

（2）元件编辑界面。元件编辑界面主要用于创建一个新元件，将元件放置到 PCB 工作平面上，用于更新 PCB 元件库，添加或删除元件库中的元件等各项操作。

（3）标准工具栏。标准工具栏为用户提供了各种图标操作方式，可以让用户方便、快捷地执行命令和各项功能，如打印、存盘等操作均可以通过标准工具栏来实现。

（4）绘图工具栏。PCB 库文件编辑器提供的绘图工具同以往我们所接触到的绘图工具是一样的，它的作用类似于菜单命令【Place】，就是在工作平面上放置各种图的元素，如焊点、线段、圆弧等。

（5）PCB 库面板。PCB 库面板主要用于对元件封装库进行管理。单击项目管理器旁边的【PCB Library】标签，则可以进入 PCB 库面板，如图 9-46 所示。

（6）状态栏与命令行。在屏幕最下方为状态栏和命令行，它们用于提示用户当前系统所处的状态和正在执行的命令。单击这里打开 PCB 库面板。

知识点三　手工制作元件封装操作环境的设置

对于操作环境的设置，通常是设置度量单位、过孔的内孔层、设置鼠标移动的最小间距等。

执行菜单命令【工具】（Tools）→【库选择项】（Library Options），或者在编辑环境下，单击鼠标右键，在弹出的菜单中选择【库选择项】（Library Options）。系统将弹出如图 9-47 所示的参数设置对话框。

在该对话框中，板面参数都是分组设置的，下面简要说明对话框的内容：

（1）【测量单位】（Measurement Unit）：用于设置系统度量单位。系统提供了两种度量单位，即 Imperial（英制）和 Metric（公制），系统默认为英制。

（2）【捕获网格】（Snap Grid）：用于设置移动栅格。移动栅格主要用于控制工作空间中的对象移动时的栅格间距，用户可以分别设置 X、Y 向的栅格间距。

（3）【元件网格】（Component Grid）：用于设置元件移动的间距。

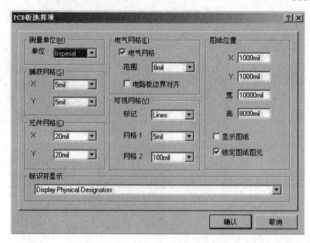

图 9-47　参数设置对话框

（4）【电气网格】（Electrical Grid）：主要用于设置电气栅格的属性。

（5）【可视网格】（Visible Grid）：用于设置可视栅格的类型和栅距。

（6）【图纸位置】（Sheet Position）：该操作选取项用于设置图纸的大小和位置。

可以根据需要对相应参数进行修改，一般情况下，采用默认值。

知识点四　DRC 检查和错误排除

1. DRC 检查

电路板设计完成之后，为了保证所进行的设计工作符合要求，如元件的布局、布线等符合所定义的设计规则，需要由计算机自动完成这些检查工作。Protel DXP 提供了设计规则检查功能 DRC，对 PCB 板的完整性进行检查。DRC 检查的操作步骤如表 9-8 所示。

表 9-8　DRC 检查的操作步骤

步　骤	操 作 说 明	操 作 界 面
（1）	执行主菜单命令【工具】→【设计规则检查器】，启动 DRC 检查，将弹出如图 9-48 所示的对话框	图 9-48　【设计规划检查器】对话框
（2）	查看【Report Options】节点，该项设置生成的 DRC 报表将包括哪些选项。一般默认选择	

续表

步 骤	操 作 说 明	操 作 界 面
（3）	查看【Rules To Check】节点，该项列出了八项设计规则，这些设计规则都是在 PCB 设计规则和约束对话框里定义的设计规则。单击左边的各个选择项，详细的内容将在右边的窗口里显示出来，如图 9-49 所示	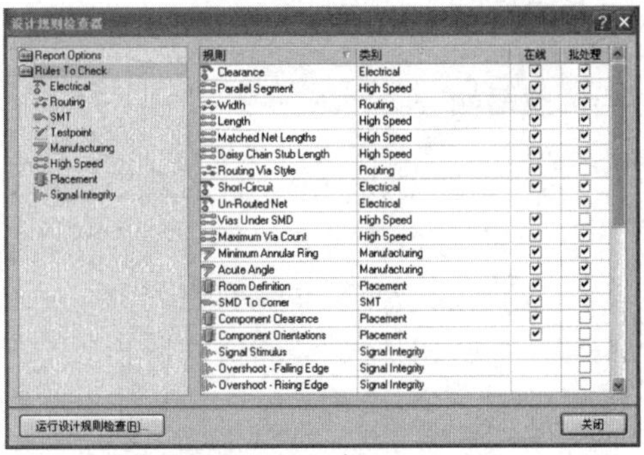 图 9-49　设计规划检查器对话框
（4）	单击运行设计规则检查按钮，进行规则检查。DRC 设计规则检查完成后，系统将生成设计规则检查报表，文件后缀名为".DRC"，如图 9-50 所示	 图 9-50　设计规则检查报告

2．修改错误

如果元件的布局、布线等违反了所定义的设计规则，进行 DRC 设计规则检查时，系统将弹出 Messages 信息框，在信息框里列出了所有违反规则的信息项，包括违反设计规则的种类、所在文档、错误信息、序号等，如图 9-51 所示。

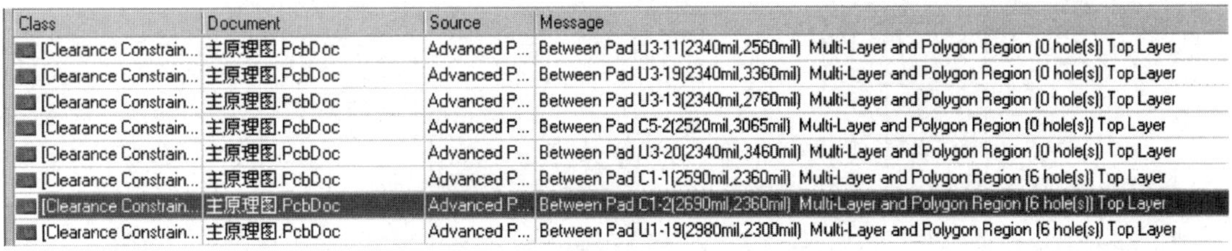

图 9-51　Messages 信息框

同时在 PCB 电路图中用绿色标志标出了不符合设计规则的位置，用户可以回到 PCB 编辑界面，在相应的位置对错误的设计进行修改。再重新运行 DRC 检查，直到没有错误为止。

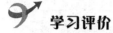

学习评价

一、思考题

1. 为什么要创建一个元件封装库文件？
2. 三种创建封装的方法各应用于什么情况下？
3. 焊盘属性包含哪些主要内容？
4. 简述调用创建封装的方法和步骤。

二、技能训练

任务一　参考图 9-52 及图 9-53，利用向导法创建数码管引脚封装，将封装添加到"自制封装库"文件中，封装名为 ZZSMG。并将其应用于项目八"单片机显示电路 PCB 的设计"中。

任务二　参考图 9-54，利用手工法创建按键开关封装，并将封装添加到"自制封装库"文件中，封装名为 ZZKG。

任务三　如图 9-55（a）所示为 Protel DXP 库中原三极管封装 BCY-W3，现需要将其改为图 9-55（b）所示，要求采用"复制-修改"的方法实现修改，并将其添加到自制封装库文件中，封装名为 ZZBCY-W3。

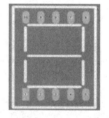

（a）数码管实物图　　（b）不带外形边框的数码管封装参考图　　（c）带外形边框的数码管封装参考图

图 9-52　数码管封装参考图

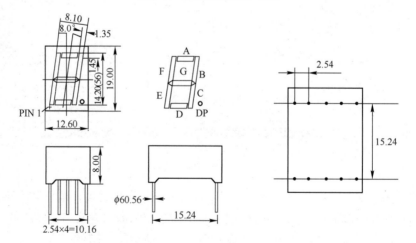

图 9-53　数码管相关参数

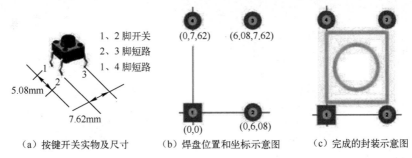

（a）按键开关实物及尺寸　（b）焊盘位置和坐标示意图　（c）完成的封装示意图

图9-54　按键开关封装制作参考图

（a）原三极管封装 BCY-W3　（b）自制封装 ZZBCY-W3

图9-55　修改封装参考图

三、项目评价评分表

（一）个人知识技能评价表

班级：＿＿＿＿＿＿　　　姓名：＿＿＿＿＿　　　成绩：＿＿＿＿＿

评价方面	项目评价内容	分值	自我评价	小组评价	教师评价	得分
项目 知识 内容	① 了解自制封装的原因、方法及注意事项	10				
	② 正确查阅元件封装参数资料	10				
	③ 了解 PCB 库文件编辑器	5				
	④ 理解手工制作元件封装操作环境的设置的意义	5				
	⑤ 理解 DRC 检查和错误排除的意义	5				
项目 技能 内容	① 掌握创建 PCB 元件封装库的方法	5				
	② 熟练掌握利用向导创建 PCB 元件引脚封装的方法和步骤	15				
	③ 掌握手工制作元件封装的方法和步骤	15				
	④ 掌握复制、编辑 PCB 元件引脚封装的方法和步骤	15				
	*⑤ 了解贴片元件封装的制作方法	5				
	⑥ 安全用电，规范操作	5				
	⑦ 文明操作，不迟到早退，操作工位卫生良好，按时按要求完成实训任务	5				

（二）小组学习活动评价表

（同项目一，略）

摩托车报警遥控器 PCB 的设计

项目情景

贴片元件的出现，大大缩小了 PCB 的体积，减轻了 PCB 的质量，更容易实现自动化生产，采用贴片元件的电子产品逐渐成为主流，但同时也给 PCB 的设计带来了新的挑战。在前面学习的基础上，应该如何制作贴片元件 PCB 呢？这是本项目要解决的问题。

教学目标

	项目教学目标	学时	教 学 方 式
技能目标	① 掌握绘制常用贴片元件封装 ② 掌握异形 PCB 规划的方法 ③ 掌握贴片元件 PCB 设计方法	6 课时	教师演示，学生上机操作；教师指导、答疑
知识目标	① 理解常用贴片元件封装含义 ② 理解贴片元件 PCB 手工调整的方法	2 课时	教师讲授，学生练习（讲练结合）
情感目标	本项目完成过程中，除多层板的知识外，还综合了前面各项目知识和技能，是一次综合演练。通过项目电路的实现，进一步加深专业基础知识的理解和掌握，同时联系实际岗位，培养其职业技能、职业信息素养和团队精神		模拟真实企业环境，进行小组内分工协作，上专业或专题网站查询，或采用 BBS、百度吧与专业人士交流沟通

任务分析

项目要求完成图 10-2 所示摩托车报警遥控器 PCB 板的电路设计分析如下：

（1）电路板体积小巧，电路中的元件绝大部分采用 SMT 元件，以节省电路板面积；

（2）特别是电路板面积小、元件多、元件密度很高，因此需要采用多层板；

（3）由于上述原因，不能采用默认的图纸参数，为进一步微调元件位置，必须调整 PCB 的图纸选项；

（4）了解内电层，并指定各内电层的网络属性。

一、基本技能

任务一 摩托车报警遥控器 PCB、原理图和元件参数及封装的认知

1. 摩托车报警遥控器的 PCB

图 10-1 所示的是摩托车报警遥控器的 PCB。

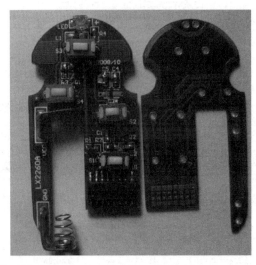

图 10-1 摩托车报警遥控器的 PCB

2. 摩托车报警遥控器的电路原理图

该遥控器如图 10-2 所示。采用 LX2260A 作为遥控编码芯片，其 A0～A7 为地址引脚，用于地址编码，可置于"0"、"1"和"悬空"3 种状态，通过编码开关 K1 进行控制；遥控按键数据输入由 D0～D3 实现，VD1 和 LED1 作为遥控发射的指示电路；当 S1～S4 中有按键按下时，VD1 导通，为 U1 提供 V_{DD} 电源，同时 LED1 发光，无按键按下时，VD1 截止，保持低耗；OSC 为单端电阻振荡器输入端，外接 R1；DOUT 为编码输出端，其编码信息通过 V2 发射出去。P_V_{CC} 和 P_GND 为遥控器供电电池的连接弹片。电路采用印制导线作为发射电感，其电感量的变化可以改变印制导线上的焊锡的厚薄实现，该印制导线必须设置为露铜。

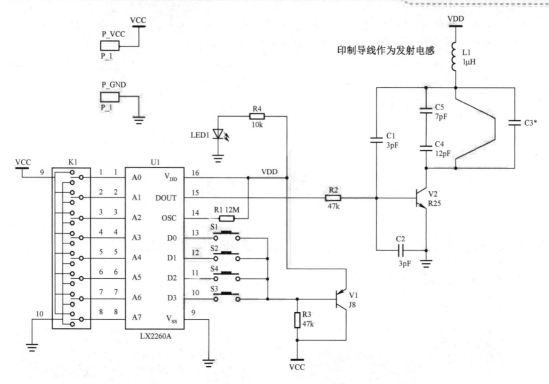

图 10-2　摩托车报警遥控器的原理图

3. 摩托车报警遥控器电路的元件参数及封装

摩托车报警遥控器电路的元件参数及封装如表 10-1 所示。

表 10-1　摩托车报警遥控器元件参数及封装表

元件类型	元件标号	库参考名	元件所在库	元件封装
贴片电容	C1-C5	Cap	Miscellaneous Devices.IntLib	CC1608-0603
贴片电阻	R1-R4	Res2	Miscellaneous Devices.IntLib	CR1608-0603
贴片电感	L1	Inductor	Miscellaneous Devices.IntLib	INDC3216-1206
LX2260A	U1	LX2260A(自制)	自制	SO-16
编码开关	K1	K01（自制）	自制	无
高频晶体管	V1	PNP	Miscellaneous Devices.IntLib	SOT23
高频三极管	V2	NPN	Miscellaneous Devices.IntLib	SOT23
发光二极管	LED	LED0	Miscellaneous Devices.IntLib	自制
按键开关	S1-S4	SW-PB	Miscellaneous Devices.IntLib	自制
电池弹片	P_1	P_1	自制	自制

任务二　绘制摩托车报警遥控器的电路原理图

绘制摩托车报警遥控器的电路原理图，其步骤如表 10-2 所示。

表 10-2　摩托车报警遥控器电路原理图绘制步骤

步骤	操 作 过 程	操 作 界 面
(1)	创建 PCB 项目和原理图文件，名字保存为"摩托车报警遥控器"，创建原理图库文件，如图 10-3 所示	图 10-3　创建文件
(2)	在原理图库文件中绘制自制元件遥控编码芯片 LX2260A、编码开关和电源接口 P_1，如图 10-4 所示	图 10-4　LX2260A、编码开关和电源接口 P_1
(3)	在原理图文件放置元件、电源，并连接导线，绘制摩托车报警遥控器电路原理图，如图 10-5 所示	图 10-5　摩托车报警遥控器电路原理图

任务三　创建摩托车报警遥控器 PCB 封装库文件并且自制元件封装

摩托车报警遥控器电路中发光二极管、按键开关和电池弹片的封装需要自己制作，制作封装步骤如表 10-3 所示。编码开关 K1 不使用实际元件，通过焊盘、过孔和印制导线的配合来实现编码功能。

表 10-3　制作元件封装

步骤	操作过程	操作界面
（1）	新建一个 PCB 库文件（具体详细操作过程，参见项目九），绘制通孔式 LED 封装图形：焊盘中心间距为 2.2mm，焊盘直径为 1.6mm，孔径为 1.0mm，焊盘编号为 1 和 2，封装名为 LED，如图 10-6 所示	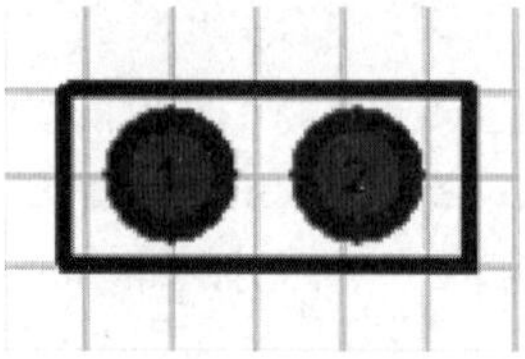 图 10-6　通孔式 LED 封装图形
（2）	绘制通孔式按键开关封装图形：焊盘中心间距为 6.2mm，焊盘直径为 1.8mm，孔径为 1.0mm，焊盘编号为 1 和 2，封装名为 KEY-1，如图 10-7 所示	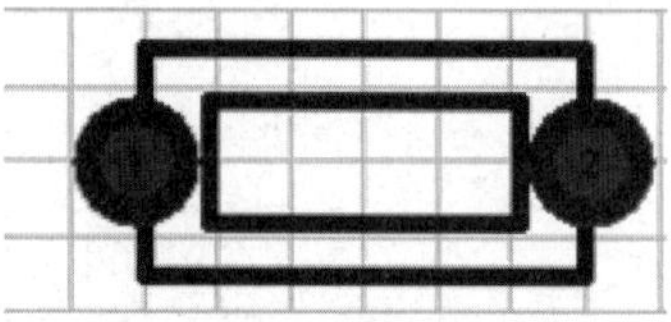 图 10-7　通孔式按键开关封装图形
（3）	绘制通孔式电池弹片封装图形：焊盘中心间距为 3.8mm，焊盘"X 尺寸"为 2.7mm，"Y 尺寸"为 2mm，"形状"为八角形，孔径为 1.3mm，由于每个电池弹片两个固定脚均接于同一点，故两个焊盘编号均设置为 1，封装名为 POW，如图 10-8 所示	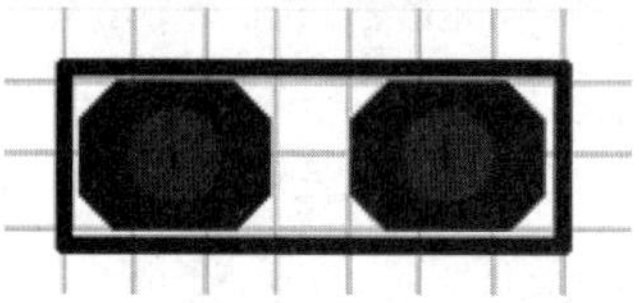 图 10-8　通孔式电池弹片封装图形

任务四　加载摩托车报警遥控器元件封装库

加载摩托车报警遥控器元件封装库的操作步骤如表 10-4 所示。

表 10-4　加载元件封装库

步骤	操作过程	操作界面
（1）	在前面画好的摩托车报警遥控器电路原理图中双击 LED1，如图 10-9 所示	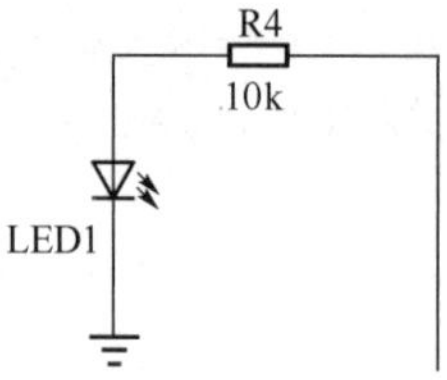 图 10-9　选择元件
（2）	在【元件属性】对话框中单击【追加】按钮，如图 10-10 所示	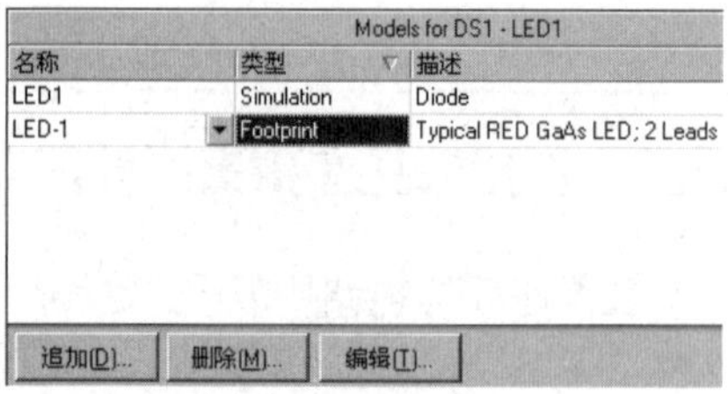 图 10-10　【元件属性】对话框

续表

步骤	操作过程	操作界面
（3）	在【加新的模型】对话框中单击【确认】按钮，如图 10-11 所示	 图 10-11　【加新的模型】对话框
（4）	弹出【PCB 模型】对话框，单击【封装模型】选项的【浏览】按钮，如图 10-12 所示	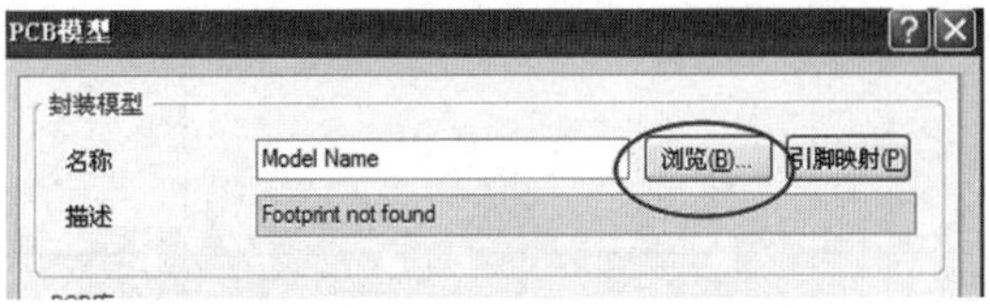 图 10-12　【PCB 模型】对话框
（5）	在【库浏览】对话框中选择自己新建的 PCB 封装库中，选择制作的封装 LED，单击【确定】按钮，如图 10-13 所示 **注意**：如果封装没有保存，是找不到的	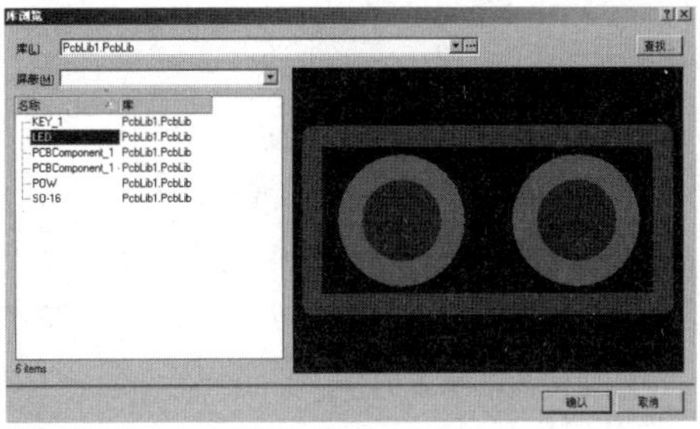 图 10-13　【库浏览】对话框
（6）	用同样的方法，对摩托车报警遥控器电路原理图中的每个元件，参考表 10-1 给出的封装进行修改	

任务五　规划摩托车报警遥控器 PCB

规划摩托车报警遥控器 PCB 的操作步骤如表 10-5 所示。

表 10-5　规划 PCB 步骤

步骤	操作过程	操作界面
（1）	单击【文件】→【创建】→【PCB 文件】，如图 10-14 所示，创建一个新的 PCB 文件，并将其保存为"摩托车报警遥控器"	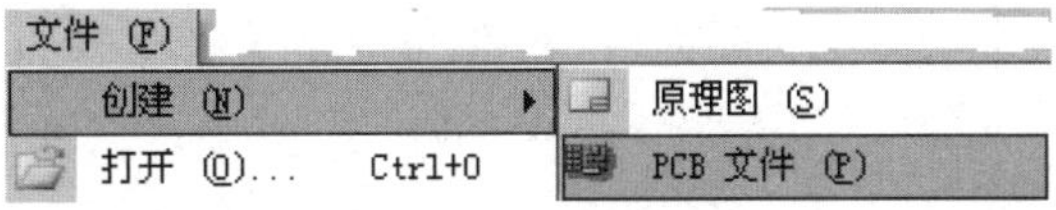 图 10-14　创建 PCB 文件

续表

步骤	操 作 过 程	操 作 界 面
（2）	在 PCB 工作区域，单击鼠标右键，在弹出的右键快捷菜单中，单击【选择项】→【PCB 板选择项】，如图 10-15 所示，启动【PCB 板选择项】对话框	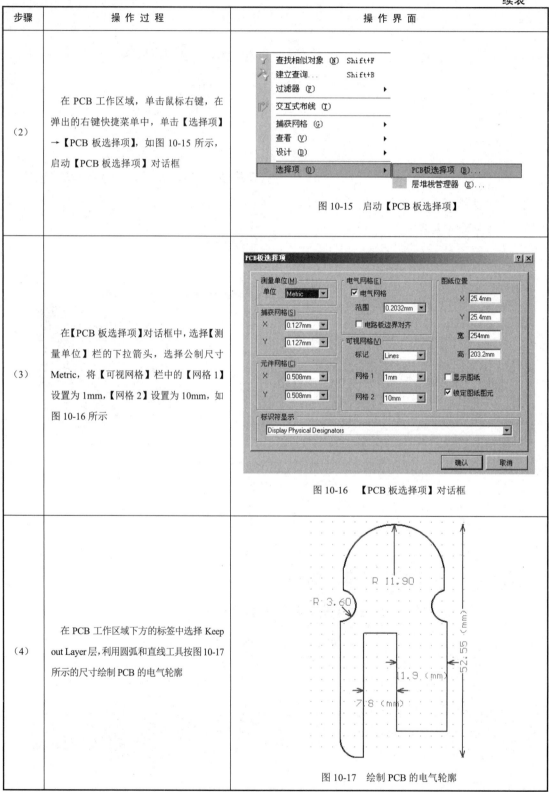 图 10-15　启动【PCB 板选择项】
（3）	在【PCB 板选择项】对话框中，选择【测量单位】栏的下拉箭头，选择公制尺寸 Metric，将【可视网格】栏中的【网格 1】设置为 1mm，【网格 2】设置为 10mm，如图 10-16 所示	图 10-16　【PCB 板选择项】对话框
（4）	在 PCB 工作区域下方的标签中选择 Keep out Layer 层，利用圆弧和直线工具按图 10-17 所示的尺寸绘制 PCB 的电气轮廓	图 10-17　绘制 PCB 的电气轮廓

续表

步骤	操作过程	操作界面
（5）	在 PCB 工作区域下方的标签中选择 Mechanical1 层，用和上一步同样的方法和尺寸绘制 PCB 的机械边框，同时在 Top Overlayer 层定位发光二极管、按键和电池弹片的位置，如图 10-18 所示	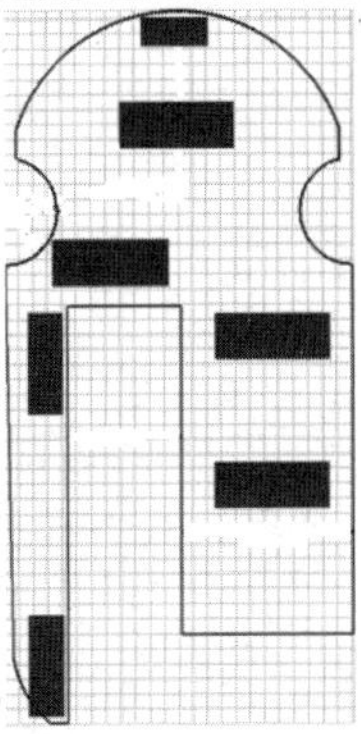 图 10-18　定位发光二极管、按键和电池弹片

任务六　摩托车报警遥控器 PCB 布局

对摩托车报警遥控器 PCB 的布局操作步骤如表 10-6 所示。

表 10-6　PCB 布局

步骤	操作过程	操作界面
（1）	单击菜单【项目管理】→【Compile Document 摩托车报警器遥控器.SCHDOC】，如图 10-19 所示，对原理图文件进行编译	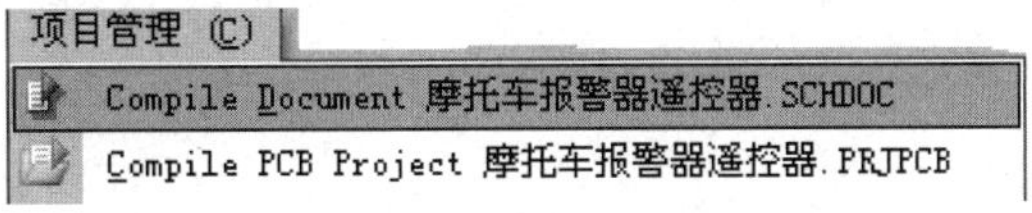 图 10-19　原理图编译
（2）	在编译信息【Messages】对话框中，如图 10-20 所示，检查并修改错误	 图 10-20　【Messages】对话框
（3）	单击菜单【设计】→【Update PCB Document 摩托车报警器遥控器.PCBDOC】，如图 10-21 所示，加载网络表和元件	 图 10-21　加载网络表和元件

续表

步骤	操 作 过 程	操 作 界 面
（4）	在弹出的【Confirm】对话框中单击【Yes】按钮，如图 10-22 所示	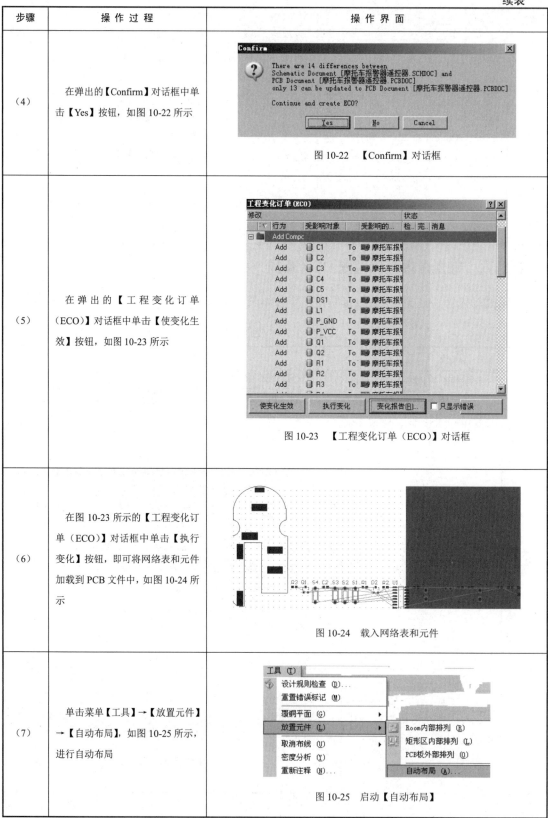 图 10-22　【Confirm】对话框
（5）	在弹出的【工程变化订单（ECO）】对话框中单击【使变化生效】按钮，如图 10-23 所示	图 10-23　【工程变化订单（ECO）】对话框
（6）	在图 10-23 所示的【工程变化订单（ECO）】对话框中单击【执行变化】按钮，即可将网络表和元件加载到 PCB 文件中，如图 10-24 所示	图 10-24　载入网络表和元件
（7）	单击菜单【工具】→【放置元件】→【自动布局】，如图 10-25 所示，进行自动布局	图 10-25　启动【自动布局】

续表

步骤	操 作 过 程	操 作 界 面
（8）	一般自动布局效果不佳，需要手工调整。根据电路板特点，首先将发光二极管、按键和电池弹片移动到已经确定的位置，然后通过移动元件、旋转元件等方法合理调整其他元件的位置。手工布局结束后，选中所有元件，单击菜单【编辑】→【排列】→【移动元件到网络】，将元件移动到网格上，以提高布线效率，元件布局调整后如图 10-26 所示	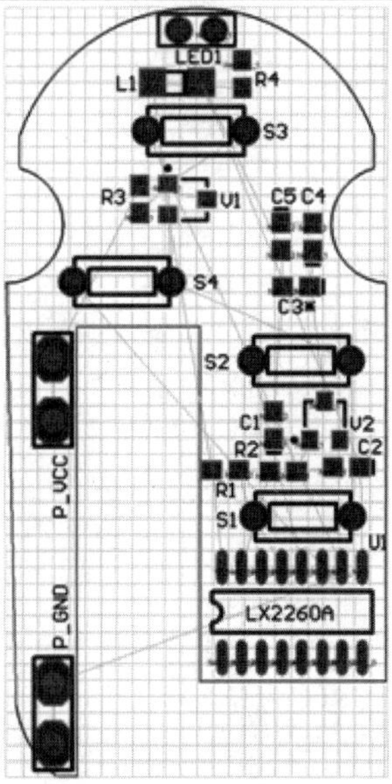 图 10-26 布局调整后的 PCB

任务七 摩托车报警遥控器 PCB 预布线

本例中印制电感、电池弹片的电源和地线需要进行预布线，另外编码开关未使用实际元件，采用焊盘、过孔和印制导线的组合实现编码功能，也需要进行预布线。预布线的步骤如表 10-7 所示。

表 10-7 预布线

步骤	操 作 过 程	操 作 界 面
（1）	印制电感在底层进行布线，其效果如图 10-27 所示	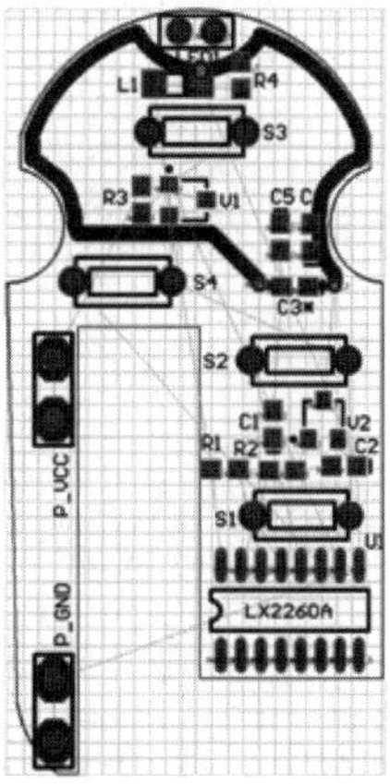 图 10-27 印制电感预布线

续表

步骤	操作过程	操作界面
（2）	电池弹片的电源和地线在顶层和底层进行双面布线，其效果如图 10-28 所示	图 10-28　电池弹片的电源和地线在顶层和底层预布线
（3）	编码开关在底层进行布线，在 LX2260A 的引脚 1～8 的正上方和正下方各放置 8 个矩形底层贴片焊盘，焊盘尺寸为 0.8mm×1mm，并将上面一排 8 个焊盘连接在一起，与 VCC 网络相连，下面一排 8 个焊盘连接在一起，与 GND 网络相连，在 LX2260A 的引脚上依次放置 8 个过孔，过孔尺寸为 0.9mm，孔径为 0.6mm，每个过孔上放置 1 个 0.8mm×0.7mm 矩形底层贴片焊盘，以便在底层进行编码设置，其效果如图 10-29 所示	图 10-29　编码开关预布线

任务八　摩托车报警遥控器 PCB 自动布线及手工调整

摩托车报警遥控器 PCB 自动布线及手工调整的操作步骤如表 10-8 所示。

表 10-8　自动布线及手工调整

步骤	操作过程	操作界面
（1）	单击菜单【设计】→【规则】，如图 10-30 所示，进行自动布线规则设置	设计 (D) Update Schematics in 摩托车报警器遥控器.PRJPCB Import Changes From 摩托车报警器遥控器.PRJPCB 规则 (R)... 图 10-30　菜单命令

续表

步骤	操作过程	操作界面
（2）	在【PCB 规则和约束编辑器】对话框中，如图 10-31 所示，进行布线规则和约束设置。安全间距：0.254mm；短路约束：不允许短路；布线转角：45°；导线宽度限制：最小 0.35mm，最大 1mm，优选 0.6mm；布线层：Bottom Layer 和 Top Layer。过孔类型：过孔尺寸 0.9mm，过孔直径 0.6mm；其他规则采用默认设置，设置完成，单击【确定】按钮	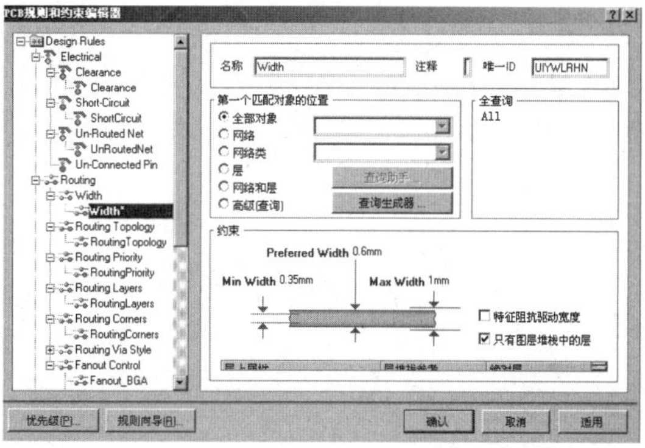 图 10-31　【PCB 规则和约束编辑器】对话框
（3）	单击菜单【自动布线】→【全部对象】，如图 10-32 所示，屏幕弹出【Situs 布线策略】对话框，对话框中将显示 U1 的 1～8 脚的错误信息，忽略该信息，单击选中【锁定全部预布线】选择框，单击【Route All】按钮对整个电路板进行自动布线	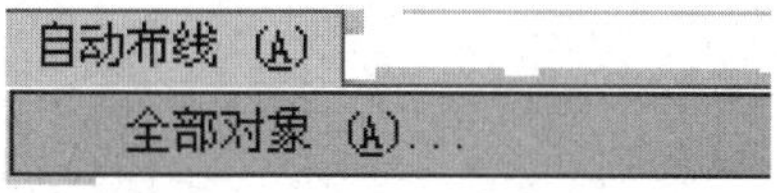 图 10-32　菜单命令
（4）	一般来说一次自动布线的结果并不能满足要求，可以调整布线策略，反复进行多次的布线，选择其中比较合理的布线结果，再进行手工调整完成布线。在调整过程中可以微调元件和预布线的位置以满足布线的要求，顶层贴片元件与底层连线的连接可以在焊盘上增加过孔实现。手工调整后的 PCB 如图 10-33 所示	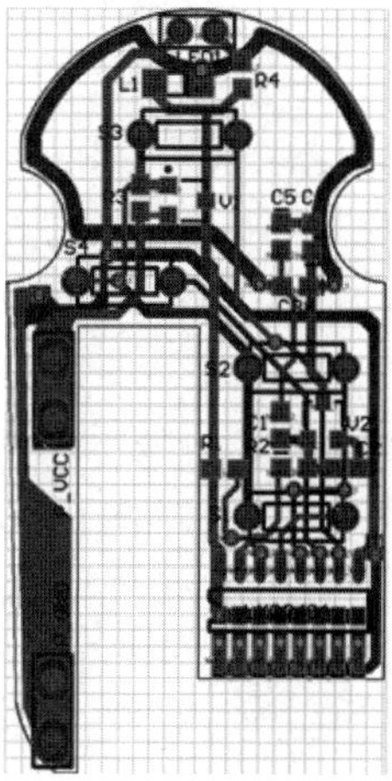 图 10-33　手工调整后的 PCB
（5）	单击菜单【工具】→【泪滴焊盘】，屏幕弹出【泪滴选项】对话框，如图 10-34 所示，选中【全部焊盘】和【全部过孔】复选框，选中【追加】和【圆弧】，单击【确认】按钮，系统自动添加泪滴	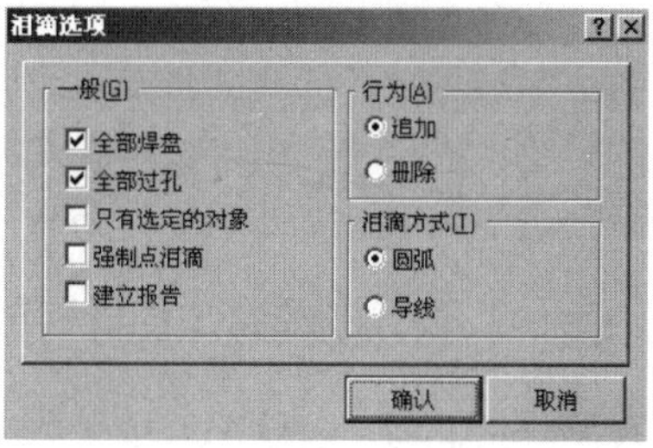 图 10-34　【泪滴选项】对话框

续表

步骤	操 作 过 程	操 作 界 面
（6）	系统自动添加泪滴后 PCB 布线的效果如图 10-35 所示	图 10-35　添加泪滴后的效果
（7）	为了更好过锡，发射用的印刷电感和编码开关的焊盘和过孔要进行露铜设置。将工作层切换到底层阻焊层，在编码开关的底层焊盘的位置放置略大于焊盘的矩形填充区，在印刷电感的相应位置放置圆弧，这样在制板时这些区域不会覆盖阻焊漆，而是露出铜箔，如图 10-36 所示	露铜 图 10-36　设置露铜后的效果

二、基 本 知 识

知识点一　表面贴装技术与元器件

1. 表面贴装技术（SMT）

"表面贴装技术"英文为"Surface Mount Technology"，简称 SMT。它是将表面贴装元器件贴焊到印制电路板表面规定位置上的电路安装技术，所以 PCB 没有钻孔。具体地说，就是首先在印制板电路盘上涂布焊锡膏，再将表面贴装元器件准确地放到涂有焊锡膏的焊盘上，通过加热印制电路板直至焊锡膏熔化，冷却后便实现了元器件与印制板之间的焊接。

2．表面贴装器件（SMD）

"表面贴装器件"英文为"Surface Mounted Devices"，简称 SMD。它是随着电子产品追求小型化和智能化，从而导致了电路板的复杂程度越来越高，但板子的面积却越来越小，以前使用的穿孔插件元件已无法缩小，促使设计者不断改进元件封装技术，缩小元件体积，在这种技术要求下，产生了表面贴装器件。

3．常用表面贴装器件与封装库

常用表面贴装器件及对应封装库位置，如表 10-9 所示。

表 10-9　常用表面贴装器件及对应封装库位置

名　称	封装库位置	图　形
片状元件：一般情况下，贴片电容、电阻外形尺寸与封装的关系为： 0402＝1.0×0.5 0603＝1.6×0.8 0805＝2.0×1.2 1206＝3.2×1.6 1210＝3.2×2.5 1812＝4.5×3.2 2225＝5.6×6.5	Chip Capacitor-2 Contacts.PcbLibMiscellaneous Devices.IntLib	贴片电阻 贴片电容 例：其中 0805 表示焊盘间距为 80mil（2mm），焊盘大小为 50mil（1.2mm）
贴片二极管	Small Outline Diode-2 Gullwing Leads.PcbLib	

续表

名　　称	封装库位置	图　　形
贴片三极管、场效应管和三端稳压管	小功率、小体积：SOT 23.PcbLib；一般功率、较大体积：SOT 223.PcbLib；较大功率、大体积：SOT 89.PcbLib	贴片三极管 大功率贴片场效应管 贴片三端稳压管
小尺寸封装（SOP）元件	Small Outline with J Leads.PcbLib	SOJ SSOJ TSOP

续表

名　称	封装库位置	图　形
塑料方形扁平式封装（PQFP）元件	QFP-Corner Index.PcbLibQFP-Centre Index.PcbLibQFP-Rectangle Index.PcbLib	
塑料有引线芯片载体封装（PLCC）元件	Leaded Chip Carrier-Corner Index.PcbLibLeaded Chip Carrier-Centre Index.PcbLibLeaded Chip Carrier-Rectangle Index.PcbLib	
球形网格阵列封装（BGA）元件	BGA.PcbLib	
引脚网格阵列封装（PGA）元件	Pin Grid Array Package.PcbLib	

知识点二　多层板元件布局

在以上步骤中，所有元件已经更新到 PCB 上，但是元件布局过密，甚至出现重叠现象，合理的布局是 PCB 布线的关键。如果单面板设计元件布局不合理，将无法完成布线操作；如果多层板元件布局不合理，布线时将会放置很多过孔，使电路板导线变得非常复杂。合理的布局要考虑到很多因素，比如电路的抗干扰等，这在很大程度上取决于用户的设计经验。

Protel DXP 提供了两种元件布局的方法，一种是自动布局，另一种是手动布局。这两种方法各有优劣，用户应根据不同的电路设计需要选择合适的布局方法。

元件布局原则：

（1）先确定相对于元件外壳、插孔位置等有定位要求的元件位置。

（2）按照电路的流程安排各个功能电路单元的位置，使布局便于信号流通，并使信号尽可能保持一致的方向。

（3）以每个功能电路的核心元件为中心，围绕它来进行布局。元器件应均匀、整齐、紧凑地排列在 PCB 上，尽量减少和缩短各元器件之间的引线和连接。

（4）在高频下工作的电路，要考虑元器件之间的分布参数。一般电路应尽可能使元器件平行排列，这样不但美观，而且装焊容易，易于批量生产。

（5）位于电路板边缘的元器件，离电路板边缘一般不小于 2mm。电路板的最佳形状为矩形，长宽比为 3∶2 或 4∶3。电路板面尺寸大于 200mm×150mm 时，应考虑电路板所受的机械强度。

知识点三　内电层分割

多层板比双面板不同的地方在于多了内电层，内电层一般用于接地和接电源，极大地减少了顶层和底层的布线密度，有利于其他网络布线。但有时候一个系统中可能存在多个电源，如计算机主板上的＋5V，＋12V，－5V，－12V。如果采用一个电源对应一个内电层的方法，势必导致内电层数目太多，成本倍增。此时可以采用内电层分割的方法，将一个内电层分割为几部分，将某个电源网络引脚较密集的区域划分给该网络，而将另一个区域划分给其他电源网络。

基本的操作方法如下：

（1）将当前层转换为内电层 1（Internal Plane 1）。

（2）隐藏其他无关层。

（3）分割内电层（选择画直线工具，沿着包含同一网络焊盘的区域画出一个封闭区域）。

（4）修改分割后的内电层网络属性。

（5）恢复底层信号层和底层丝印层的显示状态。

知识点四　SMD 元件的布线规则设置

对于 SMD 元件布线，除了要遵循一般的布线规则外，还可以进行 SMD 元件的布线规则设置。

单击菜单【设计】→【规则】，屏幕弹出【PCB 规则和约束编辑器】对话框，如图 10-37 所示，在左边的树形列表中，列出了 PCB 规则和约束的构成和分支。

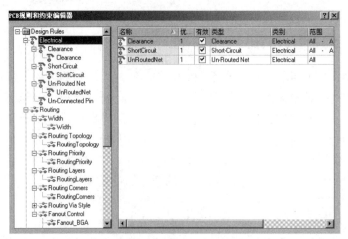

图 10-37　【PCB 规则和约束编辑器】对话框

1. Fanout Control（扇出式布线规则）

扇出式布线规则是针对贴片式元件在布线时，从焊盘引出连线通过过孔到其他层的约束。从布线的角度看，扇出就是把贴片元件的焊盘通过导线引出来并加上过孔，使其可以在其他层面上继续布线。

单击【PCB 规则和约束编辑器】对话框左侧规则列表栏中的 Routing 项，系统展开所有的布线设计规则列表，选中其中的 Fanout Control，默认状态下包含 5 个子规则，分别针对 BGA 类元件、LCC 类元件、SOIC 类元件、Small 类元件、Default（默认）设置，可以设置扇出的风格和扇出的方向，一般采用默认设置。

2. SMT 元件布线设计规则

SMT 元件布线设计规则是针对贴片元件布线设置的规则，主要包括 3 个子规则，选中【PCB 规则和约束编辑器】对话框左侧规则列表栏上的 SMT 项，可以设置 SMT 子规则，系统默认为未设置规则。

（1）SMD To Corner（SMD 焊盘与拐角处最小间距限制规则）。

此规则用于设置 SMD 焊盘与导线拐角处最小间距大小，如图 10-38 所示。图中的【第一个匹配对象的位置】可以设置规则适用的范围，【约束】中的【距离】用于设置 SMD 焊盘至导线拐角处的最小间距。

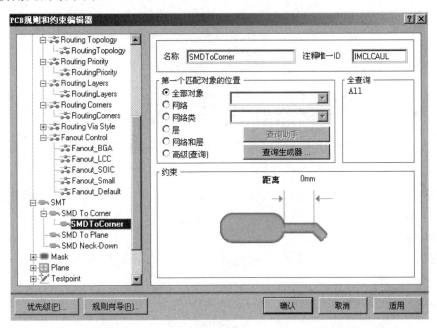

图 10-38　SMD 焊盘与拐角处最小间距限制设置

（2）SMD To Plane（SMD 焊盘与电源层过孔间的最小长度规则）。

此规则用于设置 SMD 焊盘与电源层中过孔间的最小布线长度。

（3）SMD Neck-Down（SMD 焊盘与导线的比例规则）。

此规则用于设置 SMD 焊盘在连接导线处的焊盘宽度与导线宽度的比例。

知识点五　印制电路板输出

印制电路板设计完成后，就可以输出印制电路板的信息，一般需要输出 PCB 图和生产加工文件。

1. PCB 图打印输出

PCB 设计完成后，一般要输出 PCB 图，以便进行人工检查和校对，同时也可生成文档保存。Protel DXP 2004 可以打印输出一张完整的混合 PCB 图，也可以将各个层面单独打印输出。

1）打印页面设置

单击菜单【文件】→【页面设定】，屏幕弹出【Composite Properties】对话框，如图 10-39 所示。

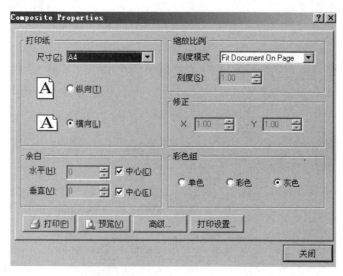

图 10-39　【Composite Properties】对话框

图中【打印纸】区用于设置纸张尺寸和打印方向；【缩放比例】区用于设置打印比例；【彩色组】区用于设置打印颜色，一般设置为【灰色】输出。

2）打印层面设置

单击图 10-39 上的【高级...】按钮，屏幕弹出【PCB 打印输出属性】对话框，如图 10-40 所示。

图 10-40　【PCB 打印输出属性】对话框

图中已经自动形成一个混合图输出的设置，能同时输出顶层和底层信息。

3）打印预览及输出

单击图 10-39 中的【预览】按钮，或单击菜单【文件】→【打印预览】，屏幕会产生一个预览文件。若对预览效果满意，可以单击图 10-39 中的【打印】按钮，或单击菜单【文件】→【打印】，打印输出 PCB。

2．制造文件输出

PCB 设计完成后需要向 PCB 制造厂家提供生产加工的相关数据文件，这是 PCB 设计中的最后一个步骤。摩托车报警遥控器 PCB 需要输出的 PCB 制造文件包括信号布线层的数据输出、丝印层的数据输出、阻焊层的数据输出、助焊层的数据输出和钻孔数据的输出。

1）光绘（Gerber）文件输出

打开摩托车报警遥控器 PCB 文档，单击菜单【文件】→【输出制造文件】→Gerber Files，屏幕弹出【光绘文件设定】对话框，如图 10-41 所示。

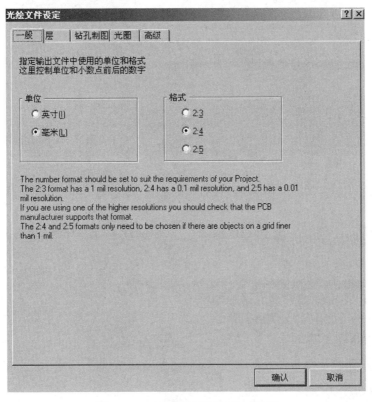

图 10-41 【光绘文件设定】对话框

在【单位】区选择【毫米】，在【格式】区选择【2:4】。单击图 10-41 中的【层】选项卡，屏幕弹出【输出层设置】对话框，设置输出的层。单击图 10-41 中的【钻孔制图】选项卡，屏幕弹出【钻孔设置】对话框，设置钻孔输出属性。分别单击图 10-41 中的【光圈】和【高级】选项卡，其内容采用系统默认值。所有参数设置完毕，单击图 10-41 上的【确认】按钮，系统输出光绘文件。

2）输出 NC 钻孔图形文件

在 PCB 文档状态下，单击菜单【文件】→【输出制造文件】→NC Drill Files，屏幕弹出【NC 钻孔设定】对话框，如图 10-42 所示。在【单位】区选择【毫米】，在【格式】区选择【4:2】，其他采用系统默认值。参数设置完毕，单击【确认】按钮，系统弹出【输入钻孔数据】对话框，单击【确认】按钮，系统输出 NC 钻孔图形文件。

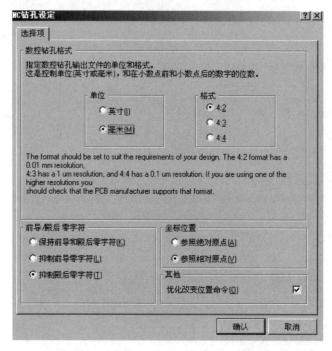

图 10-42 【NC 钻孔设定】对话框

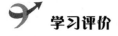

学习评价

一、思考题

1. 常见贴片元件的元件封装有哪几种形式？

2. PCB 设计的流程可以分为哪几步？

3. 为什么要进行露铜？

4. SMD 布线规则设置主要有哪些？

二、技能训练

任务一　根据图 10-43 和表 10-10，按以下步骤制作 PCB。

（1）新建一个 PCB 设计项目，创建一个原理图文件、PCB 文件和一个原理图库文件，保存上述文件。

（2）打开原理图库文件，绘制元件 MFRC500 的原理图符号，并保存。

（3）打开原理图文件，参考图 4-43，绘制原理图。

（4）参考表 10-10，修改元器件封装。

（5）编译原理图，修改其中的错误。

（6）打开 PCB 文件，设置工作窗口图纸区域的栅格参数等属性。

（7）规划 PCB。尺寸为 30mm×20mm，双面板。

（8）载入元件封装及网络表。

（9）元件布局。首先将 U1 放置到合适位置，晶振紧靠 U1 位置，接插件放到电路板的边缘适当位置，最后放置其他元件。

（10）进行自动布线，手工调整自动布线结果。

（11）补泪滴。

（12）输出 PCB 文件。

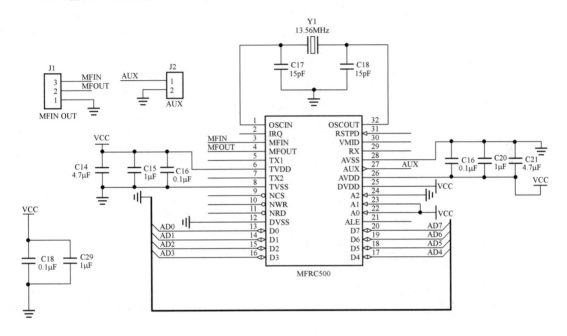

图 10-43　电路原理图

表 10-10　元件属性列表

元 件 序 号	库 参 考 名	封 装 名 称	封 装 库
C14～C21	Cap Semi	CC1310-0504	Miscellaneous Devices.IntLib
C28、C29	Cap Semi	CC1310-0504	Miscellaneous Devices.IntLib
J1	Header3	HDR1X3	Miscellaneous Connectors.IntLib
J2	Header2	HDR1X2	Miscellaneous Connectors.IntLib
U1	MFRC500	SO32X	IPC-SM-782 Section 9.1 SOIC.PcbLib
Y1	XTAL	12SMXA	Crystal Oscillator.PcbLib

任务二　制作锂电池充电电路的 PCB。

根据锂电池充电电路原理图（见图 10-44）和表 10-11，按以下步骤制作锂电池充电电路的 PCB。

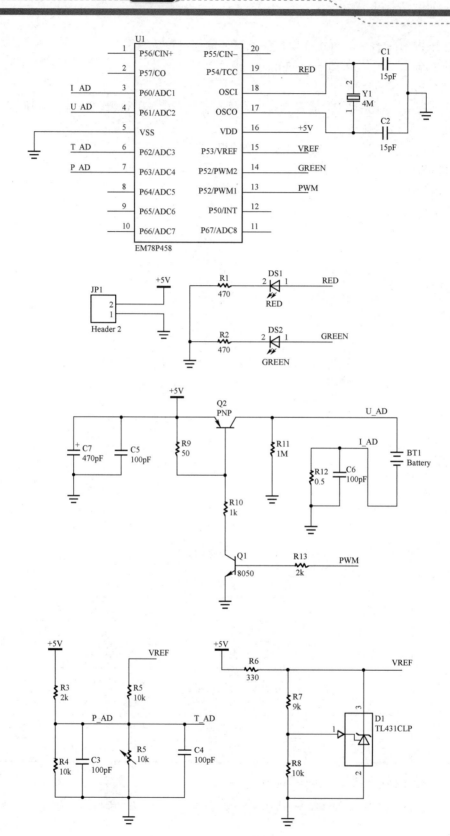

图 10-44　电路原理图

表 10-11　元件属性列表

元 件 序 号	库 参 考 名	封 装 名 称	封 装 库
C1～C6	Cap Semi	R2012-0805	Miscellaneous Devices.IntLib
C7	Cap Pol3	CC4532-1812/X3.4	Miscellaneous Devices.IntLib
BT1	Battery	BAT-2	Miscellaneous Devices.IntLib
D1	TL431CLP	BCY-W3/D5.2	Miscellaneous Devices.IntLib
DS1、DS2	LED3	DSO-F2/D6.1	Miscellaneous Devices.IntLib
JP1	Header2	HDR1X2	Miscellaneous Connectors.IntLib
Q1、Q2	NPN、PNP	SO-G3/C2.5	Miscellaneous Devices.IntLib
R1～R10	Res1	R2012-0805	Miscellaneous Devices.IntLib
R11	Res1	AXIAL-0.5	Miscellaneous Devices.IntLib
R12、R13	Res1	R2012-0805	Miscellaneous Devices.IntLib
RT1	Res Adj1	AXIAL-0.7	Miscellaneous Devices.IntLib
U1	EM78P458	SOP20	Query Results.IntLib
Y1	XTAL	BCY-W2/D3.1	Miscellaneous Devices.IntLib

（1）新建一个 PCB 设计项目，创建一个原理图文件、PCB 文件和一个原理图库文件，保存上述文件，并将它们命名为"锂电池充电电路"。

（2）打开原理图库文件"锂电池充电电路.SCHLIB"，绘制元件 EM78P458 的原理图符号，并保存。

（3）打开原理图文件"锂电池充电电路.SCHDOC"，参考图 10-44，绘制原理图。

（4）参考表 10-11，修改元器件封装。

（5）编译原理图，修改其中的错误。

（6）打开 PCB 文件"锂电池充电电路.PCBDOC"，设置工作窗口图纸区域的栅格参数等属性。

（7）规划电路板。尺寸为 50.8mm×30.1mm，双面板。

（8）载入元件封装及网络表。

（9）元件布局。首先将 U1 放置到合适位置，晶振紧靠 U1 位置，接插件和 LED 放到电路板的边缘适当位置。最后放置其他元件。

（10）电源和地线导线宽度设置为 0.5mm，手工预布线，并锁定预布线。

（11）对其他元件进行自动布线，手工调整自动布线结果。

（12）补泪滴。

（13）输出 PCB 文件。

三、技能评价评分表

（一）个人知识和技能评价表

班级：_____ 姓名：_____ 成绩：_____

评价项目	项目评价内容	分值	自我评价	小组评价	教师评价	得分
理论知识	① 什么是 SMT 和 SMD	5				
	② SMD 的布线规则设置有哪些	5				
	③ 内电层分割的基本操作方法	5				
	④ 简述印制电路板输出	5				
实操技能	① 创建 PCB 封装库文件的操作	5				
	② 自制元件封装的操作	10				
	③ 修改元件封装的操作	15				
	④ 规划 PCB	15				
	⑤ 元件布局	10				
	⑥ 元件布线及手工调整	15				
学习态度	① 出勤情况	3				
	② 课堂纪律	4				
	③ 按时完成作业	3				

（二）小组学习活动评价表

（同项目一，略）

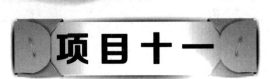

项目十一

单管放大电路的仿真

项目情景

通过前面的学习，同学们已初步学会了原理图和 PCB 的设计，可同时发现菜单里有一些选项没有使用，它们有什么作用？Protel DXP 还有其他什么功能？图 11-1 所示的电路怎么和前面的电路不一样呢？通过本项目的学习，我们将初步了解 Protel DXP 的仿真功能。

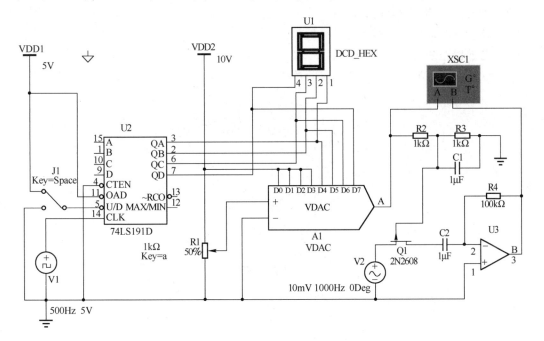

图 11-1　Protel DXP 电路仿真图

教学目标

	项目教学目标	学时	教 学 方 式
技能目标	① 掌握单管放大电路的仿真分析 ② 熟悉两级放大电路仿真分析 ③ 熟悉直流稳压电源电路仿真分析	6 课时	教师演示，学生上机操作； 教师指导、答疑
知识目标	① 理解电路仿真的基本概念 ② 理解电路仿真的基本操作步骤 ③ 了解电路仿真的仿真类型和作用	2 课时	教师讲授、学生自主探究
情感目标	通过本项目的仿真知识和技能的学习，对学生进行计算机仿真的启蒙，为电路的计算机仿真分析和设计打下基础		网站查询（专题网站、试题库、BBS、百度吧等）、组内讨论、分工协作

 任务分析

要完成图 11-2 所示电路的仿真分析，首先需要具备 Protel DXP 仿真分析的基本知识和基本技能，并按以下操作步骤进行。

（1）绘制仿真原理图。本步骤需要掌握"加载仿真激励源库"、"添加仿真元件"及"电路仿真类型和参数设置"等基本技能；

（2）放置网络标签并启动仿真器；

（3）进行静态工作点分析仿真参数设置；

（4）进行瞬态分析仿真参数设置；

（5）根据仿真结果对电路原理图进行改进。

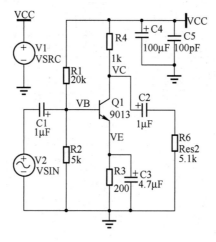

图 11-2　单管放大电路仿真图

一、基本技能

任务一　加载仿真激励源库

仿真激励源库有 4 个，位于 Altium2004 SP2\Library\\Simulation 目录下，它们分别是数学函数模块元件库 Simulation Math Function.IntLib、激励源元件库 Simulation Sources.IntLib、特殊功能模块元件库 Simulation Special Function.IntLib 和传输线元件库 Simulation Transmission Line.IntLib。加载仿真激励源库的方法和加载其他元件库的方法相同，步骤如下：

（1）在原理图编辑器中单击元件库文件面板中的【元件库】按钮，弹出【可用元件库】对话框。

（2）安装仿真激励源库。在【可用元件库】对话框中选择【安装】选项卡，如图 11-3 所示，弹出安装元件库界面。选中"：\Program Files\Altium 2004 SP2\Library\Simulation"目录下的 Simulation Sources.IntLib 库，单击【安装】按钮即可添加仿真激励源库。

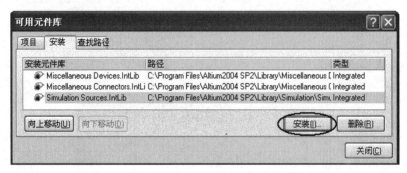

图 11-3　【可用元件库】对话框

任务二　添加仿真元件

绘制仿真电路图和绘制原理图的方法相同，只是仿真电路图中的元件必须采用具有仿真模型的元件，即在元件属性对话框中，其模型类型栏下存在【Simulation】项，如图 11-4 所示。

图 11-4　仿真模型

元件库 Miscellaneous Devices.IntLib 中包含的常用元件和其他元件库里凡具有 Simulation 属性的元件都能进行电路仿真。仿真元件的放置方法和其他元件的放置方法相同。

要设置仿真元件的仿真参数（以电容为例），可以双击模型类型栏的【Simulation】项，或选中【Simulation】项，单击其下面的【编辑】按钮，弹出仿真模型对话框，如图 11-5 所示。

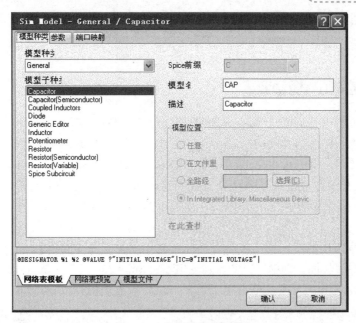

图 11-5 仿真模型对话框

选中【参数】选项卡，弹出电容参数设置窗口，【Value】用于设置电容值的大小，【Initial Voltage】用于设置仿真初始时刻电容两端的电压值，默认值为 0V，如图 11-6 所示。

图 11-6 电容仿真参数

任务三 设置仿真激励源参数

加载了仿真激励源库，添加了仿真元件，像绘制原理图一样绘制好仿真电路图后，必须为电路图提供直流电源和激励信号，其放置方法和原理图元件一样，仿真激励源属性及其设置如表 11-1 所示。

表 11-1 仿真激励源属性及其设置

激励源	说　　　明	图　　　形
直流电源	直流电源有两种，即直流电压源（VSRC，VSRC2）和直流电流源（ISRC），如图 11-7 所示	I? ISRC　　+ V? − VSRC　　V? VSRC2 5 图 11-7 直流电源

激励源	说　明	图　形
	在直流电源的仿真参数设置对话框中，【Value】项用于设置直流电源输出电压或电流的大小；【AC Magnitude】项用于设置交流信号的幅值，此处是指当进行交流小信号分析来获得电路的频率特性时，输入信号的幅值，典型值为1；【AC Phase】项用于设置进行交流小信号分析时输入电压或电流的相位，单位为"度"，如图11-8所示	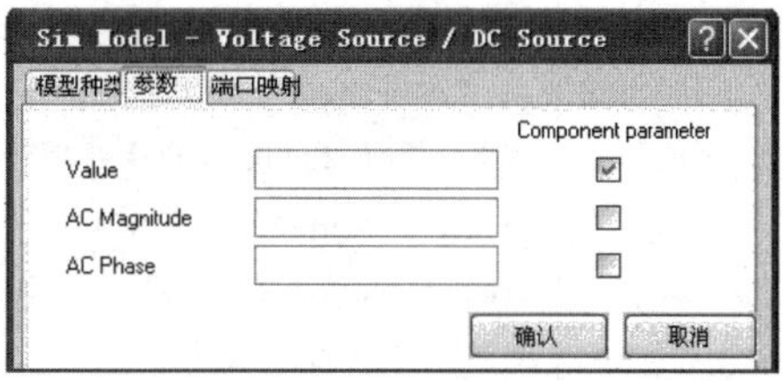 图11-8　直流电源仿真参数设置对话框
	正弦波交流电源有两种，即正弦波交流电压源和正弦波交流电流源，都位于Simulation Sources.IntLib元件库中，如图11-9所示	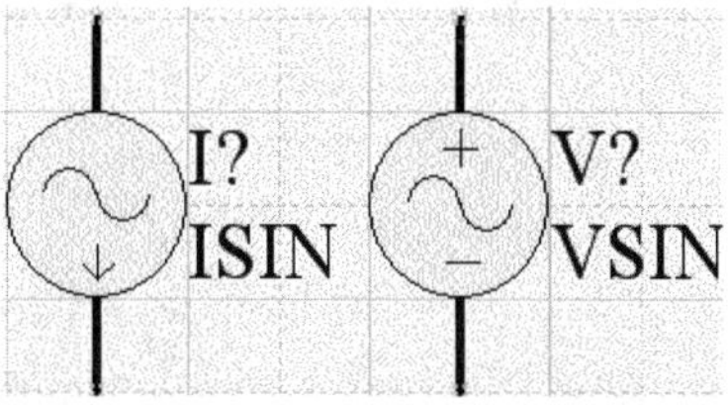 图11-9　正弦波交流电源
正弦波交流电源	在正弦波交流电源的仿真参数设置对话框中，【DC Magnitude】项用于设置直流幅值，默认值为0，一般无须更改；【AC Magnitude】项和【AC Phase】项用于设置交流幅值和交流相位，进行交流小信号分析时必须正确设置，其意义同上一种电源；【Offset】项用于设置直流偏移量，即叠加在正弦波信号上的直流电压或直流电流分量；【Amplitude】项用于设置正弦波电压或电流的峰值，瞬态分析时要正确设置，注意要与【AC Magnitude】项区分开；【Frequency】项用于设置正弦波电源的频率；【Delay】项用于设置信号延迟；【Damping Factor】项用于设置衰减因子，即正弦波幅值每秒下降的百分比，正值时为衰减，负值时为增大，默认值为0，即输出为等幅正弦波；【Phase】项用于设置正弦波的初始相位，如图11-10所示	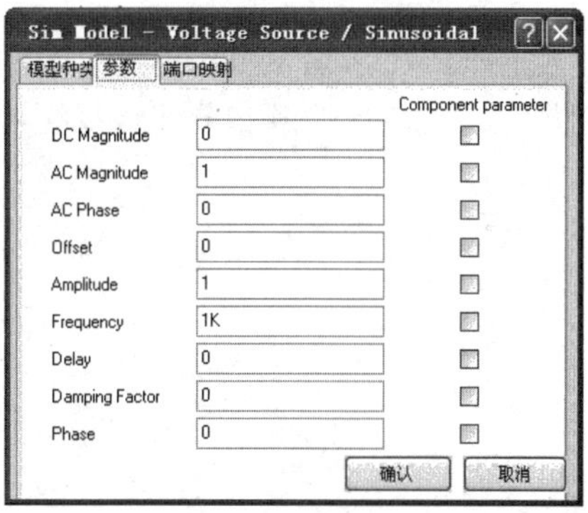 图11-10　正弦波交流电源仿真参数设置对话框
周期脉冲电源	周期脉冲电源常用于获得矩形波或方波。周期脉冲电源有两种，即周期脉冲电压源和周期脉冲电流源，都位于Simulation Sources.IntLib元件库中，如图11-11所示	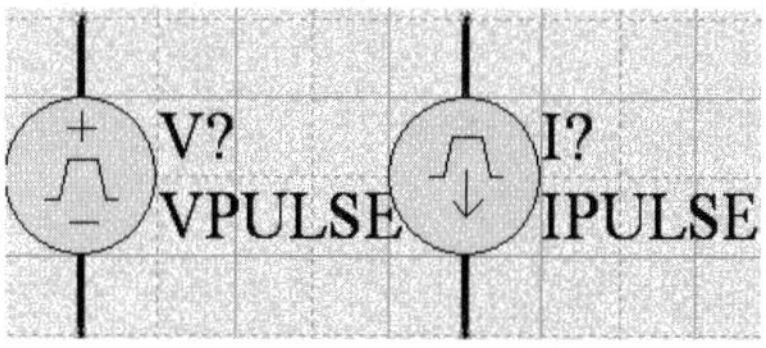 图11-11　周期脉冲电源

续表

激励源	说　明	图　形
周期脉冲电源	在周期脉冲电源的仿真参数设置对话框中，【DC Magnitude】项、【AC Magnitude】项、【AC Phase】项的设置含义与正弦波交流电源相同；【Initial Value】项用于设置仿真初始时电源电压值或电流值的大小；【Pulsed Value】项用于设置电源电压或电流的幅值；【Time Delay】项用于设置电源从初值变化到脉冲值的延迟时间；【Rise Time】项用于设置电压或电流脉冲的上升时间，此项设置不能为0，其值越小，波形越陡；【Fall Time】项用于设置电压或电流脉冲的下降时间；【Pulse Width】项用于设置脉冲宽度，单位为"秒"；【Period】项用于设置脉冲周期，单位为"秒"；【Phase】项用于设置正弦波的初始相位，如图11-12所示	Sim Model - Voltage Source / Pulse 模型种类　参数　端口映射 DC Magnitude　0 AC Magnitude　1 AC Phase　0 Initial Value　0 Pulsed Value　5 Time Delay Rise Time　4u Fall Time　1u Pulse Width　0 Period　5u Phase 图11-12　周期脉冲电源仿真参数设置对话框

　　另外，在原理图编辑状态下，通过选择【查看】→【工具栏】→【实用工具】命令显示仿真电源工具栏，可以很方便地放置直流电压源、正弦交流电压源和周期脉冲电压源，放置在面板上的工具栏如图11-13所示。

　　在 Simulation Sources.IntLib 元件库中还有其他仿真激励源，如分段线性电源、指数激励源、单频调频源、线性受控源和非线性受控源等。

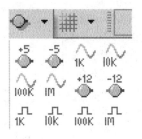

图11-13　仿真激励源工具栏

任务四　电路仿真类型和参数设置

1. 仿真类型和参数设置

　　仿真电路图绘制结束后，对仿真元件进行参数设置并添加激励源，经过电气规则检查无误后就可以进行电路仿真了。在运行电路仿真之前，设计者需要选择采用的仿真分析方法，并对所选用的仿真分析方法进行参数设置，对仿真器设置完成后，运行电路仿真，可得到以数据或波形显示的方式表达的仿真结果，若不能进行仿真，会给出错误提示，设计者可根据错误提示进行电路改进。

　　当仿真的准备工作完成之后，可启动仿真器进行电路仿真，选择【设计】→【仿真】→【Mixed

Sim】命令，将弹出【分析设定】对话框，仿真器启动，如图 11-14 所示。

1）仿真类型

在图 11-14 所示中【分析/选项】栏主要用于选择仿真类型，Protel DXP 提供了 10 种仿真分析方式：

【Operating Point Analysis】：工作点分析；

【Transient/Fourier Analysis】：瞬态分析/傅里叶分析；

【DC Sweep Analysis】：直流扫描分析；

【AC Small Signal Analysis】：交流小信号分析；

图 11-14　设置仿真分析

【Noise Analysis】：噪声分析；

【Pole-Zero Analysis】：零极点分析；

【Transfer Function Analysis】：传递函数分析；

【Temperature Sweep】：温度扫描；

【Parameter Sweep】：参数扫描；

【Monte Carlo Analysis】：蒙特卡罗分析。

选中各选项后的复选框，即表示将运行该仿真方式。

2）参数设置

在图 11-14 所示中，在【分析/选项】栏选择【General Setup】项，右边将显示各仿真方式共用的常规参数，其含义如下。

（1）【为此收集数据】。

在窗口内，单击下拉按钮，选择需仿真计算的数据类型，可选择的数据类型包括如下 5 个类型：

【Node Voltage and Supply Current】：计算节点电压和激励源电流。

【Node Voltage，Supply and Device Current】：计算节点电压、激励源与元件电流。

【Node Voltage，Supply Current，Device Current and Power】：计算节点电压、激励源电流、元件电流和功率。

【Node Voltage，Supply Current and Device/Subcircuit VARS】：计算节点电压、激励源电流、元件/子电路电压和电流。

【Active Signal】：激活信号（包含元件电流、功率、阻抗及已定义节点电压等）。

用户可以根据需要选择自己需要的数据类型，一般采用默认的【Node Voltage，Supply Current，Device Current and Power】选项。

（2）【图纸到网络表】。

单击下拉按钮，可以选择仿真原理图的范围。

【Active sheet】：仅对当前原理图进行仿真。

【Active project】：对整个工程中的所有原理图进行仿真。

（3）【SimView 设定】。

单击下拉按钮，可以选择仿真波形窗口中显示波形的方式。

【Keep last setup】：按上一次仿真操作的设置显示相应波形，而不按当前【Active signals】列表框中激活的变量进行波形显示。

【Show active signals】：按当前【Active signals】列表框中激活的变量进行波形显示。

（4）【可用信号】。

在【可用信号】列表框中列出了所有可以计算的变量，而【活动信号】列表框中列出了可以自动在仿真波形显示窗口中显示波形的变量。用户可以在【可用信号】列表框中选择某变量后，单击">"按钮将其添加到【活动信号】列表框，以便在仿真过程中观察该变量波形，也可在【活动信号】列表框中选择某变量后按"<"按钮，从而在仿真过程中不显示该变量波形。而单击">>"按钮与"<<"按钮可使所有变量在两个列表框之间移动。

在【可用信号】列表框内，有些变量后面带有后缀，这些后缀的含义是：（i）——电流，（p）——功率，（z）——激励源阻抗，#branch——支路电流，Net——某节点电压。

2. 各仿真类型的工作参数设置

在 10 种仿真分析方式中，常用的是静态工作点分析和瞬态分析/傅里叶分析，下面介绍它们的工作参数设置。

（1）静态工作点分析参数设置（Operating Point Analysis）。

静态工作点分析的仿真结果以具体数据进行显示，它主要用于判断电路的静态工作点设置是否合理，如对共射放大电路中的静态工作点的设置进行分析。在进行瞬态分析和交流小信号分析之前，仿真程序将自动先进行静态工作点分析。

（2）瞬态分析/傅里叶分析参数设置（Transient/Fourier Analysis）。

瞬态分析是时域分析，用于获得电路中节点电压、支路电流或元件功率等的瞬时值，即被测信号随时间变化的瞬态关系，它类似于用示波器观察波形。瞬态分析是最基本最常用的仿真分析方式。在进行瞬态分析之前，仿真程序将自动进行直流分析，并用直流解作为电路初始状态（前提条件是没有进行.IC 设置）。瞬态分析/傅里叶分析的仿真参数设置对话框如图 11-15 所示，一般使用系统默认值。

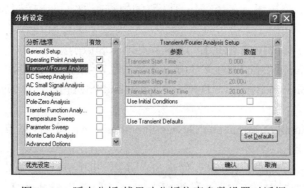

图 11-15 瞬态分析/傅里叶分析仿真参数设置对话框

任务五　单管放大电路的仿真设计

对图 11-2 所示的单管放大电路进行仿真分析，操作步骤如下所述。

1. 绘制仿真原理图

绘制仿真原理图的操作步骤如表 11-2 所示。

表 11-2　绘制仿真原理图

步　骤	操　作　过　程	操　作　界　面
（1）	建立工程项目和原理图，并保存在指定文件夹下	
（2）	按任务一方法加载仿真激励源库，在图 11-2 所示的单管放大电路中，电阻、电容、三极管位于 Miscellaneous Devices.IntLib 库；直流电压源和正弦波电压源位于 Simulation Sources.IntLib 库，载入这两个元件库	
（3）	按任务二方法添加仿真元件	
（4）	按任务三方法设置激励源仿真参数，其中直流电压源设为 12V，正弦波电压源的频率【Frequency】设为 1kHz，振幅【Amplitude】为 0.1V，如图 11-16 所示	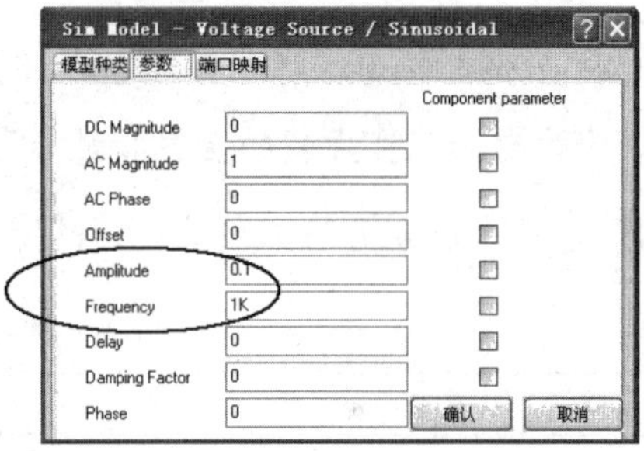 图 11-16　正弦波电压源参数设置
（5）	按图 11-1 所示完成仿真原理图的绘制	

2. 放置网络标签并启动仿真器

放置网络标签并启动仿真器的操作步骤如表 11-3 所示。

表 11-3　放置网络标签并启动仿真器

步　骤	操　作　过　程	操　作　界　面
（1）	在三极管的基极、发射极和集电极分别放置网络标签 VB、VE、VC，用来测试这几个点的仿真数据，如图 11-17 所示。注意网络标号一定要放在元件的引脚外端点或导线上，否则在【分析设定】对话框的【可用信号】列表框内将不显示	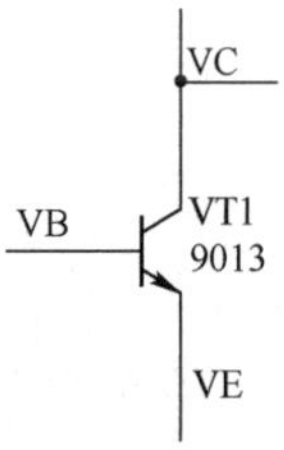 图 11-17　放置网络标签

续表

步　骤	操　作　过　程	操　作　界　面
（2）	选择菜单命令【设计】→【仿真】→【Mixed Sim】，如图 11-18 所示，将弹出【分析设定】对话框，启动仿真器	 图 11-18　启动仿真器菜单命令

3. 进行静态工作点分析仿真参数设置

对静态工作点分析仿真参数设置的操作步骤如表 11-4 所示。

表 11-4　静态工作点分析仿真参数设置

步　骤	操　作　过　程	操　作　界　面
（1）	在【分析设定】对话框中，选中【Operating Point Analysis】静态工作点仿真方式，其参数使用默认值，同时把【可用信号】列表框内的 VB、VC、VE 添加到【活动信号】列表框内，如图 11-19 所示	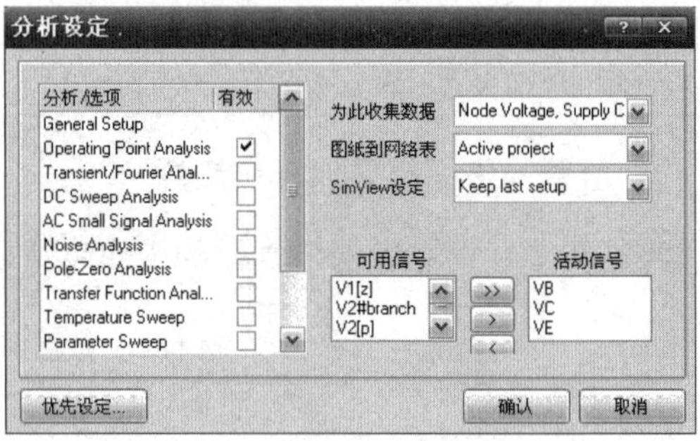 图 11-19　添加活动信号
（2）	设置完成后，单击【确认】按钮，运行仿真器，仿真结果如图 11-20 所示	 图 11-20　单管放大电路静态工作点分析结果

4. 进行瞬态分析仿真参数设置

对瞬态分析仿真参数设置的操作步骤如表 11-5 所示。

表 11-5 瞬态分析仿真参数设置

步 骤	操 作 过 程	操 作 界 面
	在【分析设定】对话框中，选中【Transient/Fourier Analysis】瞬态分析/傅里叶分析仿真方式，瞬态分析的仿真参数设置采用默认设置，运行仿真器，仿真结果如图 11-21 所示	图 11-21 单管放大电路瞬态分析结果

5. 根据仿真结果对电路原理图进行改进

通过仿真结果，若发现电路存在问题，如波形失真等，需要修改电路中仿真元件的参数，重新进行仿真。

二、基 本 知 识

知识点一 电子线路仿真的基本概念

原理图仿真模块是 Protel DXP 的重要组成模块之一，原理图绘制结束后，可以利用电路仿真功能，对所设计的电路进行估算、测试和校验，以检验电路的正确性并验证电路的功能是否达到设计的预期目的。采用电路仿真可以提高电子线路的设计质量和可靠性，降低开发费用，减轻设计者的劳动强度，并缩短产品开发周期。

电路仿真是以电路分析理论为基础，通过建立元件数学模型，借助数值计算方法在计算机上对电路性能指标进行分析运算，然后以文字、表格及图形等方式在屏幕上显示出来。借助 Protel DXP 的仿真功能，不需要实际的元件和仪器仪表设备，电路设计者就可以用电路仿真软件对电路性能进行分析、估算、测试和校验，以检验电路的正确性并验证电路的功能是否达到设计的预期目的。

知识点二　Protel DXP 仿真分析的操作步骤

在 Protel DXP 中进行电路仿真的操作步骤如下。

（1）建立原理图文件。可以在工程项目中建立原理图文件，也可以建立自由的原理图文件。

（2）装入所需的元件库。元件库中拟使用的元件要包含仿真信息，即该元件具有 Simulation 属性。

（3）在电路图上放置元件，并设置元件的仿真参数。

（4）绘制仿真电路原理图。其绘制方法与绘制普通电路原理图的方法相同。

（5）放置仿真激励源。仿真激励源包括信号源（如正弦波、脉冲波）与直流稳压电源，在仿真电路中，必须包含有激励源。激励源就如同一个特殊的元件，放置后还要设置激励源的仿真参数，如直流电源电压大小，正弦交流信号的幅值、频率及相位等。

（6）放置网络标签。在需要观察信号波形的电路节点处放置网络标签，以便观察指定节点的电压波形。

（7）启动仿真器。打开仿真参数设置对话框即启动仿真器。

（8）选择仿真方式并设置仿真参数。根据仿真电路的特征与性质，选择仿真方式，除工作点分析不需要设置仿真参数外，其他仿真方式都需要设置仿真参数。

（9）运行电路仿真，获得仿真结果。

（10）根据仿真结果对电路原理图进行改进。

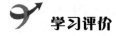

学习评价

一、练习题

1．说明仿真的定义。

2．简要说明电路仿真的步骤。

3．如何在仿真原理图中放置电路网络标签，其目的是什么？

4．Protel DXP 2004 能进行的仿真分析方法有哪些？

二、技能训练

任务一　两级共射放大电路仿真分析。

绘制如图 11-22 所示的两级共射放大电路，V2 使用默认参数，两个三极管的基极、发射极和集电极分别放置网络标号 vb1、ve1、vc1 和 vb2、ve2、vc2，对电路进行静态工作点分析、瞬态分析。

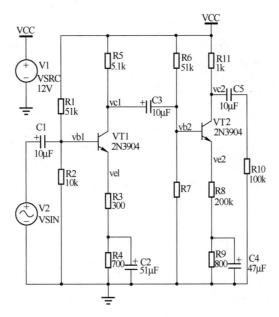

图 11-22　两级共射放大电路

任务二　直流稳压电源电路仿真分析。

绘制如图 11-23 所示的直流稳压电源电路，V1 参数设置为 220V/50Hz，变压器 T1 匝数比 Ratio 设为 0.1，放置网络标号 in，a，b，out，对其进行瞬态分析。

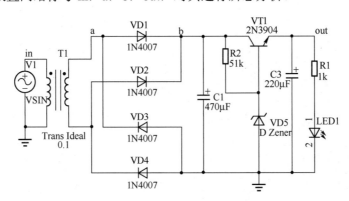

图 11-23　直流稳压电源电路

三、项目评价评分表

（一）个人知识技能评价表

班级：＿＿＿＿＿　　　　姓名：＿＿＿＿＿　　　　成绩：＿＿＿＿＿

评价方面	项目评价内容	分值	自我评价	小组评价	教师评价	得分
项目知识内容	① 理解电路仿真的基本概念	5				
	② 理解电路仿真的基本操作步骤	5				
	③ 了解电路仿真的仿真类型和作用	5				
项目技能内容	① 会绘制仿真原理图	10				
	② 会放置网络标签并启动仿真器	10				
	③ 能够进行静态工作点分析和仿真参数设置	10				

续表

评价方面	项目评价内容	分　值	自我评价	小组评价	教师评价	得　分
项目 技能 内容	④ 能够进行瞬态分析仿真参数设置	5				
	⑤ 能够根据仿真结果对电路原理图进行改进	10				
	⑥ 完成单管放大电路、两级放大电路和直流稳压电源电路仿真分析	30				
	⑦ 安全用电，规范操作	5				
	⑧ 文明操作，不迟到早退，操作工位卫生良好，按时按要求完成实训任务	5				

（二）小组学习活动评价表

（同项目一，略）

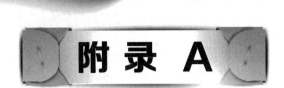

GB9315—88 规定的电路板外形尺寸

	20	25	30	35	40	45	50	55	60	70	80	90	100	110	120	130	140	150	160	180	200	220	240	260	280	300	320	360	400	450
25	○																													
30	●	●																												
35	○	○	○																											
40	●	●	●	○																										
45	○	○	○	○	○																									
50	○	○	○	○	○	○																								
55	●	●	●	○	●	○	○																							
60	●	○	●	○	●	○	○	●																						
70		○	○	○	○	○	○	○																						
80			●	○	●	○	○	●	●	○																				
90			○	○	○	○	○	○	○	○	○																			
100				●	○	○	●	●	○	●																				
110							○	○	○	○	○	○																		
120							○	●	●	○	●	○	○	○																
130							○	○	○	○	○	○	○	○																
140							○	○	○	○	○	○	●	○	○															
150							○	○	○	○	○	○	○	○	○	○														
160							○	●	●	○	●	○	○	●	○	○														
180									○	○	○	○	○	○	○	○	○													
200													●	○	●	○	●	○	●											
220													○	○	○	○	○	○	●											
240															●	○	○	○	●	○										
260															○	○	○	○	○											
280															○	○	○	○	○	●										
500																		○	○	○	○	●								
520																				●	○	●	○	●	○					
260																				○	○	○	○	○	○	○				
400																						○	●	○	○	●	●			
450																									○	○	○	○	○	
500																													●	○

（其中"●"为优先采用尺寸，"○"为可以采用尺寸）

附录 B

设计命令及快捷键汇总表

1. 通用快捷键命令

快 捷 键	命令含义及用途
Page Up	以鼠标为中心放大
Page Down	以鼠标为中心缩小
Home	将鼠标所指的位置居中，并刷新屏幕
End	刷新（重画）
*	顶层与底层之间层的切换或其他层切换到顶层
+（-）	逐层切换，+与-方向相反
Tab	启动浮动图件的属性窗口
Del	删除选取的元件
X	将浮动图件左右旋转
Y	将浮动图件上下旋转
Space	将浮动图件旋转 90°
F1	启动在线帮助窗口
F3	查找下一个匹配字符
Alt＋F4	关闭 Protel DXP
Shift＋F4	将打开的所有文档窗口平铺显示
Shift＋F5	将打开的所有文档窗口层叠显示
V＋D	缩放视图，以显示整张电路图
V＋F	缩放视图，以显示所有电路部件
Alt＋BackSpace	恢复前一次的操作
Ctrl＋BackSpace	取消前一次的恢复
Alt＋Tab	在打开的各个应用程序之间切换
B	弹出【View/Toolbars】子菜单
C	弹出【Project】菜单
D	弹出【Design】菜单

续表

快 捷 键	命令含义及用途
E	弹出【Edit】菜单
F	弹出【File】菜单
H	弹出【Help】菜单
J	弹出【Edit/Jump】子菜单
M	弹出【Edit/Move】子菜单
O	弹出【Options】菜单
P	弹出【Place】菜单
R	弹出【Reports】菜单
S	弹出【Edit/Select】子菜单
T	弹出【Tools】菜单
V	弹出【View】菜单
W	弹出【Window】菜单
X	弹出【Edit/Deselect】子菜单
Z	弹出【Zoom】菜单
→	光标左移 1 个捕捉栅格
Shift＋→	光标左移 10 个捕捉栅格
←	光标右移 1 个捕捉栅格
Shift＋←	光标右移 10 个捕捉栅格
↑	光标上移 1 个捕捉栅格
Shift＋↑	光标上移 10 个捕捉栅格
↓	光标下移 1 个捕捉栅格
Shift＋↓	光标下移 10 个捕捉栅格

2. 原理图编辑快捷键命令

快 捷 键	命令含义及用途
A	弹出【Edit/Align】子菜单
L	弹出【Edit/Set Location Makers】子菜单
Ctrl＋F	查找指定字符
Ctrl＋G	查找替换字符

3. PCB 图编辑快捷键命令

快 捷 键	命令含义及用途
A	弹出【Auto Route】子菜单
G	弹出【Snap Grid】子菜单
I	弹出【Tools/Interactive Placement】子菜单
K	弹出【View/Workspace Panels】子菜单

印制电路板设计工（中级）考核大纲

鉴定要求：

一、适用对象

① 中、高等职业学校电子、电气、机电技术应用、自动化、计算机硬件等专业学生。

② 从事电子电路印制电路板设计的技术人员。

二、申报条件

① 文化程度：就读于中等职业学校、高职院校学生或从事本工种工作人员。

② 身体状况：健康。

三、鉴定方式

技能：实际操作

四、考生与考评员比例

技能：15∶1

五、考试要求

技能要求：考试时间 3 小时，满分 100 分，60 分为及格。

六、考试环境——计算机配置

1. 基本硬件配置　CPU：Pentium II 以上各个级别；内存：64MB 以上；显示器（分辨率：1024×768 以上，颜色 256 色）；硬盘：300MB 以上空间。

2. 软件配置　操作系统：Windows 98/Me/XP/NT/2000 及以上；辅助设计软件：Protel DXP。

七、鉴定内容（操作技能）（比重：100%）

1. 文件管理。（比重：5%）

① 工程数据库文件的建立（*.ddb）。

② 建立工程数据库文件的内部文件。

③ 文件的打开、保存、关闭、复制、移动、重命名、删除等操作。

2．电路原理图的设计与绘制。（比重：35%）

① 在工程中建立电路原理图的设计文档。

② 电路原理图的设计环境设置（打开工具栏、图纸大小、方向、标题栏的设计及内容填写、图纸栅格的大小）。

③ 元件库的加载和元件的查找。

④ 元件的放置和调整（元件的选取、点取、旋转、翻转、移动、复制、删除等操作）。

⑤ 元件属性设置（标号、标称值、封装、显示、隐藏等属性）。

⑥ 电路绘制基本技术（画线工具的使用、绘制导线、放置节点、电置电源和接地、放置文字、绘制总线及总线分支、放置网络标号、放置电路端口）。

⑦ 电路原理图的绘制（包含分立元件、集成电路、总线、网络标号、电路端口、层次原理图等部件的电路）。

⑧ 网络表和元件列表等文件的创建。

3．元件图形的绘制。（比重：5%）

① 元件子库（*.schlib）的建立。

② 元件库编辑器画图工具的使用。

③ 分立元件、集成电路图形的绘制。

4．PCB（印制电路板）图的设计与绘制。（比重：50%）

① 在工程数据库中建立 PCB 图设计文档（*.pcbdoc）。

② 印制板尺寸大小的设置。

③ 印制板工作层的设置。

④ 元件封装库的加载。

⑤ 元件封装的放置调整（移动、旋转、翻转）。

⑥ 元件标注文字的位置调整。

⑦ 文本的放置和位置调整。

⑧ 原理图元件与元件封装引脚焊盘的一致性。

⑨ 元件自动布局和手工布局（按给定布局进行）。

⑩ 对指定连线进行预布线（按图纸要求进行）。

⑪ 元件自动布线和手工调整布线（要求清除多余布线、对线路进行优化、布通率达 100%）。

⑫ 对指定连线设置线宽。

5．元件封装图形的绘制。（比重：5%）

① 元件封装子库的建立。

② 元件封装编辑器画图工具的使用。

③ 按给定尺寸绘制元件封装图形。

印制电路板设计工（中级）技能

鉴定评分表

单位_____ 姓名_____ 准考证号_____ 成绩_____

题　型	内　容	考　点	分值（分）	评　分
电路原理图的设计与绘制（共40分）	设计环境的建立	建立建立工程文件	2	
		建立原理图设计文件	1	
		图纸大小、方向	2	
		标题栏的设计和内容填写	3	
	绘制原理图	漏画、错画元件（2分/个）	≤30	
		漏标、错标元件序号、标注（0.5分/个）	≤10	
		电源、接地错误（1分/个）	3	
		漏标元件封装类型（1分/个）	≤15	
		漏写、错写文字（0.5分/个）	2	
		漏画、错画导线（0.5分/个）	≤20	
		漏画、错画I/O端口（1分/个）	3	
		布局合理程度	2	
		走线合理程度	5	
		生成网络表文件（.net）	2	
		其他		
得分：				
元件图形绘制（共5分）	建立元件库	原理图元件子库的建立	1	
	绘图	元件图形的绘制	2	
		引脚属性的设置	1	
		元件图形的保存（位置和元件名）	1	
得分：				

续表

题　型	内　容	考　点	分值（分）	评　分
印制电路板的设计与绘制（共50分）	设计环境的建立	建立 PCB 图设计文件	2	
		板框设置	3	
		元件封装库的加载	2	
	设计、绘制单、双面印制电路板	元件布局	4	
		设置布线规则	4	
		自动布线	4	
		调整布线	13	
		调整丝印层上元件参数的位置	3	
		元件引脚封装不对（2分/个）	≤30	
		丢失导线（1分/个）	≤15	
		漏布线检查	2	
		其他		
得分：				
元件封装图形绘制（共5分）	建立封装子库	在指定库文件中建立元件封装子库	1	
	绘制元件封装图形	元件封装的绘制	3	
		元件封装板层的选择	1	
得分：				

考评员签名：

年　　月　　日

附录 E

印制电路板设计工（中级）样题

题号：CAD10（双号考生用）

说明：考试时间 3 小时

上交考试结果方式：先在硬盘 D 盘根目录下或由网络用户写盘根目录下，以准考证号为名建立文件夹，将考试所得到的文件存入该文件夹。

一、抄画电路原理图（45 分）

1．在指定目录下面新建一个以考生名字拼音首字母命名的工程文件上。例如，考生陈大勇的文件名为：CDY.PRJPCB。

2．在工程文件中新建一个原理图设计文件，文件名为：mydot1.schdoc。

3．按附图 E-1 所示尺寸格式画出标题栏（图中尺寸标注的单位为 mil），填写标题栏内容（注：考生单位一栏填写考生所在的单位，无单位填写"街道办事处"）。

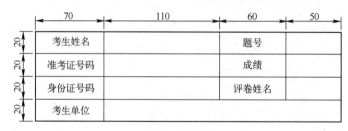

附图 E-1　标题栏

4．按照附图 5-2 所示绘制原理图（要求确定 Footprint 属性，元件全部为直插式元件）。

5．将原理图生成网络表。

6．保存。

二、生成电路板（45 分）

1．在工程文件中新建一个 PCB 文件，文件名为：mydot2.pcbdoc。

2．将附图 E-2 所示的原理图制成双面板，电路板规格为：150mm×135mm。

3. 要求电源和接地线宽度为 20mil。

4. 保存 PCB 文件。

三、制作原理图元件和 PCB 元件封装（10 分）

1. 在工程文件中新建一个原理图元件库文件，文件名为：mydot3.schdoc。

2. 抄画附图 E-3 所示的原理图元件，并对元件进行命名。

3. 在工程文件中新建一个 PCB 元件库文件，文件名为：mydot4.pcblib。

4. 抄画附图 E-4 所示的元件引脚封装，要求对元件进行命名（图中尺寸标注的单位为 mil，焊盘孔径为 30mil）。

5. 保存两个文件。

6. 退出绘图系统，结束考试。

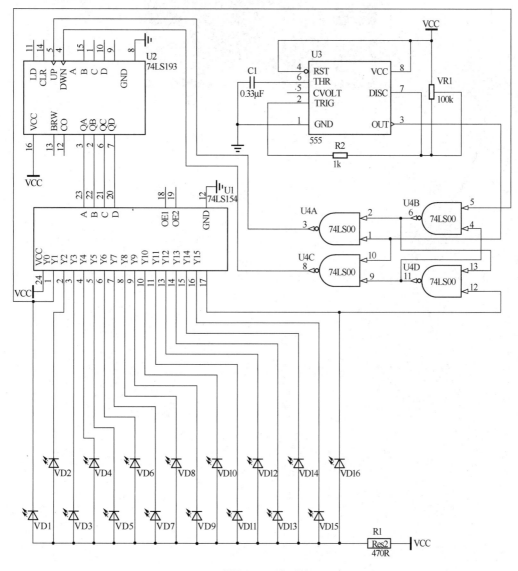

附图 E-2　原理图

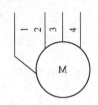

附图 E-3　原理图元件"ZZ3M"

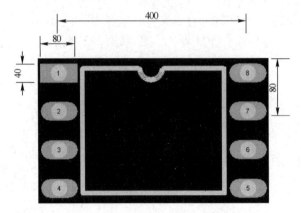

附图 E-4　封装元件"ZZDIP8"